全国职业院校机电类专业课程改革规划教材

机械加工技能实训

主　编　王　兵
副主编　崔先虎　胡新华
参　编　丁　轶　汪　东　张赫男
　　　　钟志刚　陈德琳　张广忠

机械工业出版社

《机械加工技能实训》是按照机械加工工艺理论与实训的教学要求，结合我国职业教育的教学实际，围绕职业院校的培养目标要求编写的。本书由四个项目组成，从机械加工应用技术出发，根据学生的认知能力，介绍了普通机械加工的车工、钳工、铣工、磨工的基本操作技能和相关工艺知识，并选用了典型的技能训练实例。本书着力体现职业教育“以就业为导向，以能力为本位”的教学理念，突出以技能训练为目的、以项目教学为组织形式、理论与实践紧密结合的教材特点。

本书可作为职业院校机械设计制造类、模具设计与制造、数控技术等专业教学用书，也可作为技术工人培训用书。

为方便教学，本书配备电子课件等教学资源。凡选用本书作为教材的教师均可登录机械工业出版社教育服务网（www.cmpedu.com）注册后免费下载。咨询电话：010-88379375。

图书在版编目（CIP）数据

机械加工技能实训/王兵主编. —北京：机械工业出版社，2015.9（2019.1重印）

全国职业院校机电类专业课程改革规划教材

ISBN 978-7-111-50992-9

Ⅰ.①机… Ⅱ.①王… Ⅲ.①金属切削-高等职业教育-教材 Ⅳ.①TG506

中国版本图书馆CIP数据核字（2015）第172126号

机械工业出版社（北京市百万庄大街22号 邮政编码100037）

策划编辑：崔占军 赵志鹏 责任编辑：赵志鹏

版式设计：霍永明 责任校对：刘秀丽

封面设计：马精明 责任印制：常天培

北京京丰印刷厂印刷

2019年1月第1版·第2次印刷

184mm×260mm·12印张·295千字

2 501—4 000册

标准书号：ISBN 978-7-111-50992-9

定价：30.00元

前　言

机械加工技能训练是职业院校工科类学生进行工程训练的重要实践环节之一。随着社会主义市场经济的发展，国内人才市场的供需结构发生了深刻的变化。为适应培养21世纪技能人才的需要，满足全国职业技术院校机械设计制造类、数控技术、模具设计与制造等专业教学需要，本着以学生就业为导向，以企业用人标准为依据，着眼于“淡化理论，够用为度”的指导思想，在考虑各地不同的办学条件，遵从各职业技术院校学生的认知能力和规律的前提下编写了这本书。

全书蕴含着丰富的机械加工和机械制造方面的基础知识和专业技能。在结构体系的安排上，力求方便、灵活；在专业知识内容上，采用最新的国家标准，充实新知识、新技术、新工艺和新方法等方面的内容，摈弃了繁、难、旧的理论知识，加强了技能方面的训练；在表达方式上，通过图文并茂的表现形式，强调由浅入深、师生互动和学生自主学习，使学生对相关技能的操作过程有更直观、清晰的认识，让学生能够比较轻松地学习。

本书可供机械加工及机械制造相关行业的工程技术人员参考阅读，也可作为各类职业院校机械相关专业师生的教学参考书。

本书由王兵任主编，崔先虎、胡新华任副主编，参加编写的还有丁铁、汪东、张赫男、钟志刚、陈德琳、张广忠。

由于编者水平有限，书中难免有不足之处，恳请读者批评指正。

编　者

目　录

项目一　车削加工实训

【项目情境】

车削是机械制造业中最基本、最常用的加工方法。它是在车床上利用工件的旋转运动和刀具的直线（或曲线）运动，来改变毛坯的形状和尺寸，使之成为合格产品的一种机械加工方法，如图 1-1 所示。

图 1-1　车削加工

【项目学习目标】

学习内容		学习方式	学　时
知识目标	①理解车床的结构、型号 ②掌握车刀的几何角度 ③掌握常用量具的认读 ④掌握切削用量的选择 ⑤了解切削液	①实训（观摩）+理论 ②教师讲授、启发、引导、互动式教学	15 课时
技能目标	①掌握车床的操作 ②掌握台阶轴的车削 ③掌握内孔的车削 ④掌握圆锥体的车削 ⑤掌握内外沟槽的车削 ⑥掌握三角螺纹的车削	教师演示，学生实训，教师巡回指导	45 课时
情感目标	激发学生对车工技术的兴趣，培养胆大心细的素养以及团队合作意识	小组讨论、取长补短、相互协作	

【项目基本功】

1.1 项目基础知识

知识点一 常 用 车 床

车削加工的内容包括车外圆、车端面、车孔、切槽、车锥体、车成形面、车螺纹等加工，如图 1-2 所示。

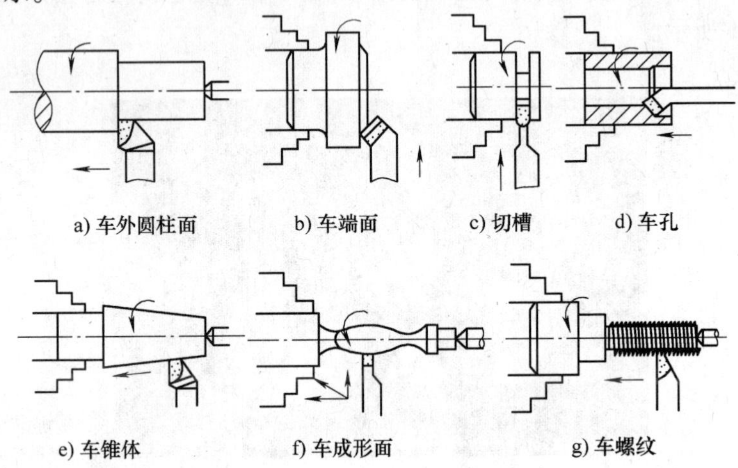

图 1-2 车削的主要内容

1. 认识车床

为满足车削加工的需要，根据不同回转表面需要，应选用不同型号类型的车床。根据 GB/T 15375—2008《金属切削机床型号编制方法》对机床的分类，车床分为仪表车床，单轴自动车床，多轴自动、半自动车床，回轮、转塔车床，曲轴及凸轮轴车床，立式车床，落地及卧式车床，仿形及多刀车床，轮、轴、辊、锭及铲齿车床，其他车床共 10 组，其代号分别为 0 ~ 9。

(1) 卧式车床如图 1-3 所示，它在车床中是使用最多的，主要用于单件、小批量的轴类、盘类工件的生产加工。

图 1-3 卧式车床

（2）转塔车床如图1-4所示，转塔车床没有尾座、丝杠，但有一个可绕垂直轴线转位的六角转位刀架，可装夹多把刀具，通常刀架只能做纵向进给运动。

（3）回轮车床如图1-5所示，回轮车床也没有尾座，但有一个可绕水平轴线转位的圆盘形回轮刀架，并可沿床身导轨做纵向进给和绕自身轴线缓慢回转并做横向进给。

图1-4　转塔车床

图1-5　回轮车床

（4）自动车床如图1-6所示，它能自动完成一定的切削加工循环，并可自动重复这种循环，减轻了劳动强度，提高了加工精度和生产率，它适于加工大批量、形状复杂的工件。

（5）立式车床分为单柱式和双柱式，如图1-7所示，其主轴垂直分布，有一个水平布置的直径很大的圆形工作台，适用于加工径向尺寸大而轴向尺寸相对较小的大型和重型工件。由于工作台和工件的重力由床身导轨、推力轴承承受，极大地减轻了主轴轴承的负荷，因而可保持长期的加工精度。

图1-6　自动车床

a) 单柱式

b) 双柱式

图1-7　立式车床

2. 卧式车床的主要结构

卧式车床在车床中使用最多，它适合于单件、小批量的轴类、盘类等工件的加工。本书以 CA6140 型卧式车床为例进行介绍。

CA6140 型卧式车床是目前我国机械制造业中应用较为普遍的一种机型，其结构、性能和功用等方面很具有代表性。CA6140 型卧式车床的外形结构如图 1-8 所示。

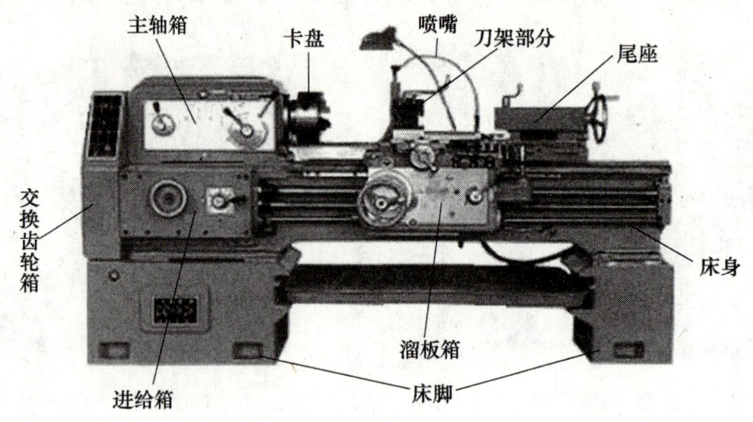

图 1-8　CA6140 型卧式车床的外形结构

（1）床身是车床的大型基础部件，有两条精度要求很高的导轨，一条是 V 形导轨，另一条是矩形导轨，用于支承和连接车床的各个部件，并保证各部件在工作时有准确的相对位置。

（2）主轴箱又称床头箱，主要用于支承主轴并带动工件做旋转运动。主轴箱内装有齿轮、轴等零件，以组成变速传动机构。变换主轴箱外的手柄位置，可使主轴获得多种转速，并带动装夹在卡盘上的工件一起旋转。

（3）交换齿轮箱又称为挂轮箱，主要用于将主轴箱的运动传递给进给箱。更换箱内的齿轮，配合进给箱变速机构，可以车削各种导程的螺纹（或蜗杆），并可满足车削时对纵向和横向不同进给量的需求。

（4）进给箱又称走刀箱，是进给传动系统的变速机构。它把交换齿轮箱传递来的运动，经过变速后传递给丝杠，以实现车削各种螺纹；传递给光杠，以实现机动进给。

（5）溜板箱接受光杠（或丝杠）传递来的运动，操纵箱外手柄和按钮，通过快移机构驱动刀架部分，以实现车刀的纵向或横向运动。

（6）刀架部分由床鞍、中滑板、小滑板和刀架等组成，用于装夹车刀并带动车刀做纵向运动、横向运动、斜向运动和曲线运动。平行于工件轴线的运动为纵向运动，垂直于工件轴线的运动为横向运动。

（7）尾座安装在床身导轨上，沿此导轨纵向移动，以调整其工作位置。尾座主要用来安装后顶尖，以支顶较长的工件；也可装夹钻头或铰刀等进行孔的加工。

（8）前后两个床脚分别与床身前后两端下部连为一体，用以支承床身及安装床身上的各个部件。可以通过调整垫铁块把床身调整到水平状态，并用地脚螺栓把整台车床固定在工作场地上。

（9）冷却装置主要通过冷却泵将切削液加压后经冷却嘴喷射到切削区域。

3. 卧式车床的传动路线

为了把电动机的旋转运动转化为工件和车刀的运动，所通过的一系列复杂的传动机构称为车床的传动路线。CA6140 型卧式车床的传动系统框图如图 1-9 所示。

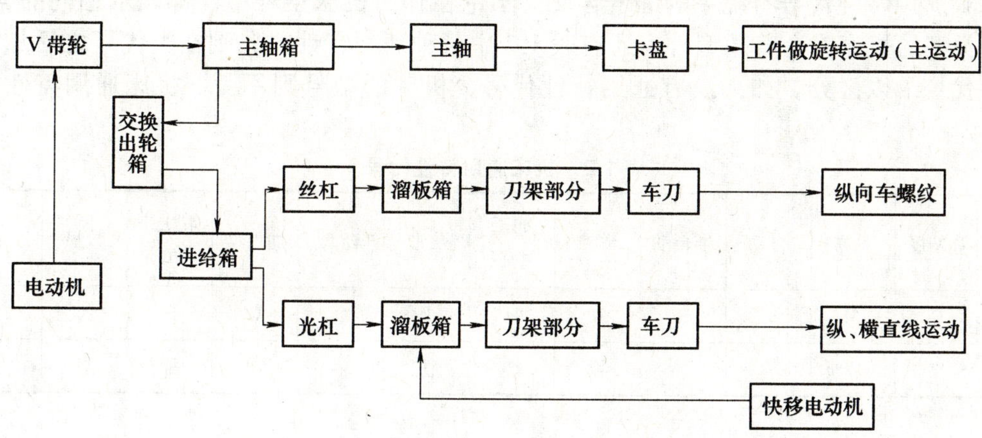

图 1-9 CA6140 型卧式车床的传动系统框图

在图 1-9 中，电动机驱动 V 带轮，通过 V 带把运动输入到主轴箱，再通过变速机构变速，使主轴得到各种不同的转速，再经卡盘带动工件做旋转运动。同时主轴箱把旋转运动输入到交换齿轮箱，再通过进给箱变速后由丝杠或光杠驱动溜板箱、床鞍、溜板、刀架，从而达到控制车刀运动轨迹来完成各种表面的车削工作。

知识点二 车床型号

车床型号不仅是一个代号，而且能表示出机床的名称、主要技术参数、性能和结构特点。CA6140 型车床型号中各代号的含义如下：

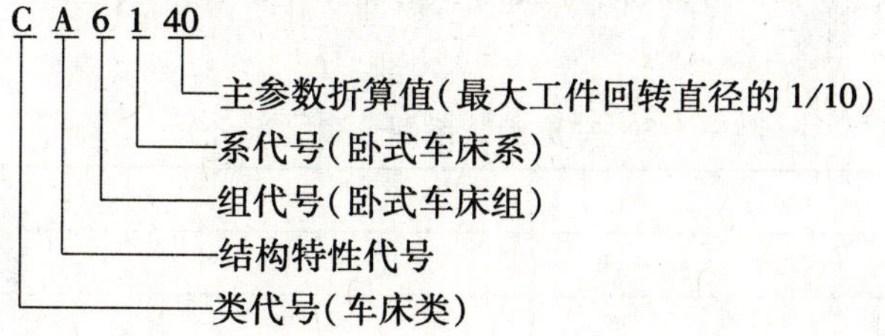

1. 理解“C”

“CA6140”中的“C”叫作机床类代号。类代号是以机床名称第一个字的汉语拼音的第一个字母的大写来表示。如“C”代表车（Che）床，“Z”代表钻床（Zuan）等。

按照机床的工作原理、结构特性以及使用范围，将机床分为 11 类，见表 1-1。

表 1-1 机床类别代号

类别	车床	钻床	镗床	磨床			齿轮加工机床	螺纹加工机床	铣床	刨插床	拉床	锯床	其他机床
代号	C	Z	T	M	2M	3M	Y	S	X	B	L	G	Q
读音	车	钻	镗	磨	二磨	三磨	牙	丝	铣	刨	拉	割	其

2. 理解“A”

“CA6140”中的“A”叫作机床的结构特性代号，它属于机床特性代号，机床特性代号还包括通用特性代号。通用特性代号和结构特性代号都是用大写的汉语拼音字母来表示。

（1）通用特性代号有统一的固定含义，不论在什么机床型号中，都表示相同的含义，当某些类型的机床除有普通型外，还有表1-2中某种通用特性时，则在类代号之后加上通用特性代号予以区分。如果没有通用特性代号，机床的型号则不写。机床通用特性代号见表1-2。

表1-2　机床通用特性代号

通用特性	高精度	精密	自动	半自动	数控	加工中心	仿形	轻型	加重型	柔性加工单元	数显	高速
代号	G	M	Z	B	K	H	F	Q	C	R	X	S
读音	高	密	自	半	控	换	仿	轻	重	柔	显	速

（2）结构特性代号对主参数值相同而结构性能不同的机床，在型号中加结构代号予以区分。结构特性代号在机床型号中没有统一的含义，只在同类机床中，起区分机床机构、性能不同的作用。当型号中有通用特性代号时，结构特性代号应排在通用特性代号之后。结构特性代号用汉语拼音表示，但是通用特性代号已用的字母和“I”“O”两字母不能用。当单个字母不够用时，可以将两个字母组合使用，如AD、AF、DA、EA等。

3. 理解“6”和“1”

“CA6140”中的“6”和“1”分别叫机床的组、系代号。机床的组、系代号用数字表示，每类机床按用途、性能、结构或有派生关系分为若干组。

（1）机床的组用一位阿拉伯数字表示，位于类代号或通用代号、结构特性代号之后。

（2）机床的系用一位阿拉伯数字表示，位于组代号之后。如车床分为10组，用阿拉伯数字“0～9”表示，其中“6”代表落地及卧式车床，“5”代表立式车床。车床的部分组、系划分见表1-3。

表1-3　车床组、系划分表（部分）

组		系	
代　号	名　称	代　号	名　称
5	立式车床	0	
		1	单柱立式车床
		2	双柱立式车床
		3	单柱移动立式车床
		4	双柱移动立式车床
		5	工作台移动单柱立式车床
		6	
		7	定梁单柱立式车床
		8	定梁双柱立式车床
		9	

（续）

组		系	
代　号	名　称	代　号	名　称
6	落地及卧式车床	0 1 2 3 4 5 6 7	落地车床 卧式车床 马鞍车床 轴车床 卡盘车床 球面车床

4. 理解“40”

“CA6140”中的“40”叫机床的主要参数代号。它分为主参数和第二主参数。

（1）机床的主参数是机床的重要技术规格，通常用折算值表示，位于系代号之后。

（2）第二主参数通常用于表示主轴数、最大工件长度、最大加工长度、最大模数等，标注在主参数之后，并用“×”分开。第二主参数（除多轴机床的主轴数外）均不予表示，如有特殊情况，需在型号中表示，应按一定手续审批。

在型号中表示的第二主参数，一般都折算成二位数，最多不应超过三位数。

以长度、深度值表示时，折算系数为1/100；以直径、宽度值表示时，折算系数为1/10；以厚度、最大模数值表示时，折算系数为1。常用车床参数、第二主参数和折算系数见表1-4。

表1-4　常用车床参数、第二主参数和折算系数

车　床	主参数及折算系数		第二主参数
	主参数	折算系数	
多轴自动车床	最大棒料直径	1	轴数
回轮车床	最大棒料直径	1	
转塔车床	最大车削直径	1/10	
单柱及双柱立式车床	最大车削直径	1/100	
卧式车床	床身上最大回转直径	1/10	最大工件长度
铲齿车床	最大工件直径	1/10	最大模数

5. 机床重大改进顺序号

当对机床的结构、性能有更高的要求，并需按新产品重新设计、试制和鉴定时，才按改进的先后顺序选用A、B、C等汉语拼音字母（但“I”“O”两个字母不得选用），加在型号基本部分尾部，以区别原机床型号。如CA6140A型是CA6140型车床经过第一次重大改进后的车床。

知识点三　车刀的几何角度

1. 车刀的种类和用途

按不同的用途分类，车刀分为外圆车刀、端面车刀、切断刀、内孔车刀、成形车刀和螺纹车刀等，如图 1-10 所示。

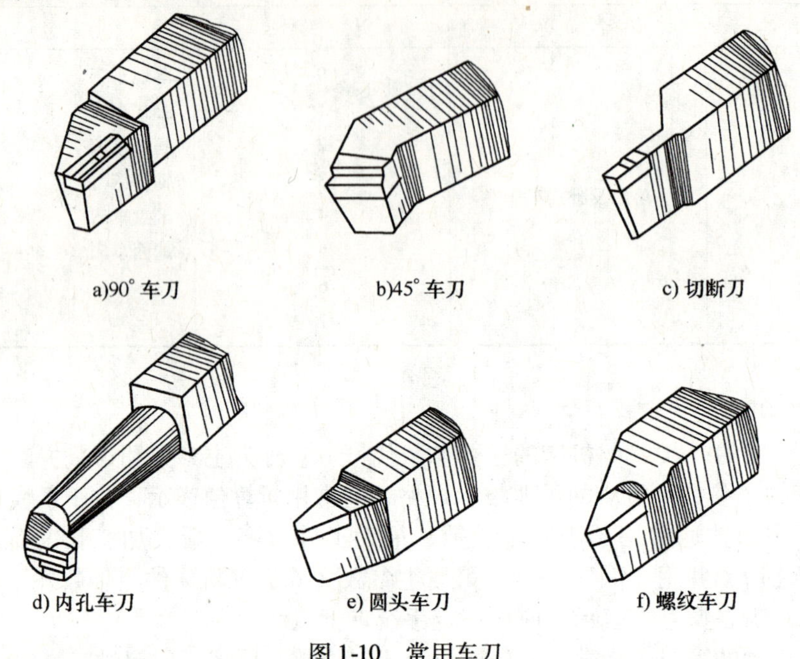

图 1-10　常用车刀

2. 车刀的用途

根据不同的需要选用不同种类的车刀。常用车刀的基本用途如图 1-11 所示。

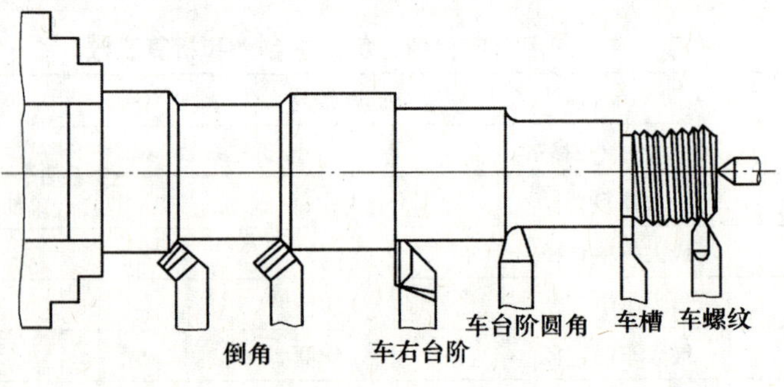

图 1-11　常用车刀的用途

（1）90°车刀又称偏刀，用来车削工件外圆、台阶和端面。

（2）45°车刀又称弯头车刀，用来车削工件外圆、端面和倒角。

（3）切断刀用来切断工件或在工件上车槽。

（4）内孔车刀用来车削工件内孔。

（5）圆头车刀用来车削工件的圆角、圆槽或车削成形面工件。

（6）螺纹车刀用来车削螺纹。

3. 车刀的几何角度

车刀由刀头和刀柄组成。刀头是刀具上夹持或焊接刀片的部分，或由它形成切削刃的部分；刀柄是刀具的夹持部分，用来把车刀装夹在刀架上，如图 1-12 所示。

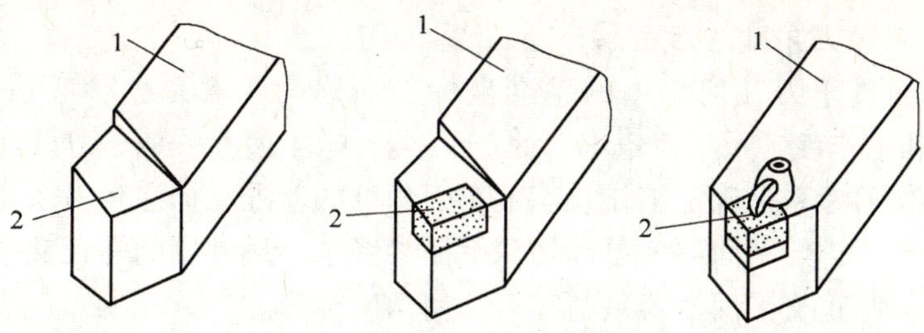

图 1-12　车刀的组成

1—刀柄　2—刀头

刀头担负切削工作，故又称为切削部分，它由前刀面、主后刀面、副后刀面、主切削刃、副切削刃、刀尖等组成，且随进给方向和刀具的不同而改变，如图 1-13 所示。

（1）前面。车刀上切屑流经的表面，也称前刀面，用符号 A_γ 表示。

（2）主后面。车刀上与工件过渡表面相对的表面，也称主后刀面，用符号 A_a 表示。

（3）副后面。车刀上与工件已加工表面相对的表面，也称副后刀面，用符号 A_a'表示。

（4）主切削刃。前面与主后面相交的部位，它担负主要切削任务，也称主刀刃，用符号 S 表示。

（5）副切削刃。前面与副后面相交的部位，靠近刀尖部分参与少量切削工作，用符号 S'表示。

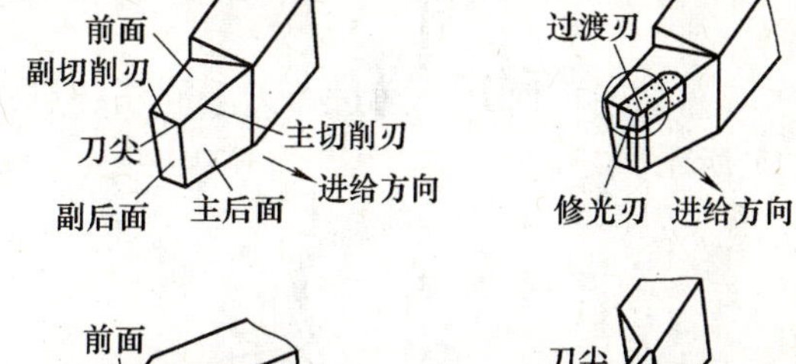

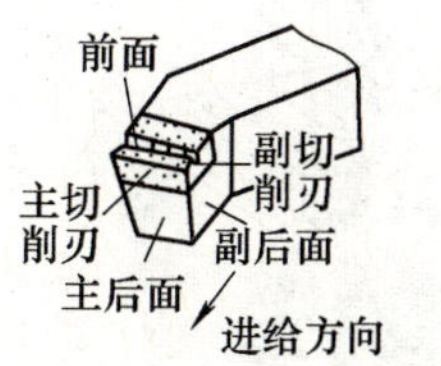

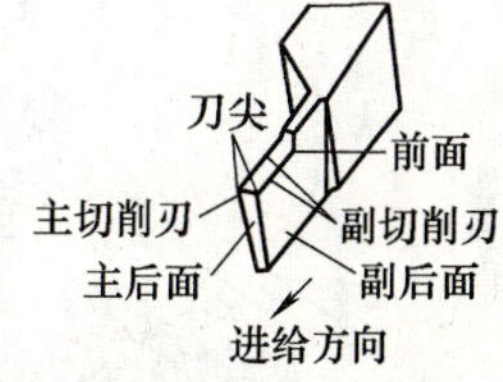

图 1-13　车刀刀头的组成部分

（6）刀尖。主切削刃和副切削刃交会的一小段切削刃。

（7）过渡刃。为了提高刀尖强度和延长车刀寿命，多半刀头磨成圆弧或直线形过渡刃，如图 1-14 所示。圆弧过渡刃又称刀尖圆弧半径，一般硬质合金车刀的刀尖圆弧半径 $r_\varepsilon=0.5\sim1\text{mm}$。

（8）修光刃。通常我们称副切削刃前段近刀尖处的一段平直的刀刃叫修光刃，如图 1-15 所示。车刀在安装时，必须使修光刃与切削进给方向平行，且修光刃的长度要大于进给量，才能起到修光的作用。

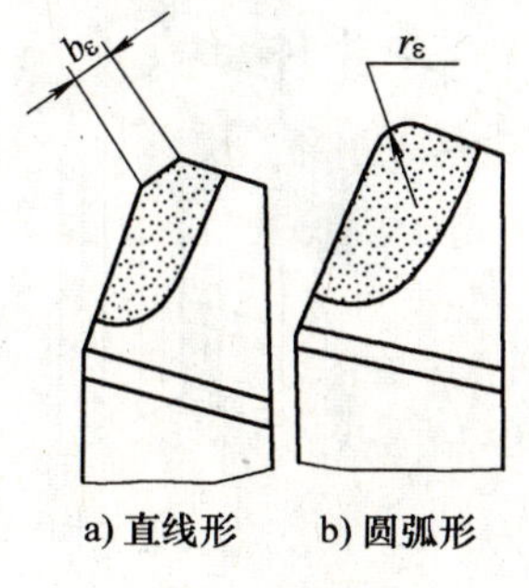

图 1-14　过渡刃

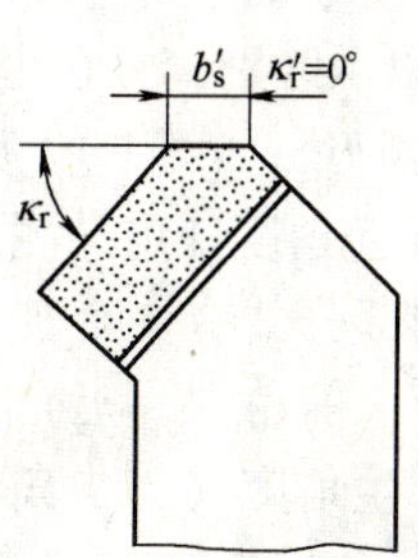

图 1-15　车刀的修光刃

4. 定义和测量车刀角度的参考系

用于定义和测量车刀几何角度的基准坐标平面称为参考系。参考系分为标注参考系（静态参考系）和工作参考系（动态参考系）两类。标注参考系是车刀设计、制造、刃磨和测量的基准；工作参考系是确定工作状态下车刀角度的基准。标注参考系有：正交平面参考系、法平面参考系、进给平面参考系和切深平面参考系，最常用的是正交平面参考系。下面以外圆车刀为例介绍正交平面参考系与车刀几何角度标注。

（1）标注参考系的假定条件如下。

1）不考虑进给运动的影响，只考虑切削速度方向的影响。

2）规定刀具的安装基准面垂直于切削速度方向，刀柄的轴线与进给运动方向垂直。

（2）正交平面参考系由基面 P_r、切削平面 P_s 和正交平面 P_o 组成，即 $P_r—P_s—P_o$。

1）基面 P_r。通过主切削刃上的任一点，并垂直于该点切削速度方向的平面，如图 1-16 所示。

2）切削平面 P_s。通过刀刃上的任一点，切入工件过渡表面并垂直于基面的平面，如图 1-17 所示。

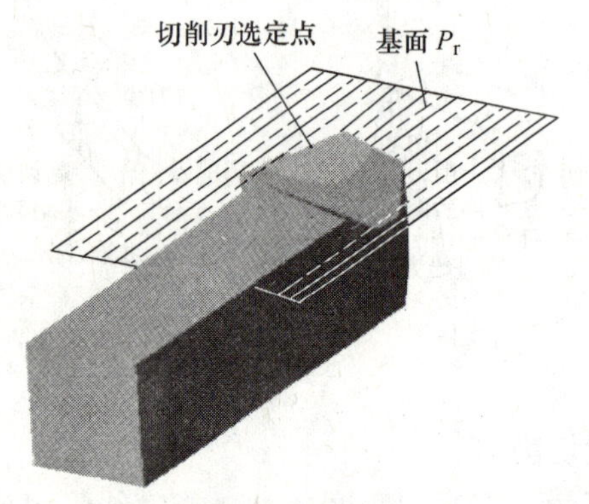

图 1-16 基面

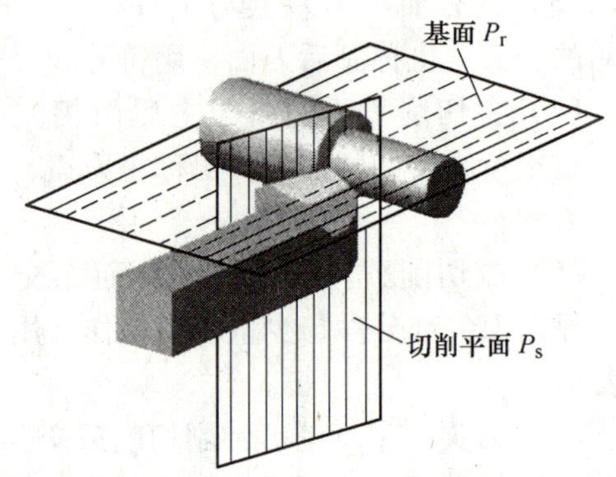

图 1-17 切削平面与基面

3）正交平面 P_o。通过主切削刃上某一选定点，同时垂直于基面和切削平面的平面，也叫主剖面和主截面，如图 1-18 所示。

如果切削刃选定点在副切削刃上，则所定义是副切削刃标注参考系的坐标平面，应在相应的符号右上角加标“′”以示区别，并在坐标面名称前加以“副切削刃”，简称副刃，如图 1-19 所示。

5. 车刀几何角度认定与测量

车刀切削部分共有 6 个独立的基本角度（主偏角 κ_r、副偏角 κ_r'、前角 γ_o、后角 α_o、副后角 α_o' 和刃倾角 λ_s）和两个派生角度（刀尖角 ε_r 和楔角 β_o），如图 1-20 所示。

车刀基本几何角度与主要作用见表 1-5。

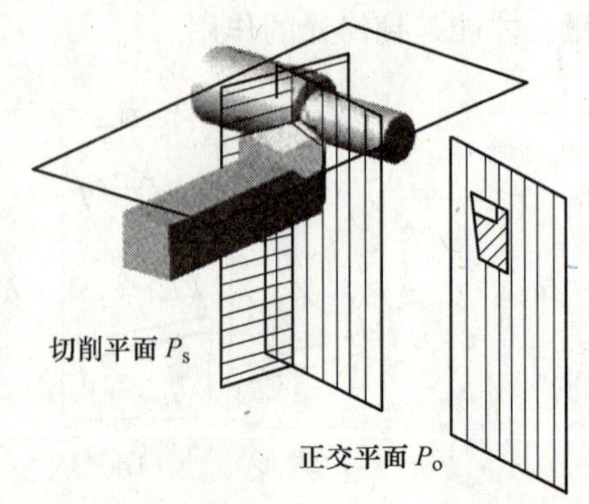

图 1-18 正交平面、切削平面和基面

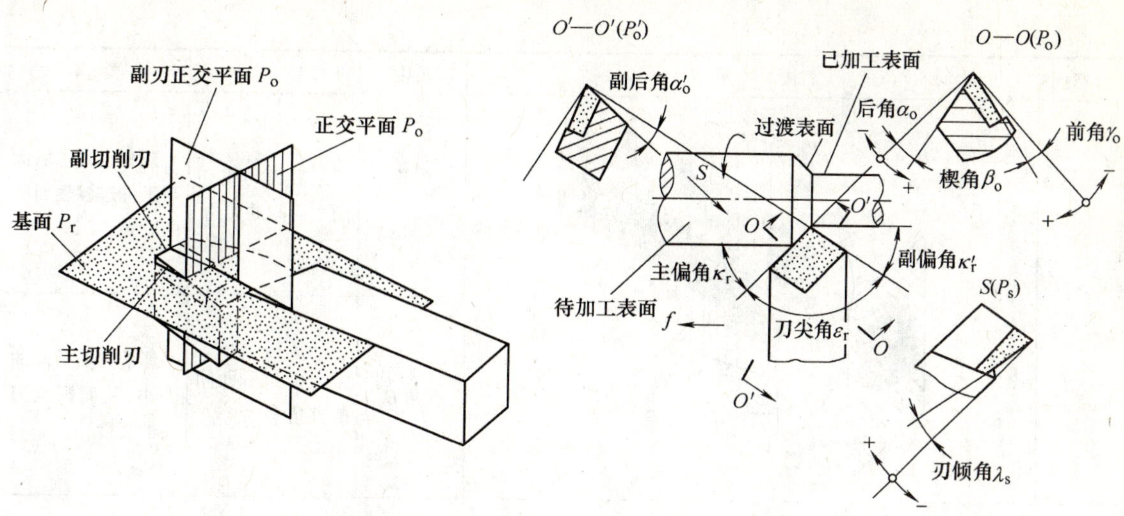

图 1-19　副刃正交平面与正交平面和基面

图 1-20　车刀切削部分主要几何角度

表 1-5　车刀基本几何角度与主要作用

投影面	图　示	角度	定　义	主要作用
基面 P_r		主偏角 κ_r	主切削刃在基面上的投影与进给运动方向之间的夹角	改变主切削刃的受力、导热能力，影响切屑的厚度
		副偏角 κ_r'	副切削刃在基面上的投影与背离进给运动方向之间的夹角	减少副切削刃与工件已加工表面的摩擦，影响工件表面质量及车刀强度
		刀尖角 ε_r	主、副切削刃在基面上的投影间的夹角	影响刀尖强度和散热性能
正交平面 P_o	进给方向	前角 γ_o	前面与基面间的夹角	影响刃口的锋利程度和强度，影响切削变形和切削力

（续）

投影面	图示	角度	定义	主要作用
正交平面 P_o	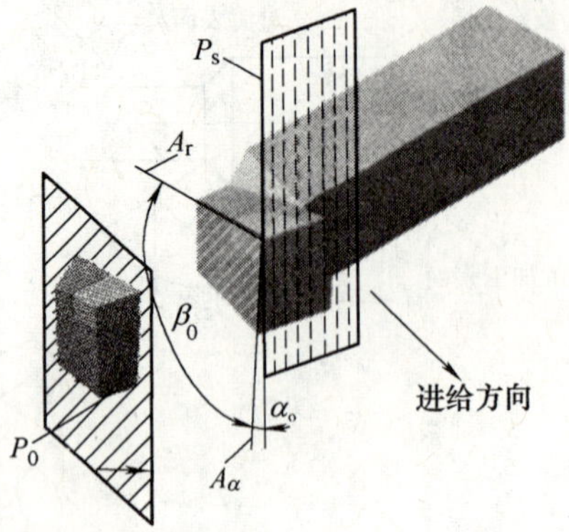 P_s A_r β_0 α_o P_0 A_α 进给方向	后角 α_o	主后面与主切削平面间的夹角	减少车刀主后面与工件过渡表面间的摩擦
		楔角 β_o	前面与后面间的夹角	影响刀头截面的大小，从而影响刀头的强度
副刃正交平面 P_o'	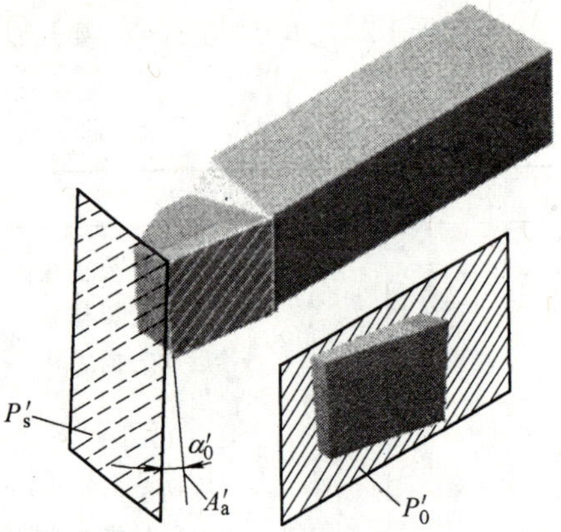 P_s' α_0' A_a' P_0'	副后角 α_o'	副后面与副切削平面间的夹角	减少车刀副后面与工件已加工表面的摩擦
切削平面 P_s	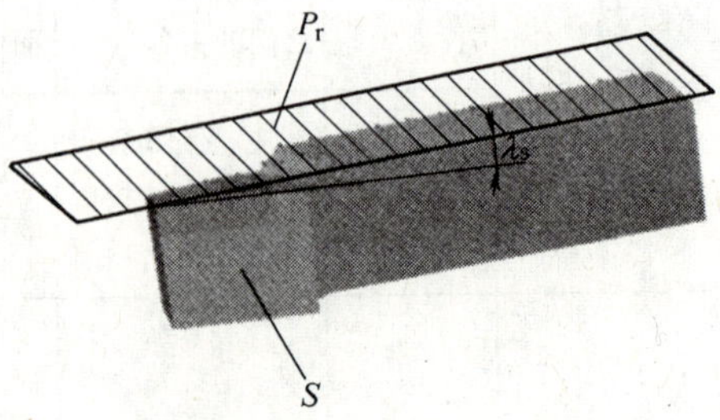 P_r λ_s S	刃倾角 λ_s	主切削刃与基面间的夹角	控制排屑方向

6. 加工精度与车刀种类

轴类工件的车削一般可分为粗车和精车两个阶段。粗车和精车的目的不同，因而对所用车刀的要求也存在较大差别。

（1）粗车刀。粗车的作用是提高劳动生产率，尽快将毛坯上的余量车去，其切削过程中具有吃刀深和进给快的特点，所以粗车刀必须有足够的强度，能一次进给车去较多的余量。粗车刀的选择原则如下。

1）主偏角 κ_r。主偏角不宜太小，否则车削时容易引起振动。为使车刀不但能承受较大的切削力，而且有利于切削刃散热，特别是当工件外圆形状许可时，主偏角最好选择75°左右。

2）前角 γ_o 和后角 α_o。为了增加刀头强度，前角和后角应选小些。但要注意前角太小反而会增大切削力。

3）刃倾角 λ_s。为增加刀头强度，刃倾角取 $-3° \sim 0°$。

4）倒棱宽度 b_{r1} 与倒棱前角 γ_{o1}。为增加切削刃的强度，主切削刃上应磨有倒棱，倒棱宽度为 $b_{r1}=(0.5\sim0.8)f$，倒棱前角 $\gamma_{o1}=-10° \sim -5°$，如图 1-21 所示。

5）过渡刃。粗车刀采用直线形过渡刃，其过渡刃偏角 $\kappa_{r\varepsilon}=1/2\kappa_r$，过渡刃长度 $b_\varepsilon=0.5\sim2\text{mm}$。

为使切屑能自行折断，车刀前刀面上还应磨有断屑槽。

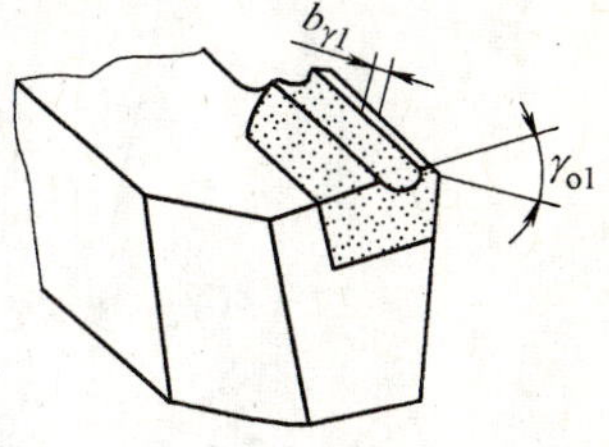

图 1-21　倒棱和过渡刃

（2）精车刀。精车的作用是使工件达到规定的技术要求，因此要求车刀锋利，切削刃平直光洁，必要时还可磨出修光刃。精车时必须使切屑排向工件的待加工表面。精车刀的选择原则如下。

1）副偏角 κ_r'。为了减小工件表面粗糙度值，应取较小的副偏角。

2）修光刃。在副切削刃上磨出修光刃，一般修光刃的长度 $b_\varepsilon'=(1.2\sim1.5)f$。

3）前角 γ_o。一般应大些，以使车刀锋利，车削轻快。

4）后角 α_o。精车时对车刀强度的要求不高，允许取较大的后角，以减少车刀和工件之间的摩擦。

5）刃倾角 λ_s。为了使切屑排向工件的待加工表面，应选用正值的刃倾角（一般取 $\lambda_s=3° \sim 8°$）。

另外，为保证排屑顺利，特别是在精车塑性金属时，前面应磨出相应宽度的断屑槽。

知识点四　常 用 量 具

1. 游标卡尺

（1）游标卡尺的结构。游标卡尺是一种中等精度的通用量具，其外形结构种类很多，图 1-22 所示的三用游标是车工常用的一种卡尺，其测量范围有 0～125mm 和 0～150mm 两种。

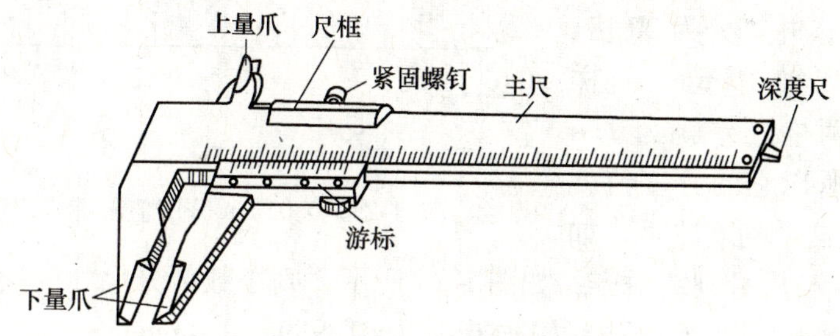

图 1-22　游标卡尺的外形结构

三用游标卡尺由主尺、尺框和深度尺等组成。游标卡尺的下量爪用来测量工件的外径和长度，上量爪用来测量孔径和槽宽，深度尺用来测量工件的深度和台阶长度，如图 1-23 所示。测量时，旋松固定游标用的紧固螺钉即可移动游标使量爪与工件接触，取得尺寸后，最好把紧固螺钉旋紧后再读数，以防尺寸变动。

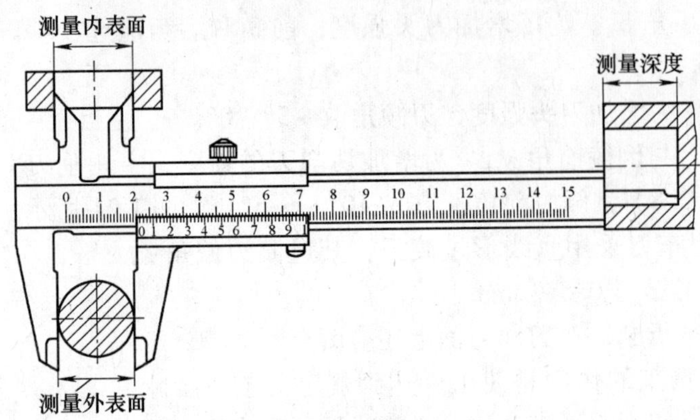

图 1-23 游标卡尺的使用

（2）游标卡尺的读数。游标卡尺的分度值一般有 0.1mm、0.05mm、0.02mm 三种，其中较为常用的为 0.02mm 的游标卡尺。

1）游标卡尺的读数原理。游标卡尺的读数精度是利用尺身和游标刻线间距离之差来确定的。现将具体的读数原理介绍如下。

①0.1mm 分度值的游标卡尺读数原理。0.1mm 分度值的游标卡尺也为 1/10 精度游标卡尺。其尺身上每一小格为 1mm，游标刻线总长 9mm，并等分为 10 格，故而每格为 9 ÷ 10 = 0.9mm。这样尺身与游标相对一格之差就为 1 − 0.9 = 0.1mm，所以它的分度值就为 0.1mm。根据这个刻线原理，如果游标第 6 根刻线与尺身刻线对齐，如图 1-24 所示，则小数部分尺寸的读数就为：

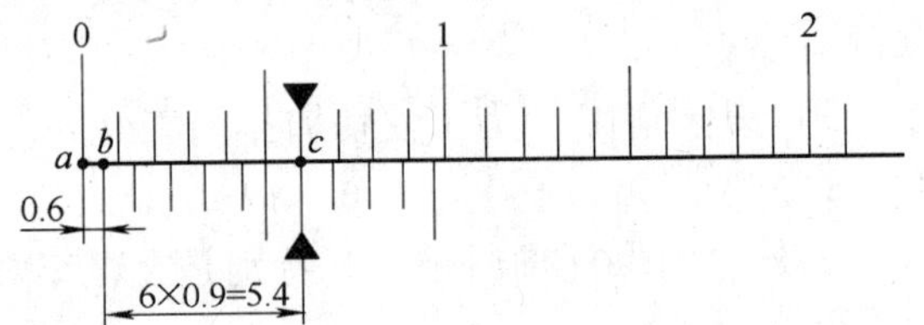

图 1-24 0.1mm 分度值游标卡尺的读数原理

$$ab = ac - bc = 6 - (6 \times 0.9) = 0.6\text{mm}$$

②0.05mm 分度值游标卡尺读数原理。0.05mm 分度值的游标卡尺也为 1/20 精度游标卡尺。其尺身上每一小格为 1mm，游标刻线总长 39mm，并等分为 20 格，故而每格为 39 ÷ 20 = 1.95mm。这样尺身与游标相对两格之差就为 2 − 1.95 = 0.05mm，所以它的分度值就为 0.05mm。根据这个刻线原理，如果游标第 8 根刻线与尺身刻线对齐，如图 1-25 所示，则小数部分尺寸的读数就为：

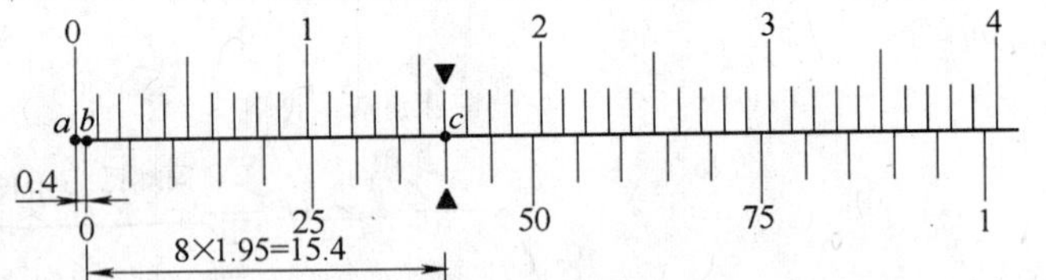

图 1-25 0.05mm 分度值游标卡尺的读数原理

$$ab = ac - bc = 16 - (8 \times 1.95) = 0.4\text{mm}$$

③0.02mm 分度值游标卡尺读数原理。0.02mm 分度值的游标卡尺也为 1/50 精度游标卡尺。这种游标卡尺应用非常普及。它的尺身上每一小格为 1mm，游标刻线总长 49mm，并等分为 50 格，故而每格为 49 ÷ 50 = 0.98mm。这样尺身与游标相对一格之差就为 1 − 0.98 = 0.02mm，所以它的分度值就为 0.02mm。根据这个刻线原理，如果游标第 11 根刻线与尺身刻线对齐，如图 1-26 所示，则小数部分尺寸的读数就为：

$$ab = ac - bc = 11 - (11 \times 0.98) = 0.22\text{mm}$$

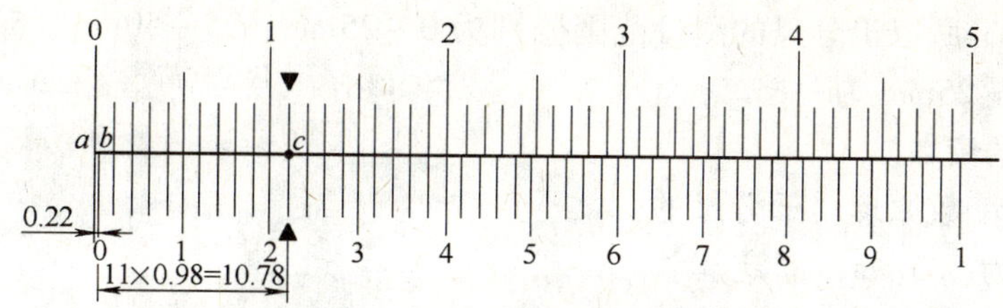

图 1-26　0.02mm 分度值游标卡尺的读数原理

2）游标卡尺的读数方法。游标卡尺是以游标的“0”线（零位线）为基准进行读数的。以图 1-27 所示的分度值为 0.02mm 的游标卡尺为例，其读数分为以下三个步骤：

第一步：读整数。

以游标“0”线（零位线）为基准，读出游标零位线左面的尺身上的整毫米值。图 1-27 中，游标零位线左边尺身上的整毫米数为 64mm。

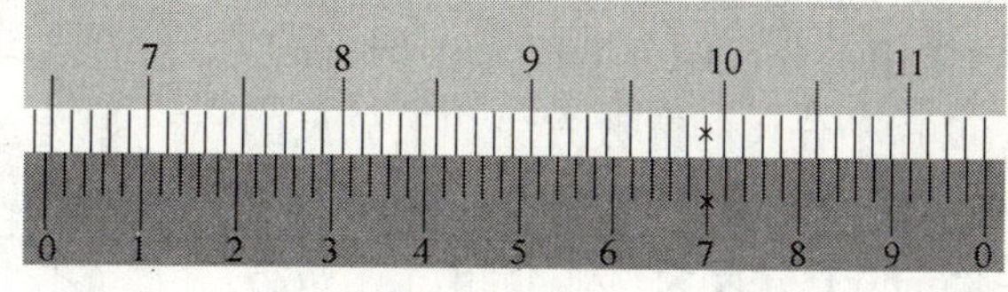

图 1-27　游标读数值为 0.02mm 的游标卡尺读数示例

第二步：读小数。

找出游标上哪一根刻线与尺身刻线对齐，并用这个刻线数乘以其精度值（0.02mm）。即为小数部分的读数值。图 1-27 中，游标上是第 35 根刻线与尺身上的刻线对齐，因而小数部分的读数为：35 ×0.02mm = 0.7mm。

第三步：将整数部分与小数部分相加，即为被测表面的尺寸。

即 64mm +0.7mm =64.7mm

（3）游标卡尺的使用注意事项如下。

1）使用游标卡尺前，应进行零位校检，即要保证游标零线与尺身以及游标尾线与尺身刻线是否对齐，如不准，则需要校正。其操作方法是：松开固定螺钉，用棉纱将移动面与测量面擦干净，并检查有无缺陷，将两卡爪合拢，透光检查两测量面间有无间隙，并检查两零线刻线是否对齐，如图 1-28 所示。

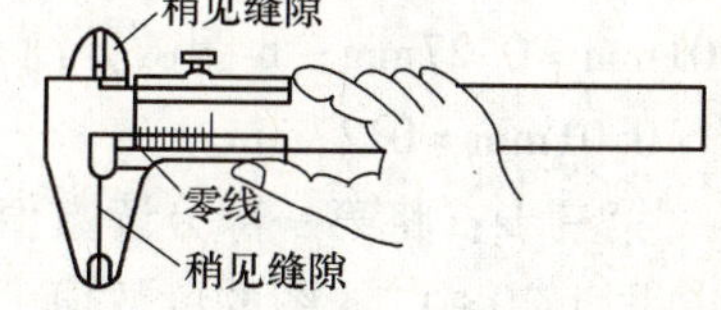

图 1-28　游标卡尺零位校检

2）测量工件时应擦干净工件被测表面，且量爪位置应平行或垂直于被测表面。另外，读数时视线应垂直于刻线平面，不得歪斜。

3）测量时，尽量在工件上直接读数，然后松开量爪，取出卡尺。

4）不准用卡尺测量毛坯表面。

5）必须要等到车床停稳后才能进行测量。

6）不可将卡尺放在车床振动部位。

2. 千分尺

千分尺是一种精密量具，其种类很多，按用途分为外径千分尺、螺纹千分尺、公法线千分尺、壁厚千分尺和数显千分尺等。

（1）千分尺的结构。千分尺由弓形尺架、测砧、测微螺杆、固定套管、微分筒、测力装置和锁紧装置等组成，如图 1-29 所示。由于测微螺杆的长度受到制造工艺的限制，其移动量通常为25mm，所以千分尺的测量范围分别为0～25mm、25～50mm、50～75mm、75～100mm等，即每隔25mm为一档。

（2）千分尺的读数。

1）千分尺的读数原理。千分尺的测微螺杆的螺距为0.5mm，固定套管上直线距离每格为0.5mm。当微分筒转一周时，测微螺杆就移动0.5mm。微分筒的圆周斜面上刻有50格，因此当微分筒转动一格时（即1/50一转），测微螺杆就移动0.5÷50=0.01mm，所以常用千分尺的分度值为0.01mm。

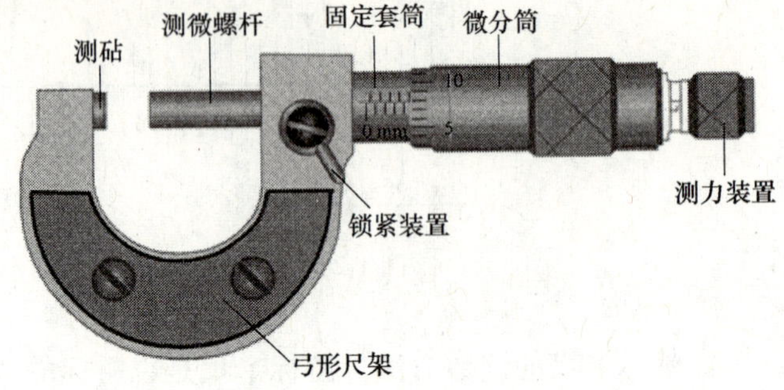

图1-29　千分尺的结构

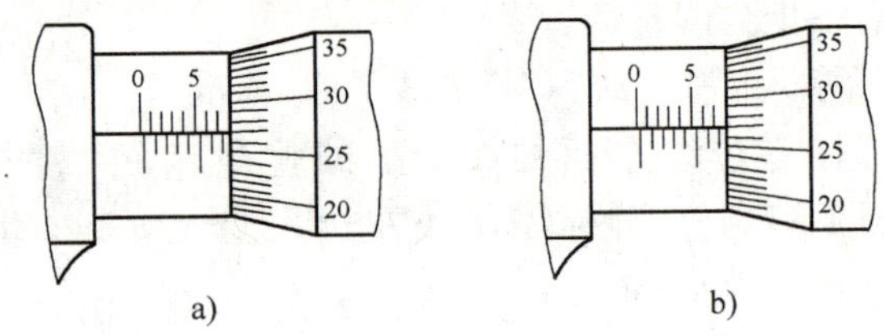

图1-30　0～25mm千分尺

2）千分尺的读数方法。千分尺的读数方法分三步，现以图1-30所示的0～25mm千分尺为例，介绍其读数方法。

第一步：以微分筒左斜端面为基准刻线，先读出固定套管上露出刻线的整毫米数和半毫米数（这个读数与游标卡尺第一步基本相同：就是把微分筒左斜端面看成“游标零位线”，再读出“尺身”，即固定套管上的整毫米数和半毫米数）。

图1-30中，a图固定套管管子露出的刻线为8mm；b图中的微分筒旋转位置超过了半格，所以固定套管子露出的刻线就为8+0.5=8.5mm。

第二步：看准微分筒上哪一格与固定套管基准线对准，并用这个刻线数乘以千分尺的分度值0.01mm，读出小数部分。

图1-30中，a图微分筒上是第27根刻线与固定套管基准线对准，则小数部分为：27×0.01mm=0.27mm；b图微分筒是也是27根刻线与固定套管基准线对准，则小数部分也为：27×0.01mm=0.27mm。

第三步：将第一部分读数值与第二部分读数值相加，即为被测工件的尺寸。

图1-30中，a图的读数值为8+0.27=8.27mm；b图的读数值为8.5+0.27=8.87mm。

（3）千分尺的使用注意事项如下。

1）测量前应校检千分尺零位，即松开止动锁，用棉纱将测量面及移动面擦干净，并检查有无缺陷，将棘轮转动，检查测量杆转动的情况是否正常，棘轮转至打滑为止，使两端面贴合，检查零线位置（0～25mm一档的千分尺），如图1-31所示。

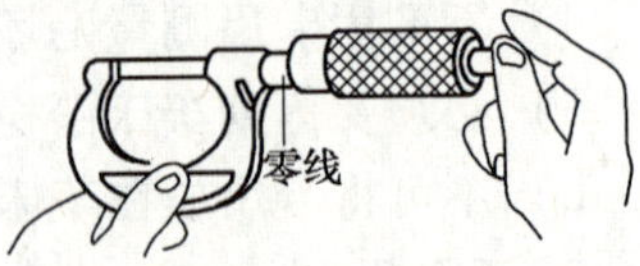

2）测量时应擦干净工件被测表面，测量过程中应尽量使用测力装置，而不要用力转动微分筒。

图1-31　千分尺零位校检

3）不准用千分尺测量粗糙表面。

4）必须等车床停好后才可进行测量。

5）读数时一定要看清楚固定套管上是0.5mm的小格，还是整mm数的小格，使用时一般应与游标卡尺配合使用。

3. 百分表

（1）百分表的结构如图1-32所示，它由测量杆、内部齿轮传动系统、刻度盘等组成。

测量杆的微小直线位移可由传动系统放大，转变为指针的转动，并在刻度盘上指示出相应的示值。百分表的刻度盘中装有大小两个指针，大指针每转过一格，测量杆移动0.01mm，大指针转过1周，小指针转过一格。大指针每转过一格，表示测量的尺寸变化为0.01mm；小指针每转过一格，表示测量的尺寸变化为1mm。

（2）百分表一般用磁性表座固定，如图1-33所示，用来测量工件的尺寸、几何公差等。

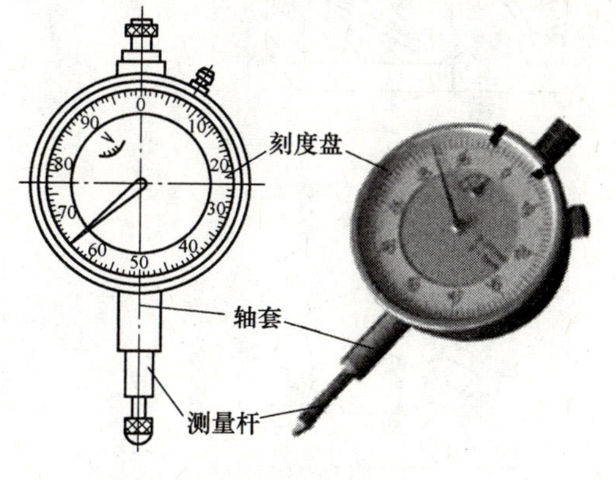

图1-32　百分表

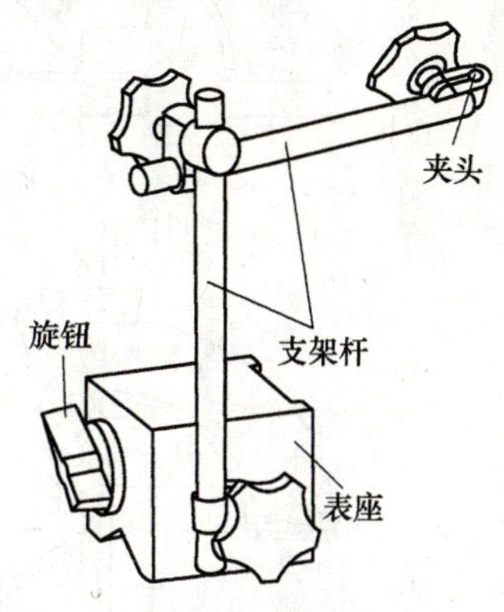

图1-33　磁性表座

（3）使用百分表时应注意以下几点。

1）百分表是精密量具，严禁在粗糙表面上进行测量。

2）测量时，测量头与被测量表面接触并使测量头向表内压缩1～2mm，然后转动表盘，使指针对正零线，再将表杆上下提几次，待表针稳定后再进行测量。

3）测量时测量头和被测量表面的接触尽量呈垂直位置，便于减少误差，保证测量准确。

4）测量杆上不要加油，油液进入表内会形成污垢而降低百分表的使用灵敏度。

5）要轻拿稳放，尽量减少振动。

4. 万能角度尺

（1）万能角度尺的结构如图1-34所示，由尺身、角尺、游标、制动器、扇形板、基尺、直尺、夹板等组成，用来测量工件内外角。

（2）万能角度尺的读数。

1）读数原理。主尺刻度每格为1°，游标上总角度为29°，并等分为30格，每格所对的角度为：$\frac{29°}{30}=\frac{60'\times29}{30}=58'$因此，主尺一格与游标一格相差：$1°-58'=2'$。

2）万能角度尺的读数。根据所测角度的需要，角尺和直尺进行重新组合。制动器可将扇形板和尺身锁紧，便于读数。测量时，先把基尺靠紧被测角度的一个面上，边调整角度尺的角度边

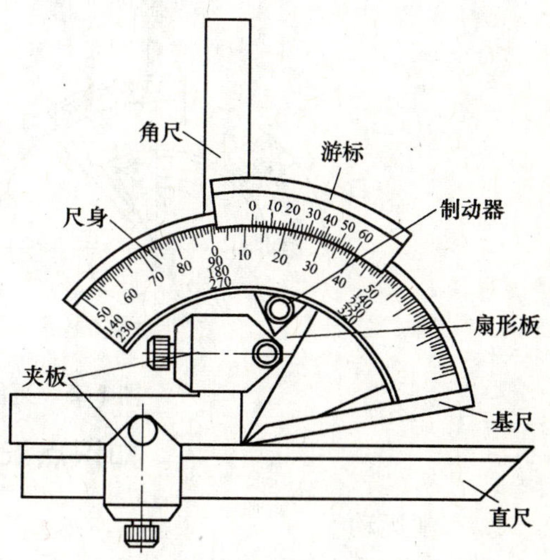

图1-34　万能角度尺

对光检查，使角尺或直尺的一条边与被测角度的另一面之间的透光均匀，此时即可读数。

万能角度尺与游标卡尺的读数方法较为相似。由于角尺和直尺可以移动和拆换，因而万能角度尺的角尺和直尺组合后可以测量 0～320°间任意大小的角度，如图 1-35 所示。

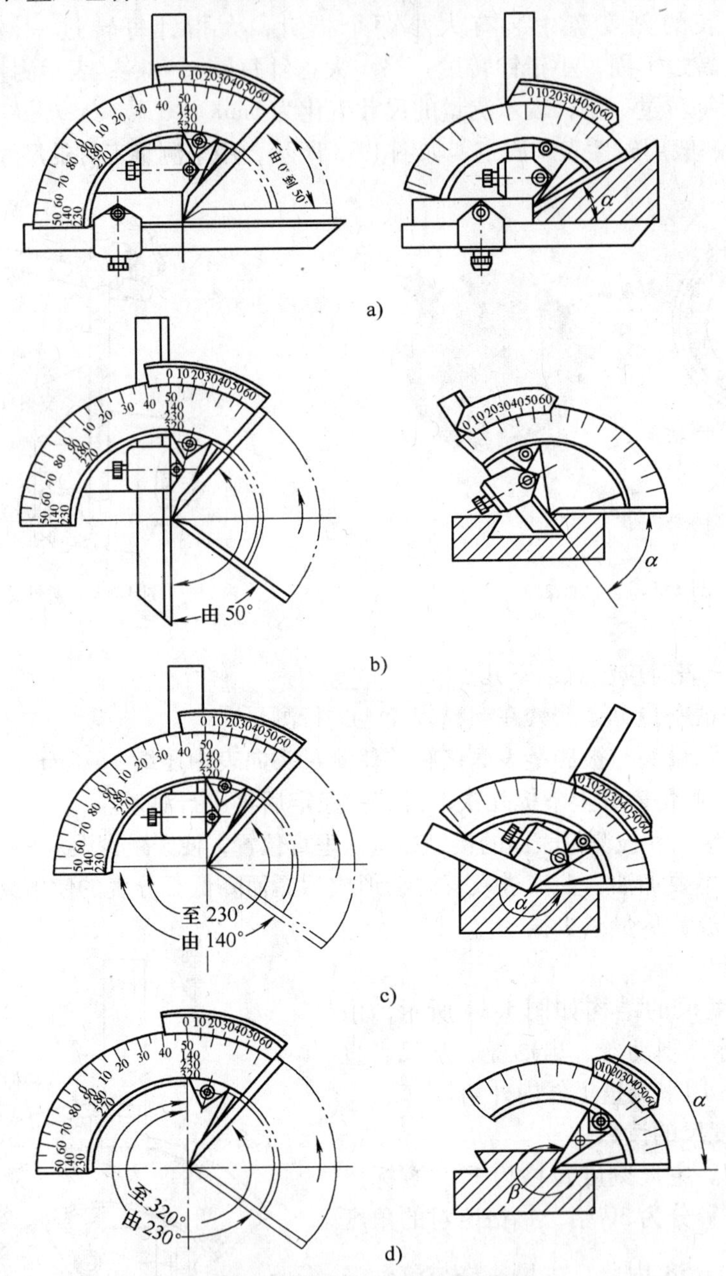

图 1-35　万能角度尺的测量范围

知识点五　切 削 用 量

1. 车削运动

车削工件时，为了切除多余的金属，必须使工件和车刀产生相对的车削运动。按其作用划分，车削运动可分为主运动和进给运动两种，如图 1-36 所示。

（1）主运动是车床的主要运动，它消耗车床的主要动力。车削时工件的旋转运动是主运动。通常，主运动的速度较高。

（2）进给运动是使工件的多余材料不断被去除的切削运动。如车外圆时的纵向进给运动，车端面时的横向进给运动等，如图1-37所示。

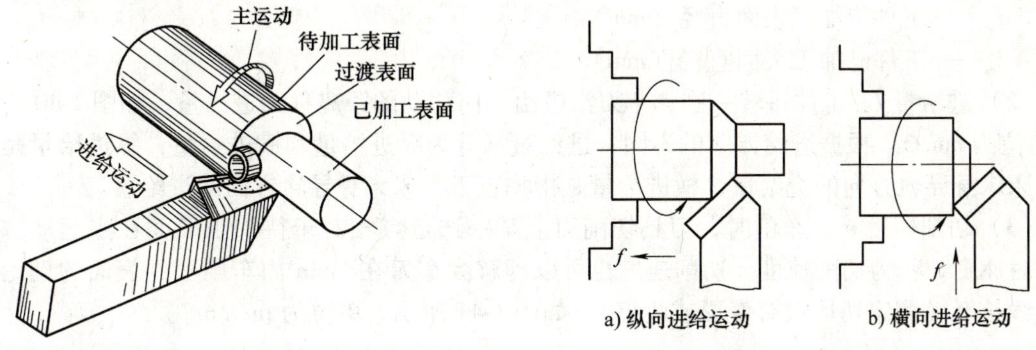

图1-36　车削运动

图1-37　进给运动

2. 车削加工形成的表面

工件在车削加工时有三个不断变化的表面，它们是已加工表面、过渡表面与待加工表面，如图1-38所示。

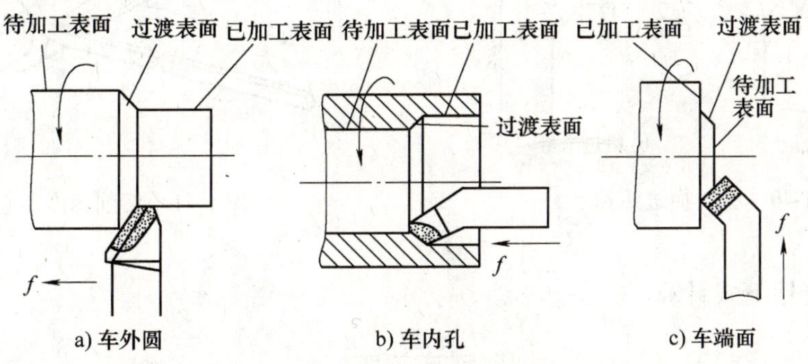

图1-38　车削加工形成的表面

（1）已加工表面是工件上经车刀车削多余金属后产生的新表面。

（2）过渡表面是工件上由切削刃正在形成的那部分表面。

（3）待加工表面是工件上有待切除的表面，它可能是毛坯表面或加工过的表面。

3. 切削用量

切削用量是表示主运动及进给运动大小的参数，是背吃刀量、进给量和切削速度三者的总称，故又把这三者称为切削用量三要素。

（1）背吃刀量 a_p。工件上已加工表面和待加工表面间的垂直距离称为背吃刀量，用符号 a_p 表示，如图1-39所示。

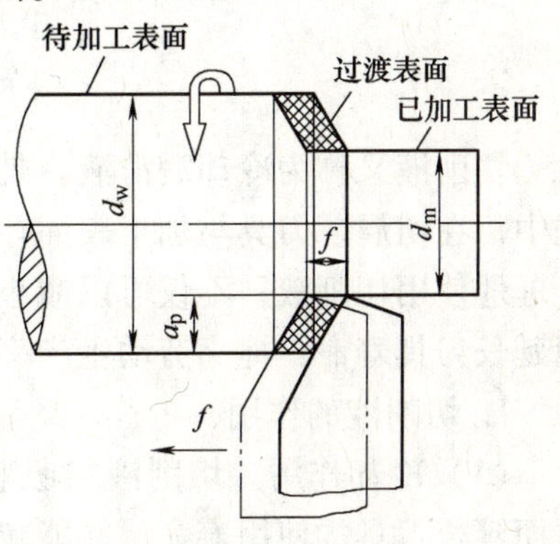

图1-39　背吃刀量

背吃刀量是每次进给时车刀切入工件的深度，故又称为切削深度。车外圆时，背吃刀量可用下式计算：

$$a_p = \frac{d_w - d_m}{2}$$

式中 a_p——背吃量（mm）；

d_w——工件待加工表面直径（mm）；

d_m——工件已加工表面直径（mm）。

（2）进给量f。工件每转一周，车刀沿进给方向移动的距离称为进给量，如图1-40中的f，单位为mm/r。根据进给方向的不同，进给量又分为纵进给量和横进给量，纵进给量是指沿车床床身导轨方向的进给量，横进给量是指垂直于车床床身导轨方向的进给量。

（3）切削速度v_c。车削时，刀具切削刃上某一选定点相对于待加工表面在主运动方向的瞬时速度，称为切削速度。切削速度也可以理解为车刀在1min内车削工件表面的理论展开直线长度（假定切屑没有变形或收缩），如图1-41所示，单位为m/min。

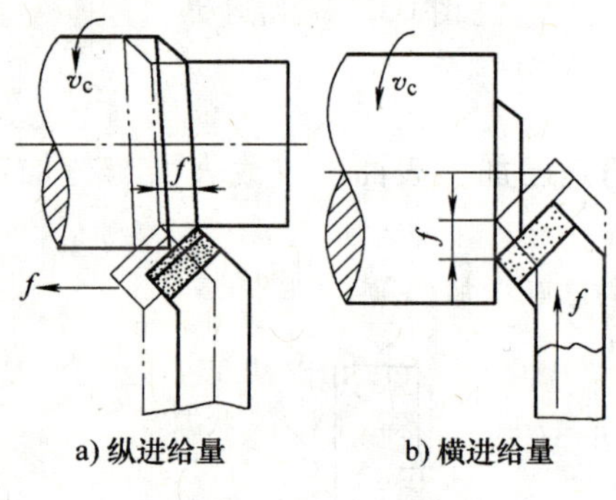

图1-40 纵、横进给量

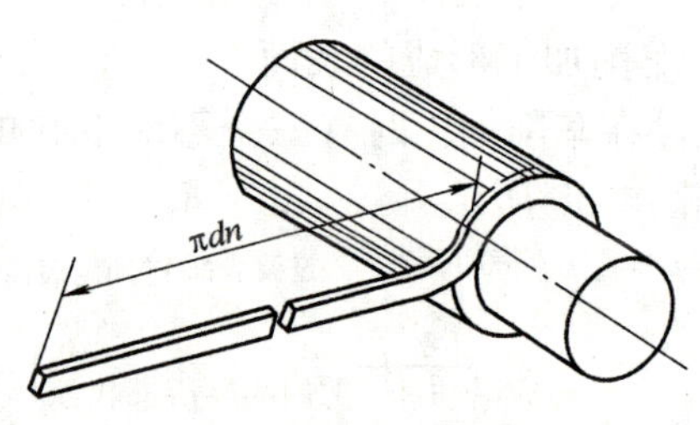

图1-41 切削速度示意图

切削速度可用下式计算：

$$v_c = \frac{\pi dn}{1000} \approx \frac{dn}{318}$$

式中 v_c——切削速度（m/min）；

d——工件（或刀具）的直径（mm）；

n——车床主轴的转速（r/min）。

知识点六 切 削 液

切削液又称为冷却润滑液，是机械加工过程中为改善切削效果而使用的液体。在加工过程中，在切屑、刀具与加工表面存在着剧烈的摩擦，并产生很大的切削力和大量的切削热。合理地使用切削液，不仅可以减小表面粗糙度，减小切削力，而且还会使切削温度降低，从而延长刀具寿命，提高劳动生产率和产品质量。

1. 切削液的作用

（1）冷却作用。切削液能吸收并带走切削区域大量的热量，降低刀具和工件的温度，从而延长刀具的使用寿命，并能减少工件因热变形而产生的尺寸误差，同时也为提高生产率创造了条件。

（2）润滑作用。切削液能渗透到切屑、刀具与工件接触面之间，并黏附在金属表面上而形成一层润滑膜，减少刀具与工件的摩擦，这样能保持车刀刃口的锋利，提高工件表面质量。对于精加工，润滑作用就显得更加重要了。

（3）清洗作用。车削过程中产生的细小切屑容易吸附在工件和刀具上，尤其是铰孔和钻深孔时，切屑容易堵塞，如加注一定压力、足够流量的切削液，则可将切屑迅速冲走，使切削顺利。

2. 切削液的种类及其使用

切削加工时常用的切削液有水溶性切削液和油溶性切削液两大类。切削液的种类、成分、性能、作用和用途见表1-6。

表1-6　切削液的种类、成分、性能、作用和用途

种类			成分	性能和作用	用途
水溶性切削液	水溶液		以软水为主，加入防锈剂、防霉剂，有的还加入油性添加剂、表面活性剂以增强润滑性	主要起冷却作用	常用于粗加工
	乳化液		配制成3%～5%的低浓度乳化液	主要起冷却作用，但润滑和防锈性能较差	用于粗加工、难加工的材料和细长工件的加工
			配制成高浓度的乳化液	提高其润滑和防锈性能	精加工用高浓度乳化液
			加入一定的极压添加剂和防锈添加剂，配制成极压乳化液等		用高速钢刀具粗加工和对钢料精加工时用极压乳化液钻削、铰削和加工深孔等半封闭状态下，用黏度较小的极压乳化液
	合成切削液		由水、各种表面活性剂和化学添加剂组成。国产DX148多效合成切削液有良好的使用效果	冷却、润滑、清洗和防锈性能较好，不含油，可节省能源，有利于环保	国内外推广使用的高性能切削液。国外的使用率达到60%，在我国工厂中的使用也日益增多
油溶性切削液	切削油	矿物油	L-AN15、L-AN22、L-AN32机械油	润滑作用较好	在普通精车、螺纹精加工中使用甚广
			轻柴油、煤油等	煤油的渗透和清洗作用较突出	在精加工铝合金、铸铁和高速钢铰刀铰孔中使用
		动植物油	食用油	能形成较牢固的润滑膜，其润滑效果比纯矿物油好，但易变质	应尽量少用或不用
		复合油	矿物油与动植物油的混合油	润滑、渗透和清洗作用均较好	应用范围广
	极压切削油		在矿物油中添加氯、硫、磷等极压添加剂和防锈添加剂配制而成。常用的有氯化切削油、硫化切削油	它在高温下不破坏润滑膜，具有良好的润滑效果，防锈性能也得到了提高	使用高速钢刀具对钢料精加工时用钻削、铰削和加工深孔等半封闭状态下工作时，用黏度较小的极压切削油

3. 使用切削液时的注意事项

切削液使用时应注意以下几点。

（1）油状乳化油必须用水稀释后才能使用。但乳化液会污染环境，应尽量选用环保型切削液。

（2）切削液必须浇注在切削区域内，如图 1-42 所示，因为该区域是切削热源。

（3）用硬质合金车刀切削时，一般不加切削液。如果使用切削液，必须从一开始就连续充分浇注，否则硬质合金刀片因骤冷而产生裂纹。

（4）控制好切削液的流量。流量太小或断续使用，起不到应有作用；流量太大，则会造成切削液浪费。

（5）加注切削液可以采用浇注法和高压冷却法。浇注法是一种简便易行、应用广泛的方法，一般车床均有这种冷却系统，如图 1-43a 所示。高压冷却法是以较高的压力和流量将切削液喷向切削区，如图 1-43b 所示，这种方法一般用于半封闭加工或车削难加工材料时。

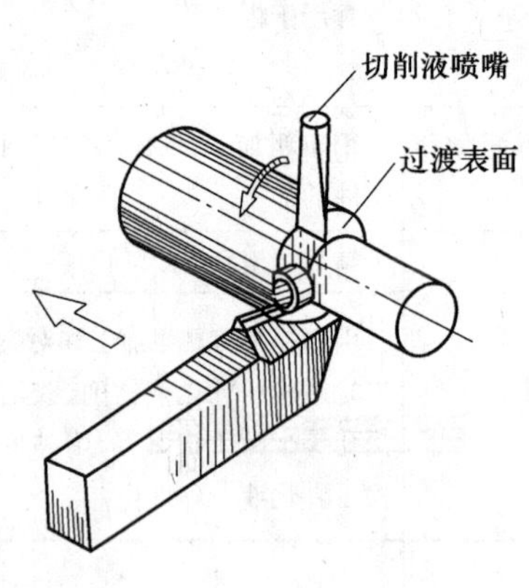

图 1-42　切削液浇注的区域

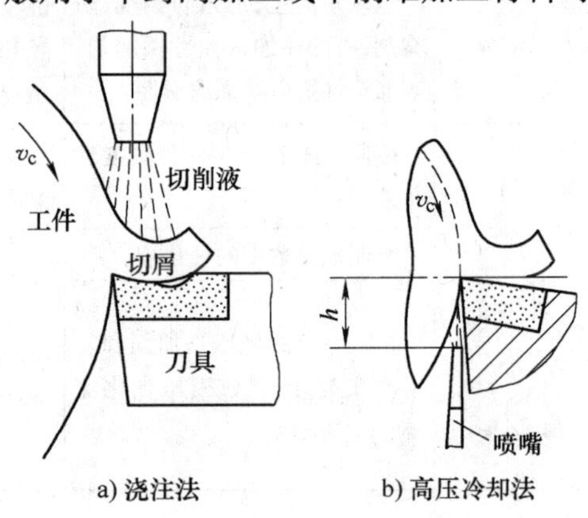

a) 浇注法　　b) 高压冷却法

图 1-43　加注切削液的方法

知识点七　车床的润滑保养

1. 车床的润滑

为了保证车床的正常运转和延长其使用寿命，应注意车床的日常维护保养。车床摩擦部分必须进行润滑。车床的润滑方式见表 1-7。

表 1-7　车床的润滑方式

润滑方式	说　明	图　示
浇油润滑	常用于外露的润滑表面，如床身导轨面和滑板导轨面	

（续）

润滑方式	说　明	图　示
浇油润滑	由于长丝杠和光杠的转速较高，润滑条件较差，必须注意每班次加油，润滑油可以从轴承座上面的方腔中加入	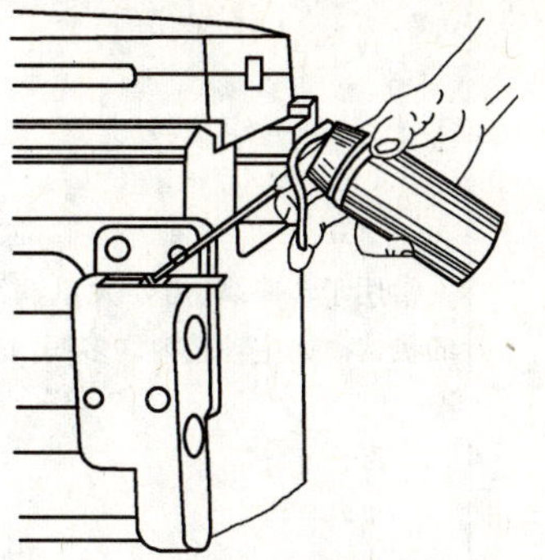
溅油润滑	常用于密封的箱体中。如车床主轴箱中的传动齿轮将箱底的润滑油溅射到箱体上部的油槽中，然后经槽子内油孔流到各个润滑点进行润滑	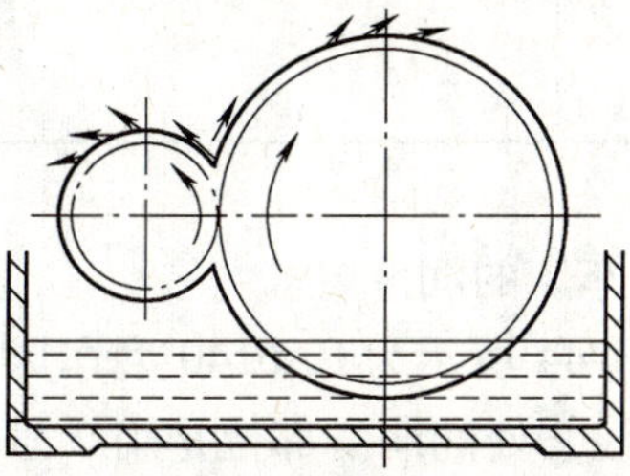
油绳导油润滑	常用于进给箱和拖板箱的油池中。利用毛线既易吸油又易渗油的特性，通过毛线把油引入润滑点，间断地滴油润滑	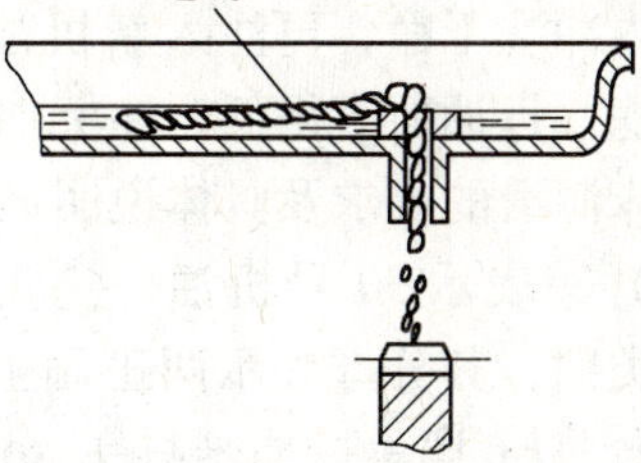 毛线
弹子油杯润滑	常用于尾座、中滑板摇手柄以及光杠、丝杠、操纵杆支架的轴承处。定期地用油枪端头油嘴压下油杯的弹子，将油注入。油嘴撤去，弹子复位，封住油口	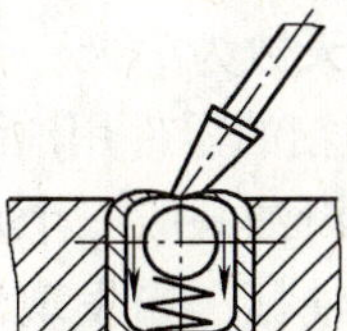
润滑脂杯润滑	常用于交换齿轮箱挂轮架的中间轴或不便经常润滑处。事先在润滑脂杯中装满钙基润滑脂，需要润滑时，拧进油杯盖，则杯中的油脂就被挤压到润滑点中去	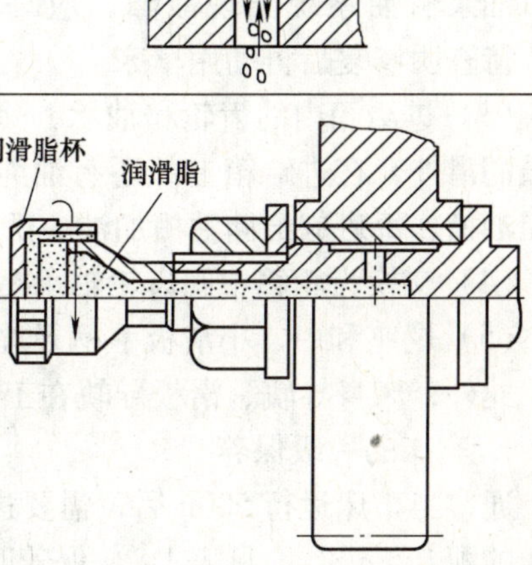 润滑脂杯 润滑脂

（续）

润滑方式	说　明	图　示
油泵输油润滑	常用于转速高、需要大量润滑油连续强制润滑的机构。如主轴箱内许多润滑点就是采用这种润滑	油管 分油器 油管 油管 过滤器 油管 油泵 油管 至进给箱 床腿 回油管 网式滤油器

2. 车床的润滑要求

图1-44所示为CA6140型车床润滑系统润滑点的位置示意图。润滑部位用数字标出，图中除所注②处的润滑部位是用2号钙基润滑脂进行了润滑外，其余各部位都用30号机油润滑。换油时，应先将废品油放尽，然后用煤油把箱体内冲洗干净，再注入新机油，注油时应用网过滤，且油面不得低于油标中心线。

车床润滑的要求及具体说明如下。

（1）㉚表示30号机油，⊖其分子数字表示润滑类别，其分母表示两班制工作时换油间隔的天数。如(30/7)表示油类号为30号机油，两班制换油间隔天数为7天。

（2）主轴箱的零件用油泵循环润滑或飞溅润滑。箱内润滑油一般三个月更换一次。主轴箱体上有一个油标，当发现油标内无滑动输出时，油泵输油系统出现故障，应马上检查原因，待查明修复后再动用车床。

（3）进给箱内的齿轮和轴承，除了用齿轮飞溅润滑外，在进给箱上部还有油绳导油润滑的储油槽，每班应给储油槽加油一次。

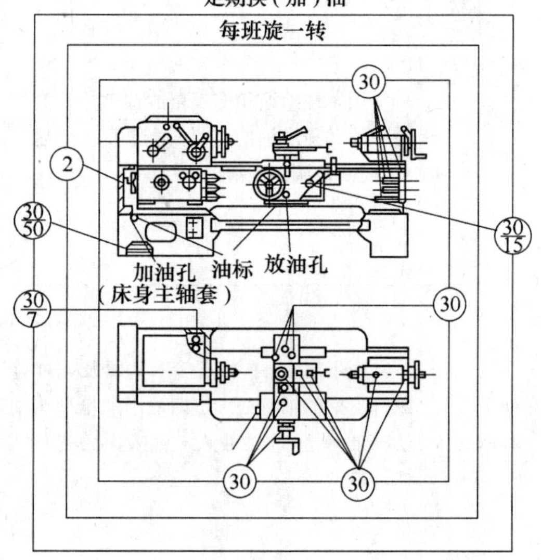

图1-44 车床润滑部位

（4）交换齿轮箱中间齿轮轴承是润滑脂杯润滑，每班一次。7天加一次钙基脂。

（5）尾座和中、小滑板手柄及光杠、丝杠、刀架等转动部位靠弹子油杯润滑，每班一次。此外，床身导轨、滑板导轨在工作前后都应擦净用油枪加油。

3. 车床的一级保养

通常当车床运行500h后，需要进行一级保养。一级保养工作以操作工人为主，在维修工人的配合下进行，见表1-8。保养时，必须先切断电源，以确保安全。

表 1-8 车床的一级保养

内容	操作顺序说明
主轴箱的保养	1. 拆下滤油器并进行清洗，使其无杂物并进行复装 2. 检查主轴，其锁紧螺母应无松动现象，紧定螺钉应拧紧 3. 调整制动器及离合器摩擦片的间隙
交换齿轮箱的保养	1. 拆下齿轮、轴套、扇形板等进行清洗，然后复装，在润滑脂杯中注入新油脂 2. 调整齿轮啮合间隙 3. 检查轴套应无晃动现象
刀架和滑板的保养	1. 拆下方刀架清洗 2. 拆下中、小滑板丝杠、螺母、镶条进行清洗 3. 拆下床鞍防尘油毛毡，进行清洗、加油和复装 4. 中滑板的丝杠、螺母、镶条、导轨加油后复装，调整镶条间隙和丝杠螺母间隙 5. 小滑板的丝杠、螺母、镶条、导轨加油后复装，调整镶条间隙和丝杠螺母间隙 6. 擦净方刀架底面，涂油、复装、压紧
尾座的保养	1. 拆下尾座套筒和压紧块，进行清洗、涂油 2. 拆下尾座丝杠、螺母进行清洗、加油 3. 清洗尾座并加油 4. 复装尾座部分并调整
润滑系统的保养	1. 清洗冷却泵、滤油器和盛液盘 2. 检查并保证油路畅通，油孔、油绳、油毡应清洁无铁屑 3. 检查润滑油，油质应保持良好，油杯应齐全，油标应清晰
电器的保养	1. 清扫电动机、电器箱上的尘屑 2. 电器装置应固定齐全
外表的保养	1. 清洗车床外表面及各罩盖，保持其清洁，无锈蚀、无油污 2. 清洗丝杠、光杠和操纵杆 3. 检查并补齐各螺钉、手柄、手柄球
清理车床附件	中心架、跟刀架、配换齿轮、卡盘等应齐全、洁净，摆放整齐。保养工作完成时，应对各部件进行必要的润滑

注：事先应做好充分的准备工作，如准备好拆装的工具、清洗装置、润滑油料、放置机件的盘子和必要的备件等；保养应有条不紊地进行，拆下的机件应成组合安放，不允许乱放，做到文明操作。

1.2 项目基本技能

任务一 车床的操作

车床的基本操作包括车床的开启、主轴变速箱的操作、进给箱的操作、刻度盘的操作等。

1. 车床的起动操作

其操作步骤如下。

（1）检查车床各变速手柄是否处于空档位置，操纵杆处于“停止”状态（操纵杆处于中间位置），如图1-45所示，确认后打开电源开关。

（2）按下如图1-46所示的床鞍上的绿色起动按钮，电动机起动。

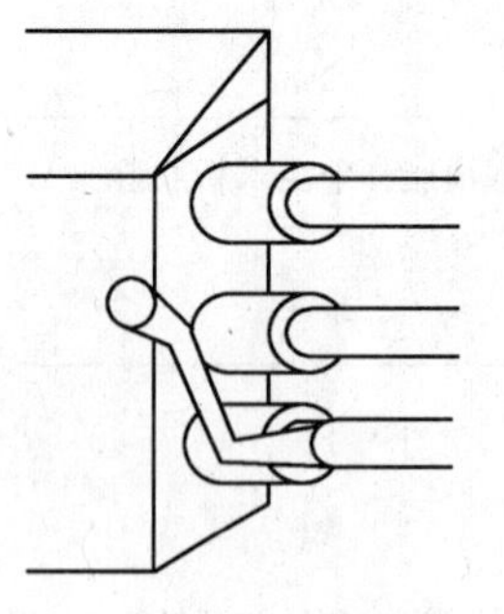

图1-45 操纵杆停止状态位置

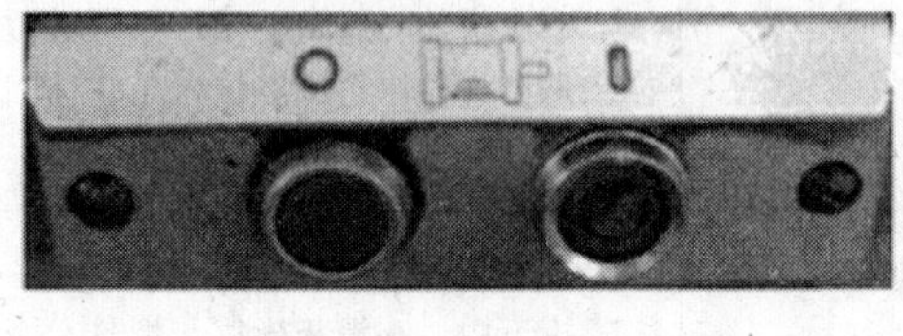

图1-46 电动机控制按钮

（3）如图1-47所示，向上提起操纵杆，主轴正转。

（4）如图1-48所示，操纵杆处于向下位置，主轴反转。

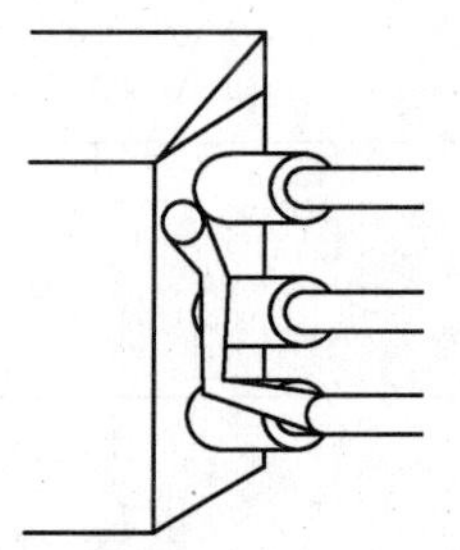

图1-47 操纵杆向上提起状态位置

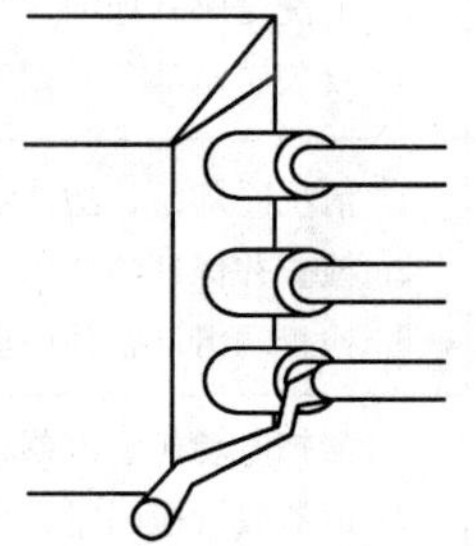

图1-48 操纵杆向下位置

（5）按下如图1-46所示的红色停止按钮，电动机停止转动。

2. 主轴箱的变速操作

车床主轴变速箱通过改变主轴箱正面左侧的两个叠套手柄的位置来控制。前面的手柄有6个档位，每个档位有4级转速，由后面的手柄控制，所以主轴共有24级转速，如图1-49所示。变速时，先将前面的手柄转至所需的转速处（准箭头处），再将后面的手柄转至对应的颜色处。

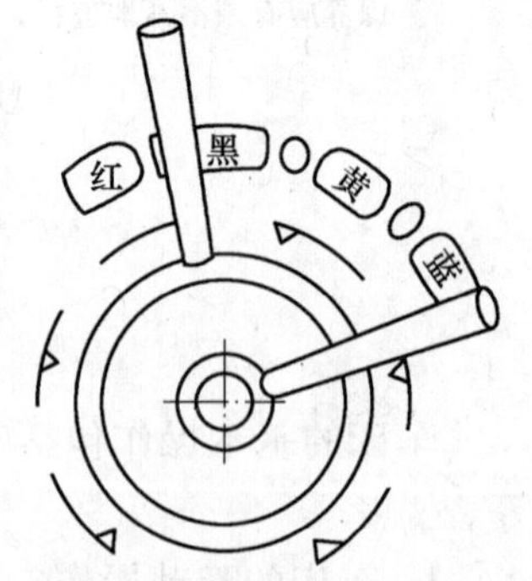

图1-49 主轴变速手柄

主轴箱正面左侧的手柄（俗称三星齿轮）用于螺纹左、右旋向的变换和加大螺距，共有4个档位，即右旋螺纹与右旋加大螺距螺纹、左旋螺纹与左旋加大螺距螺纹，其档位变换如图1-50所示。

3. 进给箱的变速操作

CA6140型车床进给箱正面左侧有一个手轮（进给变速手轮，如图1-51所示），它有8个档位。右侧有前后叠装的两个手柄，前面的手柄是丝杠、光杠变换手柄，后面的手柄有Ⅰ、Ⅱ、Ⅲ、

Ⅳ 4 个档位，用来与手轮配合，用以调整螺距或进给量。根据加工需要可通过查找进给箱油池盖上的调配表（即铭牌）来确定手轮和手柄的具体位置。

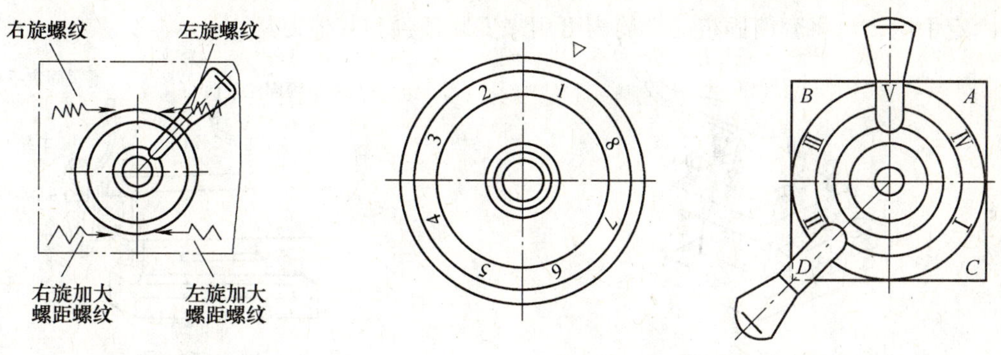

图 1-50 螺纹旋向变换手柄

图 1-51 进给箱的变速手柄

4. 溜板箱部分的操作

（1）手动操作。床鞍做纵向运动：顺时针转动手轮，床鞍向右移动；逆时针转动手轮，床鞍向左移动。中滑板做横向运动：顺时针转动手轮，中滑板向远离操作者方向运动（进刀）；逆时针转动手轮，则靠近操作者（退刀）。小滑板做纵向运动：顺时针转动手轮，小滑板向左移动；逆时针转动手轮，小滑板向右移动。

（2）机动进给操作。CA6140 型车床的纵、横向机动进给和快速移动采用单手操纵。自动进给手柄在溜板箱的右侧，可沿十字槽纵、横扳动，手柄处在中间位置进给停止，如图 1-52 所示。在进给手柄的面部有一快进按钮，按下此钮，快速电动机工作，床鞍或中滑板按手柄扳动方向做纵、横向快速移动，松开按钮，快速移动中止。

（3）刻度盘的操作。床鞍手轮上的刻度盘圆周等分 300 格，每一格为 1mm，也就是说手轮转动一格，床鞍及溜板箱纵向移动 1mm；中滑板丝杠上的刻度盘圆周等分 100 格，每一格为 0. 05mm，即手柄转动一格，中滑板横向移动 0. 05mm；小滑板丝杠上的刻度盘圆周等分 100 格，每一格为 0. 05mm，即手柄转动一格，小滑板纵向移动 0. 05mm。由于丝杠和螺母间的配合存在间隙，滑板会产生空行程（丝杠已转动，而滑板并没立即移动）。所以当转过所需刻度后，应将刻度盘反转到适当角度消除间隙后，再慢慢转至所需要刻度。切不可简单地直接退回，如图 1-53 所示。

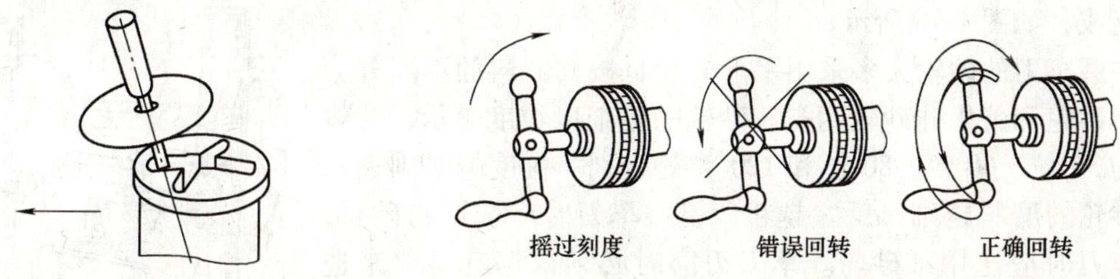

图 1-52 自动进给手柄

图 1-53 手柄转过后的纠正方法

（4）刀架的操作。逆时针转动刀架手柄，刀架可做逆时针转动，以调换车刀；顺时针转动刀架手柄，刀架则被锁紧，如图 1-54 所示。

5. 尾座的操作

如图 1-55 所示，尾座可沿着床身导轨移动。逆时针扳动尾座固定手柄，将尾座锁紧固定。逆时针方向移动套筒固定手柄，摇动手轮，可使套筒做进、退移动；顺时针方向转动套筒固定手柄，可将套筒固定。套筒内可用来安装顶尖和其他刀具。

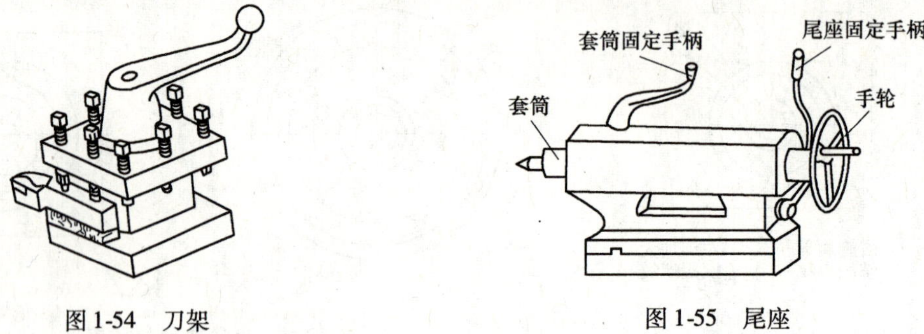

图 1-54　刀架　　　　图 1-55　尾座

任务二　车刀的刃磨

1. 车刀刃磨的姿势和方法

（1）磨车刀时，操作者应站立在砂轮机的侧面，以防止砂轮意外碎裂时，碎片飞出伤人。

（2）两手握车刀的距离应放开，两肘应夹紧腰部，这样可以减小刃磨时的抖动。

（3）刃磨时，车刀应放在砂轮的水平中心，刀尖略微上翘 3°～8°，车刀接触砂轮后应做左右水平移动，车刀离开砂轮时，刀尖需向上抬起，以免磨好的刀刃被碰伤。

（4）刃磨车刀时，不能用力过大，以防打滑伤手。

2. 车刀刃磨的次序

车刀的刃磨分成粗磨和精磨。刃磨硬质合金焊接车刀时，还需先将车刀前面、后面上的焊渣磨去。

（1）粗磨。粗磨时，按主后面、副后面、前面的顺序刃磨。

（2）精磨。精磨时，按前面、主后面、副后面、刀尖圆弧的顺序进行。

（3）硬质合金车刀还需要用细油石研磨其刀刃。

3. 砂轮的选用

砂轮机是用来刃磨各种刀具、工具的常用设备，由电动机、砂轮机座、托架和防护罩等部分组成，如图 1-56 所示。

刃磨车刀的砂轮大多采用平形砂轮，按其磨料的不同分为氧化铝砂轮和碳化硅砂轮两类。砂轮的粗细以粒度表示，一般可分为 36 粒、60 粒、80 粒和 120 粒等级别。粒度越多则表示组成砂轮的磨料越细，反之越粗。粗磨车刀时应选用粗砂轮，精磨车刀时应选用细砂轮。车刀刃磨时必须根据其材料来选定。

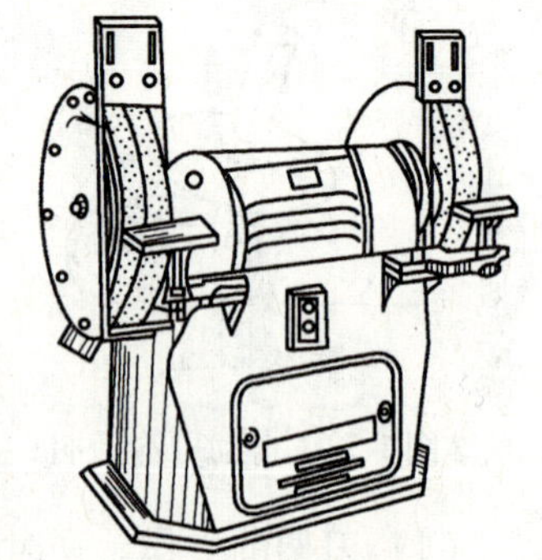

图 1-56　砂轮机

砂轮机起动后，应在砂轮旋转平稳后再进行磨削。若砂轮跳动明显，应及时停机修整。平行砂轮一般用砂轮刀在砂轮上来回修整，如图 1-57 所示。

4. 车刀刃磨方法

车刀的刃磨有机械和手工刃磨两种。机械刃磨效率高，操作也很方便，其刃磨的几何角度非常准确，且质量也好。但在生产中，特别是在一些中、小型企业中仍采用手工刃磨的方法，因此，车工必须掌握好手工刃磨车刀的技术。

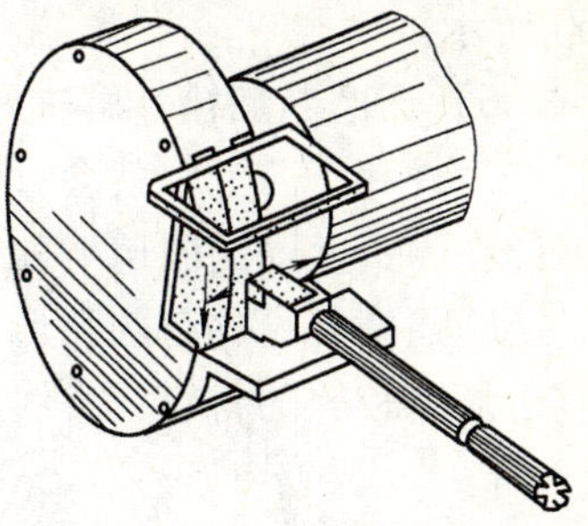

下面以图 1-58 所示的 90°车刀为例，讲述一下车刀的刃磨方法。

（1）刃磨步骤如下。

1）先磨去车刀前面、后面上的焊渣，并将车刀底面磨平。可选用粒度为 24# ~36#的氧化铝砂轮。

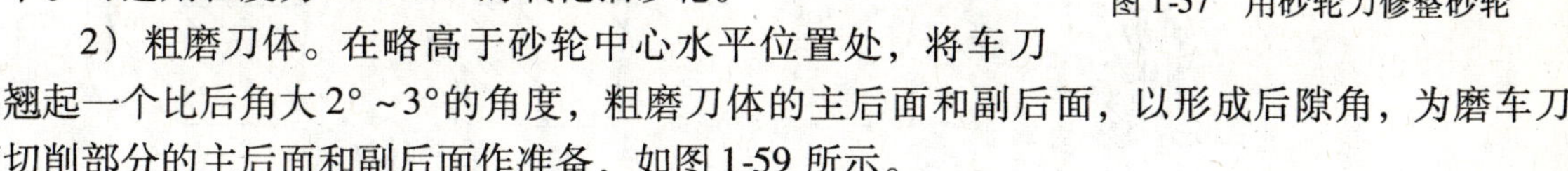

图 1-57　用砂轮刀修整砂轮

2）粗磨刀体。在略高于砂轮中心水平位置处，将车刀翘起一个比后角大 2°~3°的角度，粗磨刀体的主后面和副后面，以形成后隙角，为磨车刀切削部分的主后面和副后面作准备，如图 1-59 所示。

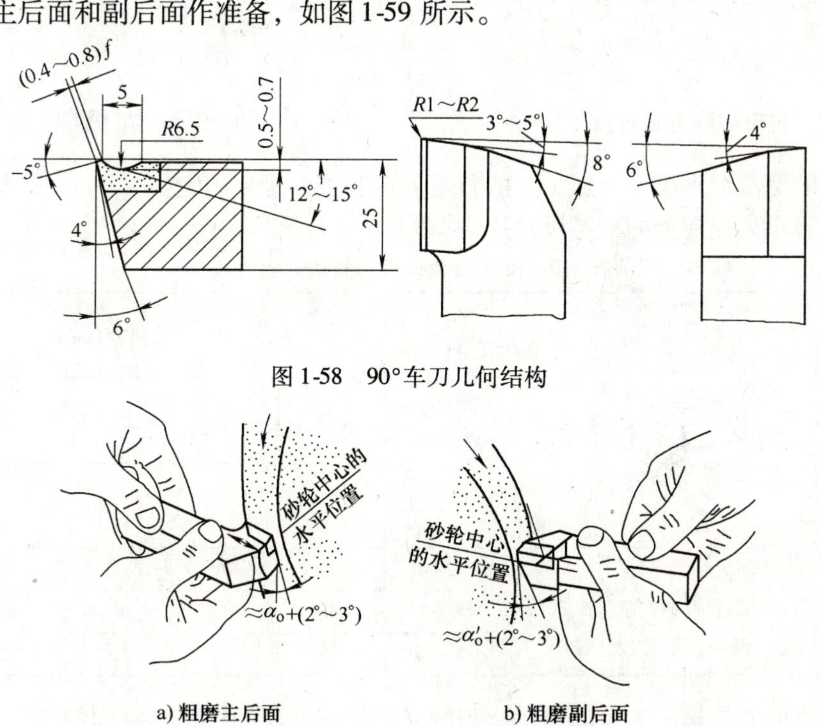

图 1-58　90°车刀几何结构

a) 粗磨主后面　　b) 粗磨副后面

图 1-59　粗磨刀体

3）粗磨切削部分后角。选用粒度为 36# ~60#，硬度为 G、H 的碳化硅砂轮。刀体柄部与砂轮中心线保持平行，刀体底平面向砂轮方向倾斜一个比后角大 2°~3°的角度。刃磨时，将车刀刀体上已磨好的主后隙面靠在砂轮的外圆上，以接近砂轮中心的水平位置为刃磨的起始位置，然后使刃磨位置继续向砂轮靠近，并做左右缓慢移动，一直磨至刀刃处为止。这样可同时磨出主偏角 $\kappa_r=90°$和后角 $\alpha_o=4°$。

4）粗磨切削部分的副后角。刀柄尾部向右偏摆，转过副偏角 $\kappa_r'=8°$，刀体底平面向砂轮方向倾斜一个比副后角大 2°~3°的角度，刃磨方法与刃磨主后面相同，但应注意磨至刀尖处为止。同时磨出副偏角 $\kappa_r' = 8°$ 和副后角 $\alpha_o' = 4°$。

5）粗磨前角。以砂轮的端面粗磨出车刀的前面，同时磨出前角 $\gamma_o = 12° \sim 15°$，如图 1-60 所示。

6）刃磨断屑槽。解决好断屑是车削塑性金属的一个突出问题。若切屑不断、成带状缠绕在工件和车刀上，就会影响正常的车削，而且还会降低工件表面质量，甚至会发生事故。因此在刀头上磨出断屑槽就很有必要了。

断屑槽常见的有圆弧形和直线形两种，如图 1-61 所示。圆弧形断屑槽的前角较大，适宜于切削较软的材料；直线形断屑槽的前角较小，适宜于切削较硬的材料。

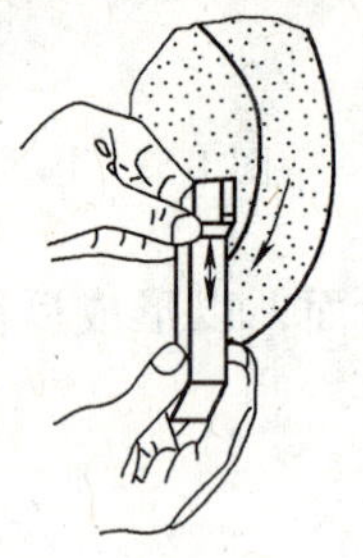

图 1-60　粗磨前面

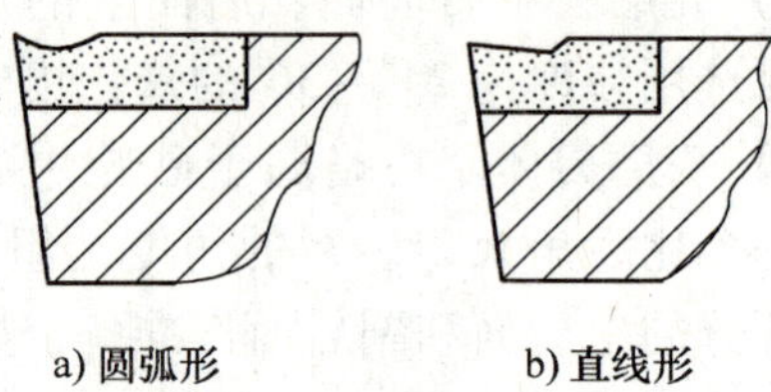

a) 圆弧形　　b) 直线形

图 1-61　断屑槽的两种形式

断屑槽的宽窄应根据车削加工时的背吃刀量和进给量来确定。

硬质合金车刀断屑槽的参考尺寸见表 1-9。

表 1-9　硬质合金车刀断屑槽的参考尺寸

b_{r1}, L_{Bn}, r_{Bn}, C_{Bn}, γ_{o1}, γ_o	背吃刀量 a_p/mm	进给量 f/(mm/r)				
		0.3	0.4	0.5～0.6	0.7～0.8	0.9～1.2
		r_{Bn}/mm				
圆弧形	2～4	3	3	4	5	6
C_{Bn}为 0.5～1.3mm（由所取的前角值决定），r_{Bn}	5～7	4	5	6	8	9
在 L_{Bn}的宽度和 C_{Bn}的深度下成一自然圆弧	7～12	5	8	10	12	14

手工刃磨的断屑槽一般为圆弧形。刃磨时，须将砂轮的外圆与端面的交角处用金刚石笔或硬砂条修成相应的圆弧。若刃磨直线形断屑槽，则砂轮的交角须修磨得很尖锐。刃磨时刀尖可向下磨或是向上磨，如图 1-62 所示。但选择刃磨断屑槽的部位时应考虑留出倒棱的宽度（即留出相当于进给量大小的距离）。

7）精磨主、副后面。选用粒度为 180#～200#的绿色碳化硅杯形砂轮。精磨前应修整好砂轮，保证回转平稳。刃磨时将车刀底平面靠在调整好角度的托架上，并使切削刃轻轻靠住砂轮端面，并沿着端

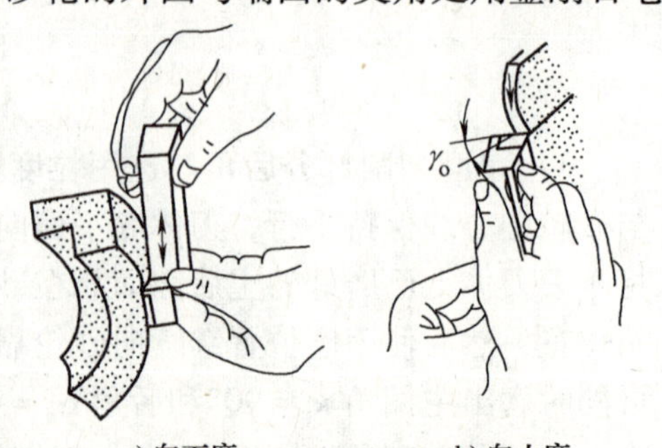

a) 向下磨　　b) 向上磨

图 1-62　刃磨断屑槽图

面缓慢地左右移动，使砂轮磨损均匀、车刀刃口平直，如图 1-63 所示。

8）磨负倒棱。负倒棱如图 1-64 所示。刃磨有直磨法和横磨法两种，如图 1-65 所示。刃磨时用力要轻，要使主切削刃的后端向刀尖方向摆动。负倒棱倾斜角度 γ_{o1} 为 $-5° \sim -10°$，其宽度 $b=(0.5 \sim 0.8)f$。为了保证切削刃的质量，最好采用直磨法。

9）刀尖磨出圆弧。车刀刀柄与砂轮成 45° 夹角，以左手握车刀前端为支点，用右手转动车刀尾部刃磨，如图 1-66 所示。

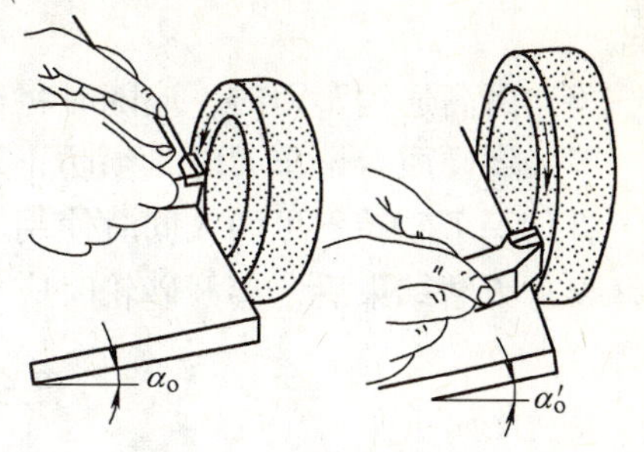

图 1-63　精磨各刀面

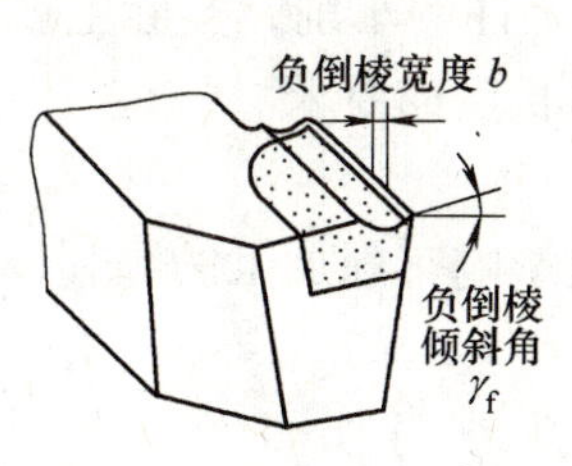
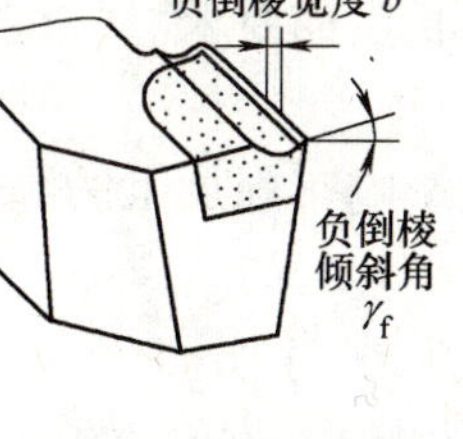

图 1-64　负倒棱

a) 直磨法

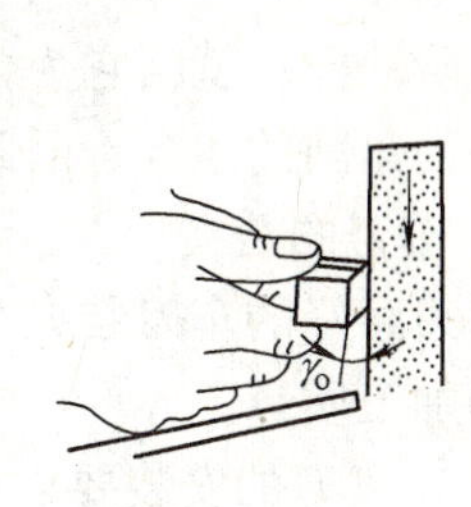

b) 横磨法

图 1-65　磨负倒棱

10）用油石研磨车刀。在砂轮上刃磨的车刀，切削刃不够平滑光洁，若用放大镜观察，可以发现其刃口上呈凸凹不平的状态。使用这样的车刀车削时，不仅影响了车削的表面质量，也会降低车刀的使用寿命，而硬质合金车刀则在切削中容易崩刃，因此，车刀在砂轮上刃磨好后，应用细油石研磨其刀刃。研磨时，手持油石在车刀刀刃上来回移动。要求动作应平稳，用力应均匀，如图 1-67 所示。研磨后的车刀，应消除在砂轮上刃磨后的残留痕迹，刀面表面粗糙度值应达到 $Ra0.4 \sim 0.2\mu m$。

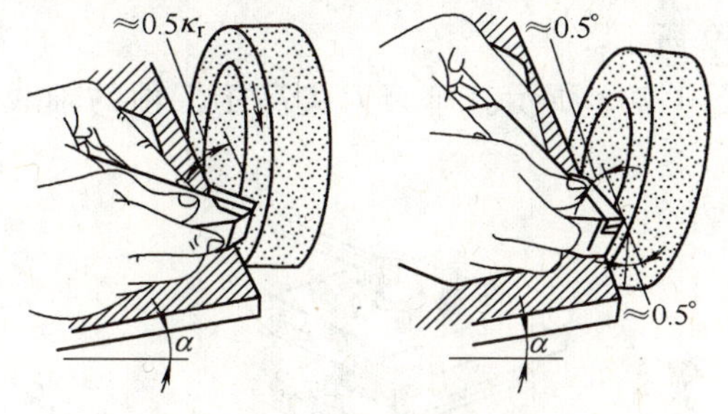

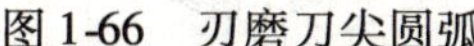

图 1-66　刃磨刀尖圆弧

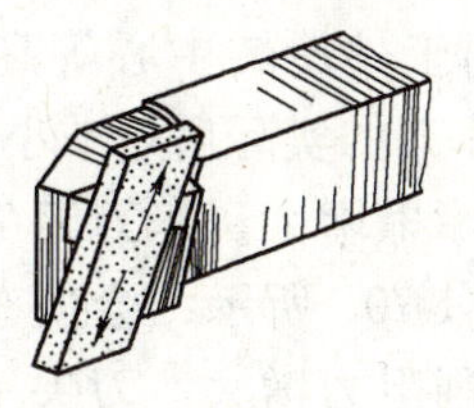
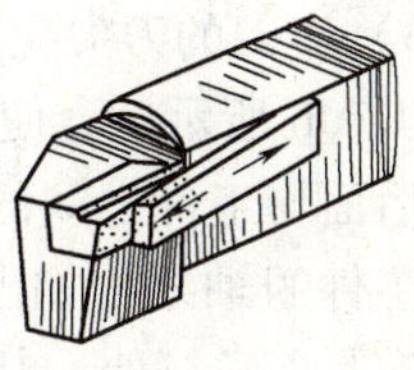

图 1-67　用油石研磨车刀

（2）刃磨车刀的注意事项如下。

1）刃磨车刀时，必须戴好防护眼镜。

2）磨刀时，站立位置不可正面对砂轮，应站在砂轮的侧面。

3）砂轮须有防护罩，没有防护罩不可使用。

4）砂轮托架与砂轮间隙应小于 3mm。

5）刃磨时，双手握刀，用力要均匀，并左右移动，防止用力过猛，使车刀打滑而伤手。

6）磨高速钢车刀时，应随时将车刀入水冷却，防止退火。

7）磨硬质合金车刀时，须防止刀片因热胀冷缩而产生裂纹，可将刀体入水冷却。

8）一个砂轮不可两人同时使用。

9）刃磨结束后，离开砂轮时应关闭电源。

任务三　车削轴类工件

台阶轴是机械设备上最常用的零件之一，一般由外圆柱面、端面、台阶、倒角、过渡圆角、沟槽和中心孔等结构要素构成。在同一工件上，有几个直径大小不同的圆柱体连接在一起像台阶一样，就叫它为台阶工件。俗称台阶为“肩胛”。台阶工件的车削，实际上就是外圆和平面车削的组合，因此在车削时必须兼顾外圆的尺寸和台阶长度的要求。

1. 车刀的装夹

将刃磨好的车刀装夹在方刀架上。车刀安装是否正确，直接影响车削加工的顺利进行和工件的加工质量。

（1）车刀的安装要求如下。

1）车刀装夹在刀架上的伸出部分应尽量短，以增强其刚性。伸出的长度约为刀柄厚度的 1～1.5 倍，如图 1-68 所示。

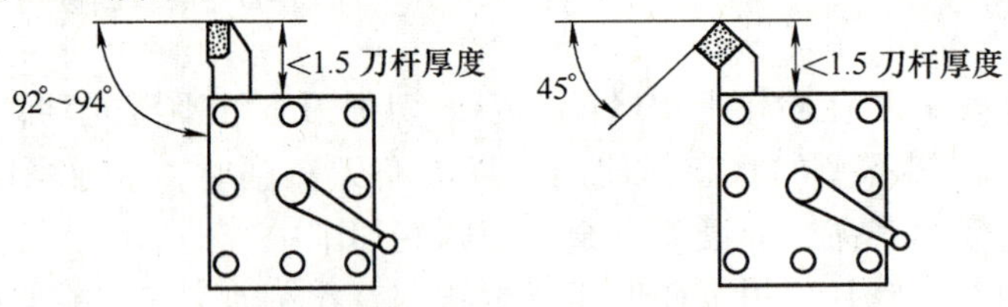

图 1-68　车刀在刀架上伸出的长度

2）车刀下面垫片的数量应尽量少（一般为 1～2 片），并与刀架边缘对齐，且至少用两个螺钉平整压紧，以防振动，车刀的装夹如图 1-69 所示。

3）车刀的刀尖应与工件旋转中心等高，如图 1-70a 所示。车刀刀尖高于工件的轴线，如图 1-70b 所示，会使车刀的实际后角减小，车刀后面与工件之间的摩擦增大。车刀刀尖低于工件的轴线，如图 1-70c 所示，会使车刀的实际前角减小，切削阻力增大。刀尖不对中心，在车至端面中心时会留有凸头，如图 1-70d 所示。使用硬质合金车刀时，若忽视此点，车到中心处会使车刀刀尖崩碎，如图 1-70e 所示。

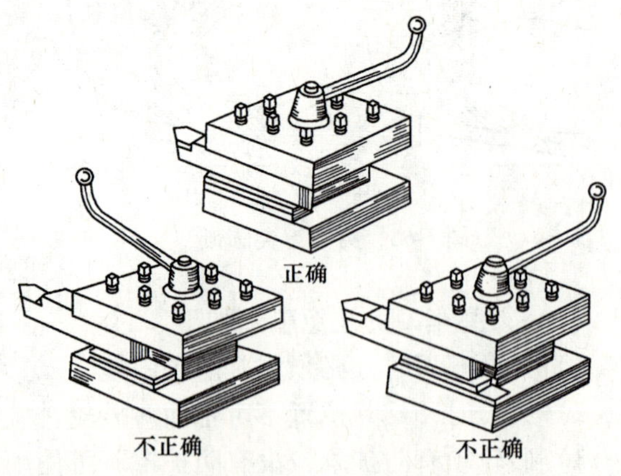

图 1-69　车刀的装夹

（2）为了使车刀刀尖对准工件的旋转中心，通常采用下列几种方法。

1）根据车床的主轴中心高，用钢直尺测量装夹，如图 1-71a 所示。

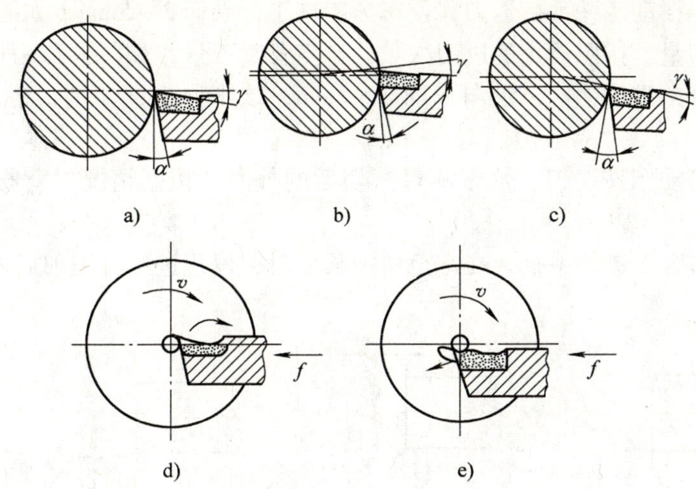

图 1-70　车刀刀尖与工件旋转中心的位置

2）根据车床尾座顶尖的高低装夹，如图 1-71b 所示。

3）将车刀靠近工件端面，用目测估计车刀高低，然后夹紧车刀，试车端面，再根据端面的中心来调整车刀。

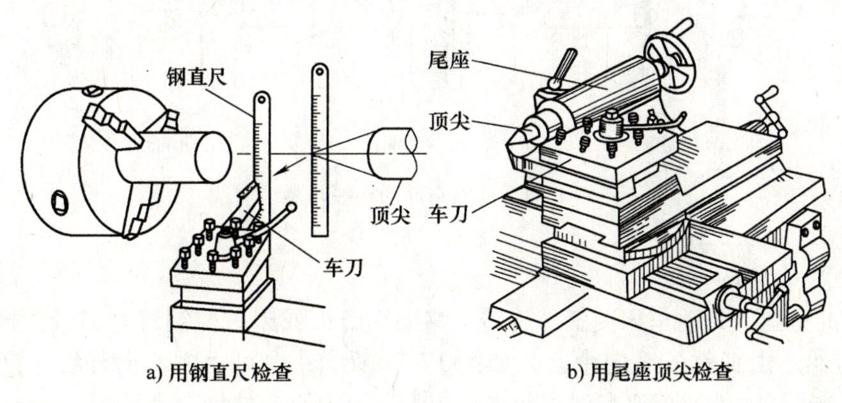

图 1-71　检查车刀中心高

2. 工件的车削

（1）外圆的车削。将工件装夹在卡盘上，车刀安装在刀架上，使之接触工件并做相对纵向进给运动，便可车出外圆。车外圆的步骤如下。

1）准备工作。根据工件图样检查工件的加工余量，做到车削前心中有数，大致确定横向进给的次数。

2）装夹。按要求正确装夹车刀和工件。

3）选择切削用量。选择合理的切削速度和进给量。

4）对刀。开车对刀，使车刀刀尖轻触工件外圆，如图 1-72a 所示。

5）退刀。反向摇动床鞍手柄退刀，使车刀距离工件端面3～5mm，如图1-72b所示。

6）调整背吃刀量。按照设定的进刀次数，选定背吃刀量，如图1-72c所示。

7）试切削。合上进给手柄，纵向车削2～3mm，该步称为试切削，精车时常用，如图1-72d所示。

8）试测量。摇动床鞍退刀，停车测量试切后的外圆，根据情况对背吃刀量进行修正，如图1-72e所示。

9）再切削。再合上进给手柄，在车至所需长度时，停止进给，退刀后停车，如图1-72f所示。

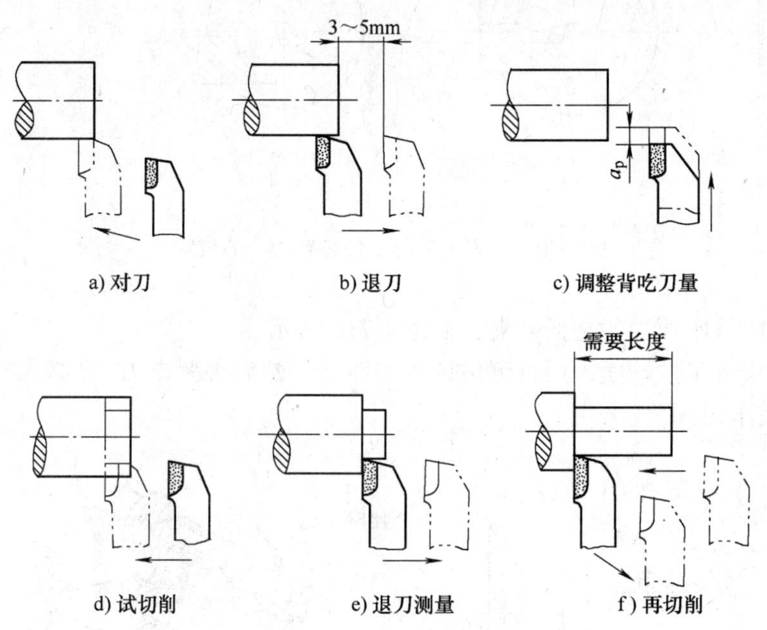

a) 对刀　b) 退刀　c) 调整背吃刀量

d) 试切削　e) 退刀测量　f) 再切削

图1-72　外圆车削的一般步骤

（2）端面、台阶的车削。

1）端面的车削。开动车床使工件旋转，移动小滑板或床鞍控制背吃刀量，摇动中滑板手柄做横向进给，由工件外缘向中心，如图1-73a所示；也可由中心向外缘车削，如图1-73b所示。若选用90°外圆车刀车削端面，还应采取由中心向外缘车削。

2）台阶的车削。车台阶时不仅要车外圆，还要车削环形端面。因此，车削时既要保证外圆和台阶面长度尺寸，又要保证台阶端面与工件轴线的垂直度要求。

台阶车削时，一般选用$\kappa_r = 90° \sim 95°$的偏刀。车刀的安装应根据粗、精车和余量的多少来调整。一般先进行纵向进给车外圆，到台阶处时，再由内向外横向进给车台阶端面，以保证台阶端面与外圆轴线的垂直，如图1-74所示。

车削高度高于5mm以上的台阶时，应分层进行车削，如图1-75所示。

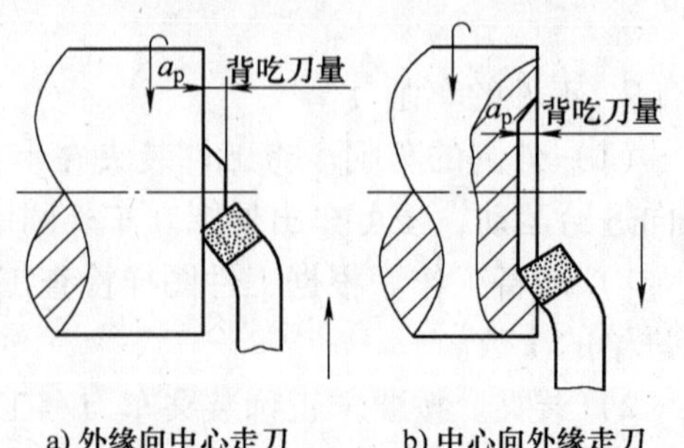

a) 外缘向中心走刀　b) 中心向外缘走刀

图1-73　端面的车削

车台阶时，准确掌握台阶长度的关键是按图样选择正确的测量基准。若基准选择不当，将造成积累误差而产生废品，尤其是多台阶的工件。通常控制台阶长度尺寸的方法有以下几种。

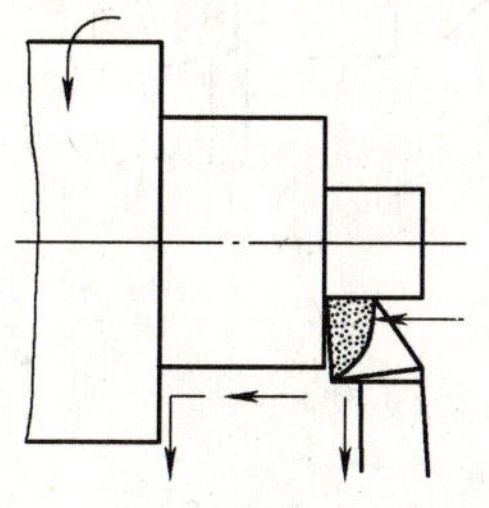
图 1-74　台阶的车削

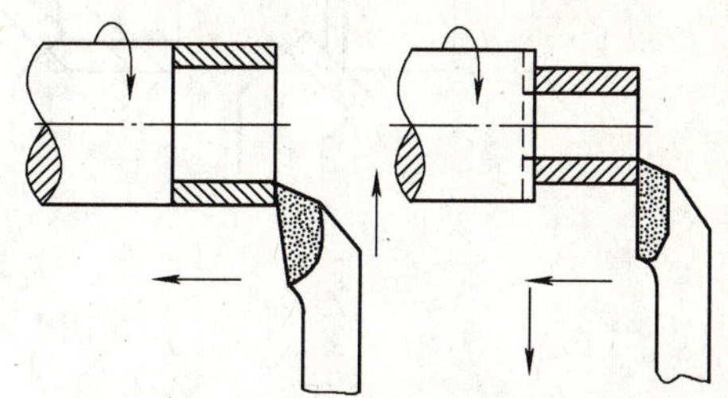
图 1-75　车高度高于 5mm 的台阶

①刻线法。如图 1-76 所示，先用钢直尺或样板量出台阶的长度尺寸，用车刀刀尖在台阶的所在位置处划出一条细痕，然后再车削。

②挡铁定位控制法。如图 1-77 所示，在成批生产台阶轴时，为了准确迅速地掌握台阶长度，可用挡铁来控制。先把挡铁 1 固定在床身导轨上，与图中台阶 a_3 的轴向位置一致。挡铁 2、3 的长度分别等于 a_2、a_1 的长度。当床鞍纵向进给碰到挡铁 3 时，工件台阶 a_1 的长度车好；拿去挡铁 3，调整好下一个台阶的背吃刀量，继续纵向进给，当床鞍碰到挡铁 2 时，台阶长度 a_2 车好；当床鞍碰到挡铁 1 时，a_3 台阶长度车好。这样就完成了全部台阶的车削。

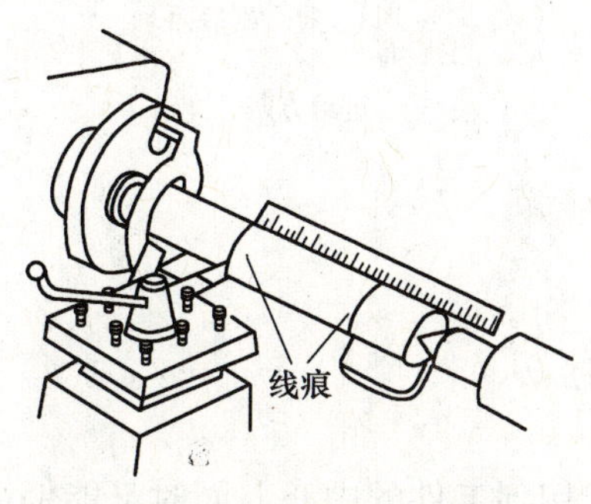

图 1-76　刻线法控制台阶长度

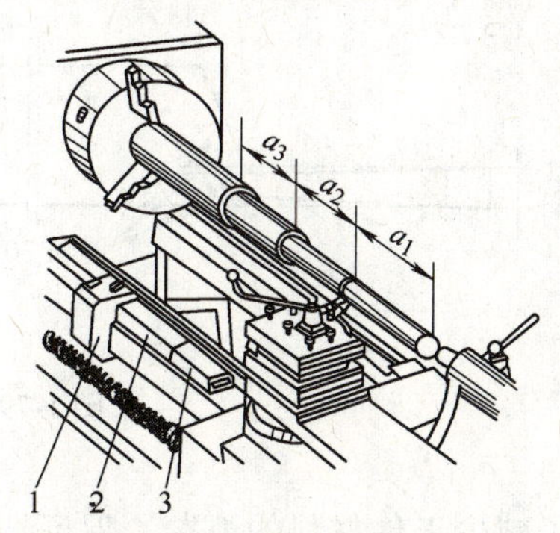

图 1-77　挡铁定位控制台阶长度

③刻度盘控制法。台阶长度尺寸要求较低时，可直接用床鞍刻度盘控制；台阶长度尺寸要求较高且长度较短时，可用小滑板刻度盘控制。其方法是：将床鞍由尾座向主轴箱方向移动，将车刀摇至工件右端，使车刀接触工件端面，调整床鞍刻盘至“0”刻度，然后根据车削台阶长度计算出车削时刻度盘应该转过的格数。

（3）倒角与锐边倒钝。工件加工后，在端面与回转面相交处还存在尖角和小毛刺。为方便零件的使用，常采用倒角和锐边倒钝的方法来去除尖角和毛刺。

倒角的方法很多，如图 1-78 所示。图中 a、b、c 所示的三种方法是利用中滑板手柄刻度来控制尺寸的。在加工中，如倒角要求不高，为了减少换刀，常采用双手联合控制大滑板和中滑板手柄，使车刀沿图 1-78d 中所示的方向进给，完成倒角。

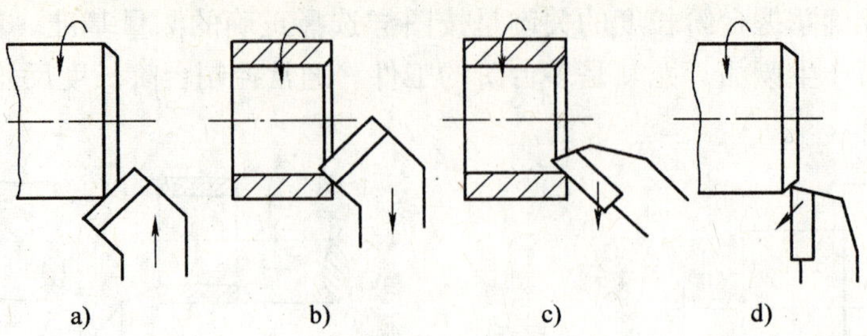

图 1-78　倒角的方法

加工中，若图样对倒角未作特殊的说明，为去除尖角和毛刺，一般要用很小的倒角，即 C0.2（或 C0.5），或者用锉刀来修锉尖角与毛刺。

（4）沟槽车削与切断。

1）切断刀及应用。如图 1-79 所示，切断刀是以横向进给为主，前端的切削刃是主切削刃，两侧的切削刃是副切削刃。

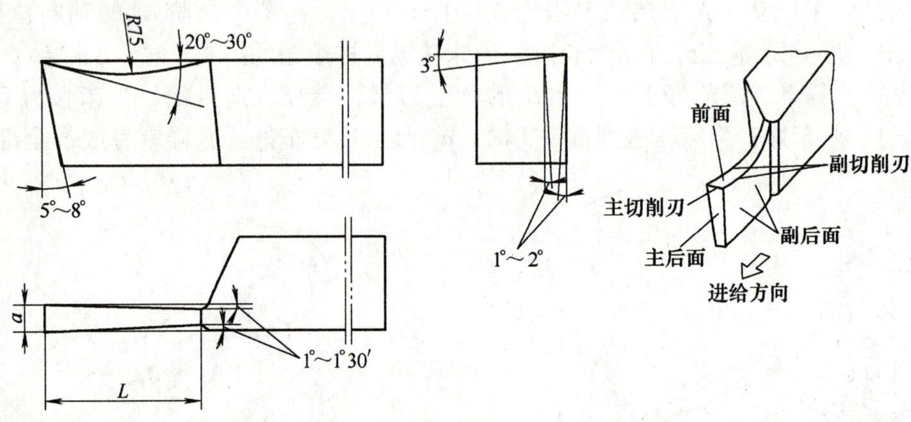

图 1-79　高速钢切槽（断）刀

为了减少工件材料的浪费，保证切断实心工件时能切到工件的中心，同时又能保证切断刀的刀体强度，因此，切断刀（车槽刀）刀头宽度 a 和刀头长度 L 可按下面的公式计算：

$$a=(0.5\sim0.6)\sqrt{d}$$

$$L=h+(2\sim3)\text{mm}$$

式中　a——刀头宽度（mm）；

d——初切断工件的直径（mm）；

L——刀头长度（mm）；

h——切入深度（mm）。切实心工件时，h 等于工件半径；切空心工件时，h 等于壁厚，如图 1-80 所示。

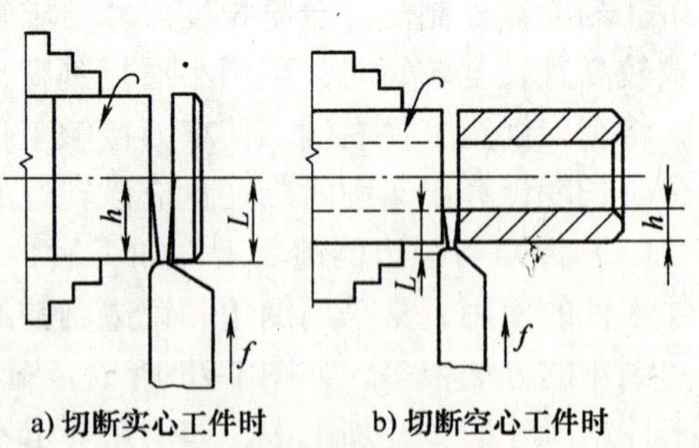

图 1-80　切断刀的刀头长度与切入深度

为了使切削顺利，在切断刀的弧形前面上磨出卷屑槽，卷屑槽的长度应超过切入深度。

卷屑槽不可过深，一般槽深为 0.75～1.5mm，否则会削弱切断刀刀头的强度。在切断工件时，为使带孔工件不留边缘，实心工件的端面不留小凸头，可将切断刀的切削刃略磨斜些，如图 1-81 所示。

2）外沟槽的车削方法。车槽刀安装时应垂直于工件中心线，以保证车削质量。

①精度要求不高且宽度较窄的矩形槽。可用刀刃宽等于槽宽的切断刀（车槽刀），采用直进法一次进给车出，如图 1-82a 所示。检查时可用钢直尺、外卡钳来测量其宽度和直径，如图 1-82b 所示。

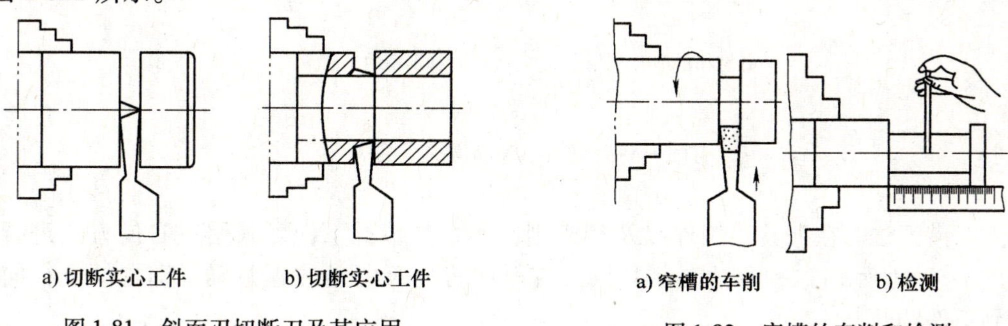

a) 切断实心工件　b) 切断实心工件

图 1-81　斜面刃切断刀及其应用

a) 窄槽的车削　b) 检测

图 1-82　窄槽的车削和检测

②有精度要求的矩形槽。一般采用二次直进法车出，如图 1-83a 所示。第一次进给车槽时，槽壁两侧留有精车余量，然后根据槽深和槽宽进行精车。检查时，通常采用千分尺、样板和游标卡尺来测量，如图 1-83b、c、d 所示。

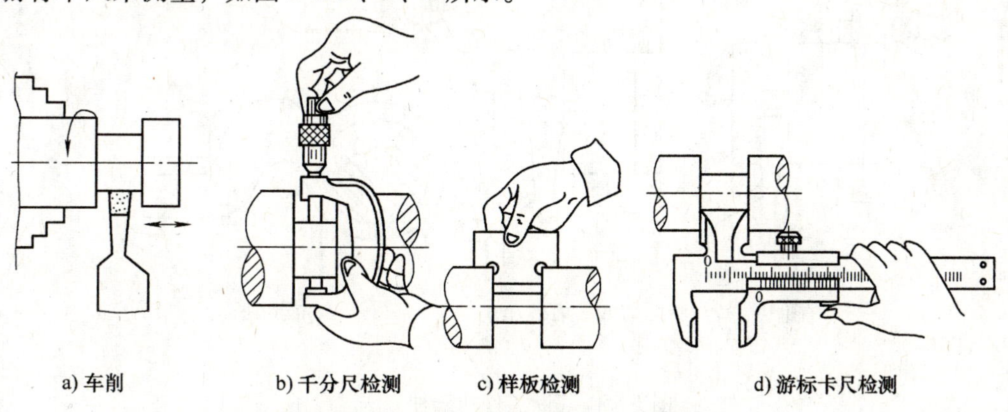

a) 车削　b) 千分尺检测　c) 样板检测　d) 游标卡尺检测

图 1-83　有精度要求的沟槽的车削和检测

③宽槽的车削。车削较宽的矩形槽时，可用多次直进法进行车削，如图 1-84a 所示。并在槽壁两侧留有精车余量，然后根据槽深和槽宽精车至尺寸要求。检查方法同上。

④梯形槽的车削。车削较小的梯形槽时，一般以成形刀一次车削完成；较大的梯形槽，通常先车削直槽，然后用梯形刀采用直进法或左右切削法车削完成，如图 1-84b 所示。检查时用样板、游标卡尺或角度尺来测量。

3）切断方法。切断的方法有直进法、左右借刀法和反切法。

①用直进法切断工件。所谓直进法就是指垂直于工件轴线方向进行切断，如图 1-85a 所示，这种方法切断效率高，但对车床、切断刀的刃磨和安装都有较高的要求，否则就容易造成刀头折断。

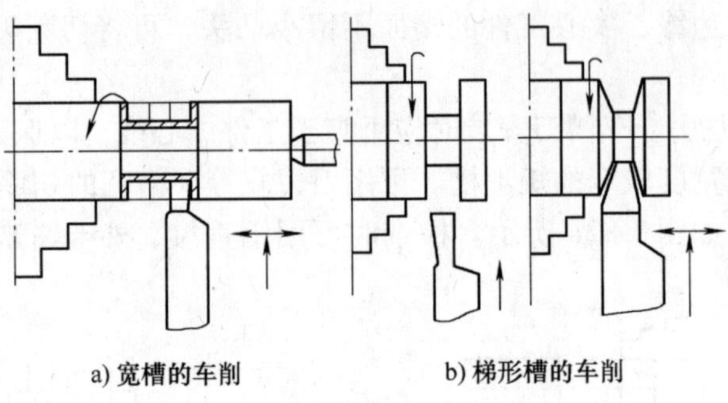

a) 宽槽的车削　　b) 梯形槽的车削

图 1-84　宽槽与梯形槽的车削

②左右借刀法。在刀具、工件以及车床刚性不足的情况下，可采用左右借刀法进行切断，如图 1-85b 所示。这种方法是指切断刀在轴线方向反复地往返移动，随之两侧径向进给，直到工件切断。

③反切法切断。反切法是指工件反转，车刀反向安装，如图 1-85c 所示。这种切断方法宜用于较大工件的切断。

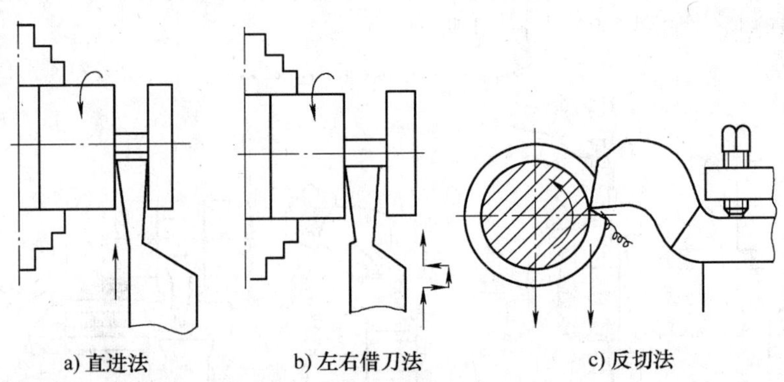

a) 直进法　　b) 左右借刀法　　c) 反切法

图 1-85　切断工件的三种方法

（5）中心孔的钻削。中心孔是轴类工件的精定位基准，对工件的加工质量影响较大。因此，所钻出的中心孔必须圆整、光洁、角度正确。中心孔是成形车削加工内容，通常用中心钻直接钻出。中心孔的钻削步骤如下。

1）装夹中心钻。用钻夹头钥匙逆时针旋转钻夹头的外套，使钻夹头的三个爪张开，如图 1-86a 所示。将中心钻插入钻夹头的三个爪之间，然后用钻夹头钥匙顺时针方向转动钻夹头外套，通过三个爪夹紧中心钻，如图 1-86b 所示。

2）安装钻夹头。先擦干净钻夹头柄部和尾座锥孔，用左手握住钻夹头外套，沿尾座套筒轴线方向将钻夹头锥柄用力插入尾座套筒锥孔中。若钻夹头柄部与车床尾座锥孔大小不吻合，可增加一合适的过渡套后再插入。过渡套如图 1-86c 所示。

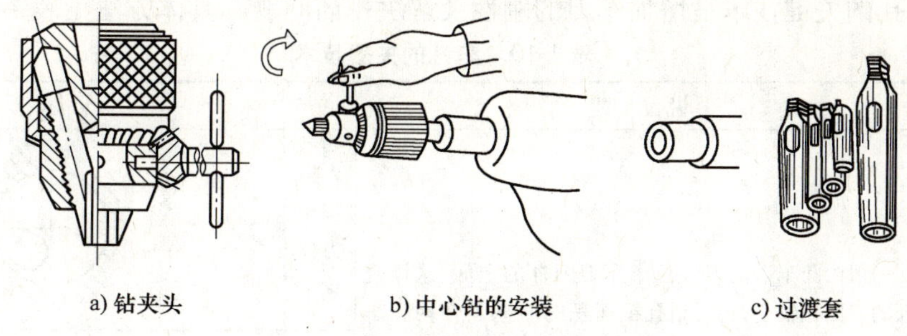
a) 钻夹头　b) 中心钻的安装　c) 过渡套

图 1-86　用钻夹头安装中心钻

3）找正尾座中心。起动车床，使主轴带动工件一起旋转，移动尾座，使中心钻接近工件端面，观察中心钻是否与工件旋转中心一致（目测找正）。如不一致，则应校正尾座后紧固尾座。

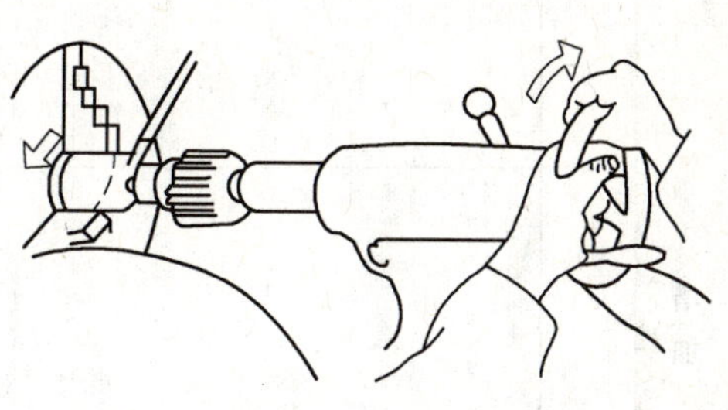
图 1-87　钻中心孔

4）钻削。由于中心孔直径小，钻削时应取较高的转速，进给量应小而均匀。当中心钻钻入工件时，要加注切削液，促使其钻削顺利、光洁。钻削完毕，中心钻在孔中应稍作停留，然后退出，以修光中心孔，提高中心孔的形状精度和表面质量，如图 1-87 所示。

任务四　车削套类工件

1. 车削内孔

铸造孔、锻造孔或用钻头钻出的孔，为了达到尺寸精度和表面粗糙度的要求，还需要车孔。车孔是常用的孔加工方法之一，既可以作为粗加工，也可作为精加工，加工范围很广。车孔精度可达 IT7 ~ IT8，表面粗糙度值可达 $Ra1.6 \sim 3.2\mu m$，精细车削后可达到更小($Ra0.8\mu m$)。车孔还可以修正孔的直线度。

车孔的方法基本上和车外圆相同，但内孔车刀和外圆车刀相比有差别。根据不同的加工情况，内孔车刀可分为通孔车刀和盲孔车刀两种，其主要区别是车削盲孔（或台阶）车刀的主偏角 $\kappa_r > 90°$，以保证盲孔（或台阶孔）底面的平面度，如图 1-88 所示。

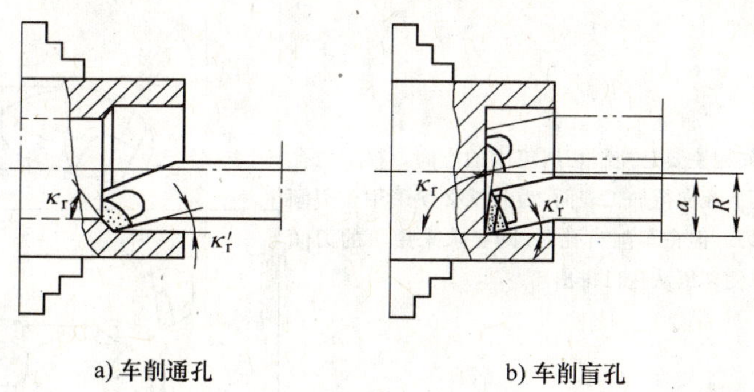

a) 车削通孔　b) 车削盲孔

图 1-88　车孔及其车刀

（1）车孔的关键技术是增加车刀的刚性及解决排屑问题，具体方法见表1-10。

表1-10　车孔的关键技术

<table>
<tr><th colspan="2">解决方法</th><th>说　明</th><th colspan="2">图　示</th></tr>
<tr><td rowspan="5">增加车刀刚性</td><td rowspan="2">增加刀杆的截面积</td><td rowspan="2">一般内孔车刀的刀尖位于车刀刀杆的上面，这样刀杆的截面积较小，还不到孔截面积的1/4，若使内孔车刀的刀尖位于刀杆中心线之上，那么刀杆在内孔中的截面积就大大增加了</td><td>刀尖位于刀杆之上</td><td> 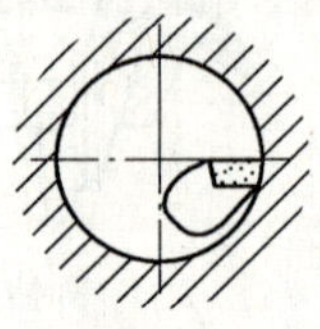</td></tr>
<tr><td>刀尖位于刀杆之下</td><td> 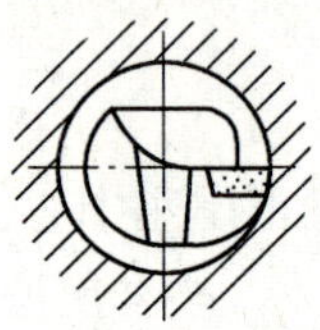</td></tr>
<tr><td rowspan="2">刃磨两个后角</td><td rowspan="2">内孔车刀的后角如果刃磨成一个大后角，则刀杆的截面积也减小，如果刃磨成两个后角，则既可以防止内孔车刀的后刀面与孔壁摩擦，又可使刀杆的截面积增大</td><td>一个后角</td><td> 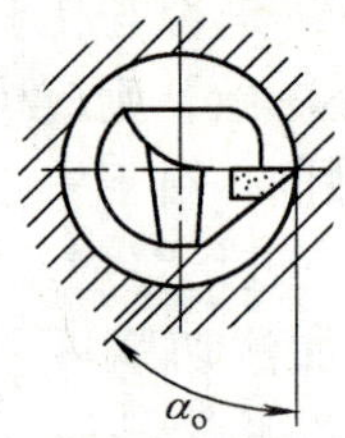</td></tr>
<tr><td>两个后角</td><td> 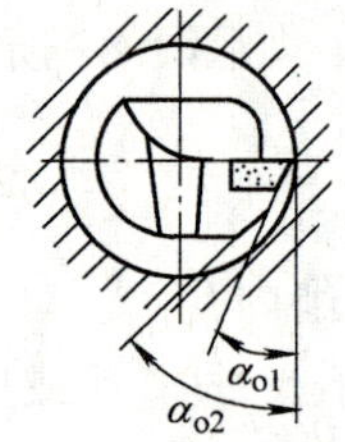</td></tr>
<tr><td>缩短刀杆伸出长度</td><td>车削内孔时，如果刀杆伸出太长，就会降低刀杆的刚性，加工时容易引起振动。为此，车削时应注意内孔车刀伸出长度。此外，也可将刀杆上下两平面做成互相平行，且把刀杆做得很长，根据不同的孔深来调节刀杆的伸出长度。调节时只需刀杆的伸出长度大于孔深即可，这样有利于使刀杆以最大刚性的状态车削工件</td><td colspan="2"> 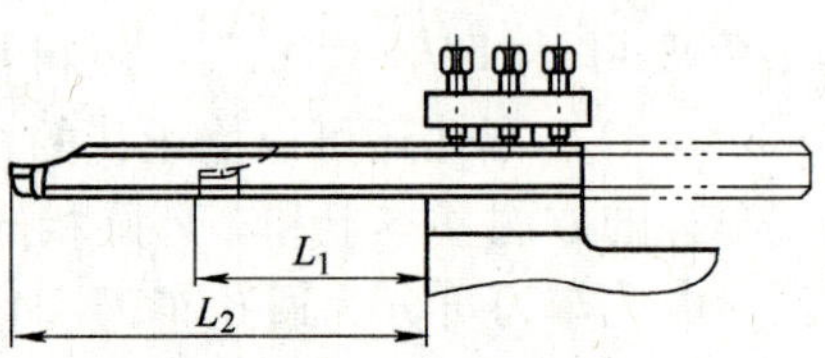</td></tr>
<tr><td colspan="2" rowspan="2">解决排屑问题</td><td rowspan="2">排屑的问题主要是控制切屑流出的方向。精车内孔时，要求切屑流向待加工表面，为此就必须采用正刃倾角的车孔刀。但在车削盲孔时，则要求采用负的刃倾角车刀，以使切屑从孔口排出</td><td>前排屑</td><td> 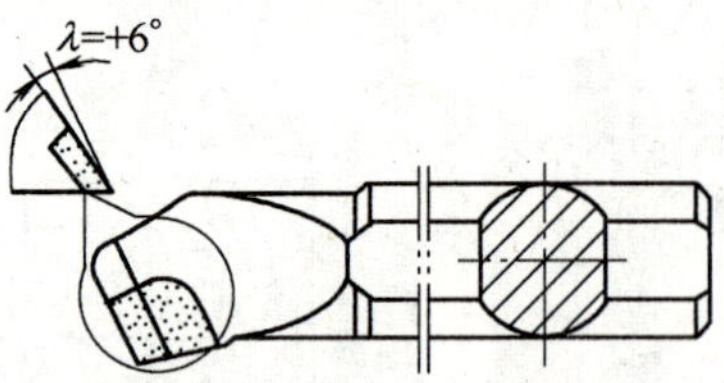</td></tr>
<tr><td>后排屑</td><td> 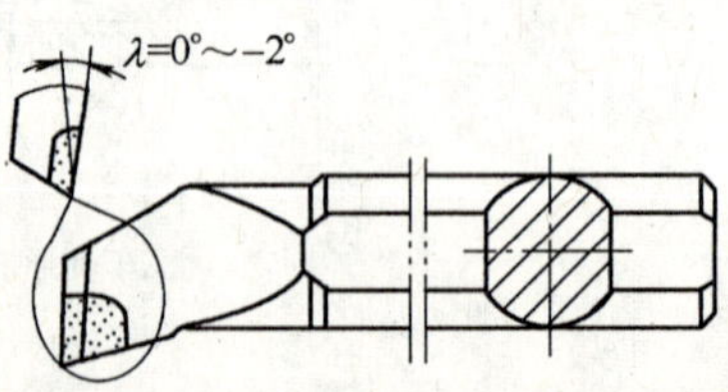</td></tr>
</table>

（2）车孔的方法。

1）内孔车刀的安装。

①内孔车刀的刀尖应与工件中心线等高或略高。若刀尖低于工件的旋转中心，在切削抗力的作用下，容易将刀杆压低而产生扎刀现象，并可造成孔径扩大。

②刀杆伸出刀架的长度不宜过长。对于通孔工件，内孔车刀一般要求比被加工的孔长5~10mm即可。对于盲孔车刀，则要求其主切削刃与平面成3°~5°的夹角。

③内孔车刀的刀杆应与工件轴线基本平行，否则在车削到一定深度时刀杆后半部容易碰到工件孔口。

④内孔车刀安装好后，在车削加工前，应将车孔刀在孔内试走一遍，观察车刀与工件孔壁有无碰撞现象，以确保车削安全。

2）内孔的车削。内孔的一般车削方法见表1-11。

表1-11　内孔的一般车削方法

车削方法	操作说明	图示	车削方法	操作说明	图示
车平端面	工件用自定心卡盘装夹，并车平端面	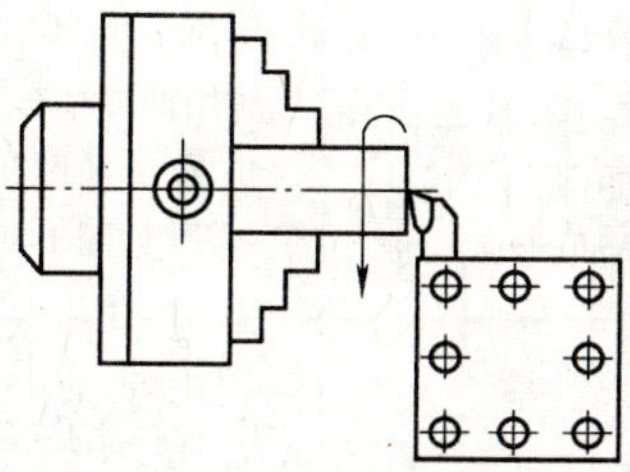	试车削	选用合适的切削用量，试车孔（车刀纵向切削至3mm左右时，纵向快速退刀，然后停车测量）	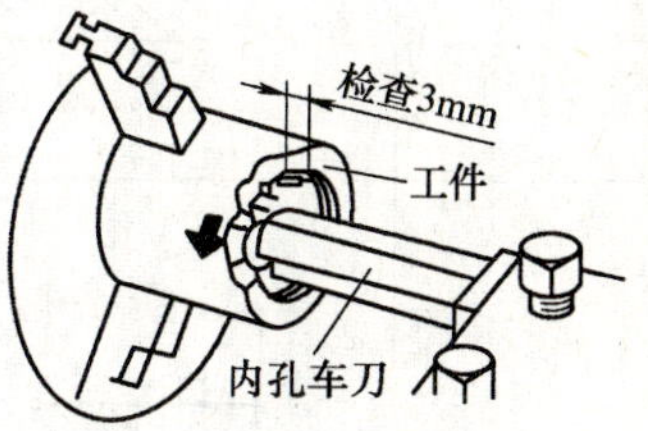
安装麻花钻	选用合适的麻花钻，并将其安装在尾座上	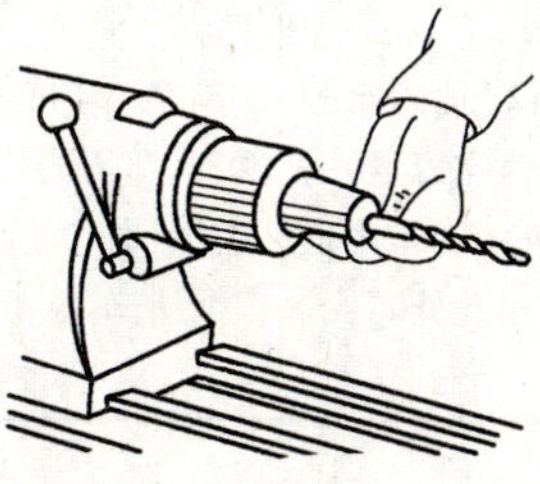			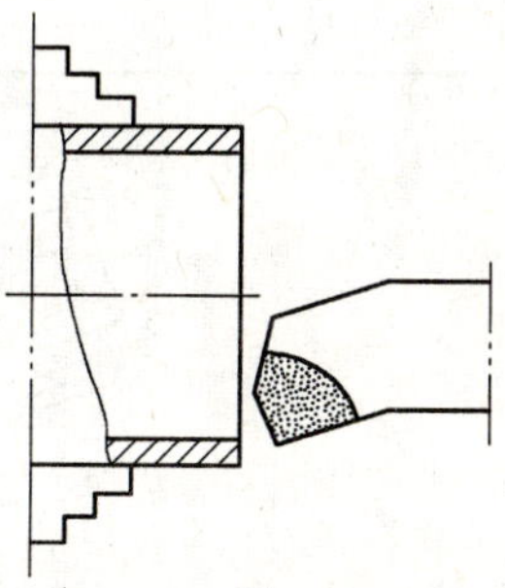
钻孔	开动车床，摇动尾座手轮，钻孔	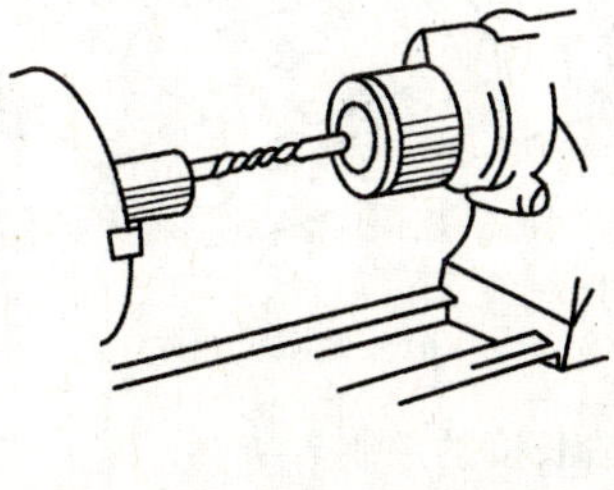	车削	根据测量结果，调整背吃刀量，车孔	

值得注意的是：孔的形状不同，车孔的方法也就有差异。不同形式内孔的车削见表1-12。

表 1-12　不同形式内孔的车削

车削类型	图　示	进 给 路 线	操作方法说明
车通孔		1(对刀)→2(退刀至孔口)→3(调整背吃刀量)→4(车削内孔)→5(退刀)→6(退出孔外)	通孔的车削与车外圆基本同，只是进退刀方向相反。在粗车或精车时也在进行试切削，其横向进给余量为径向余量的一半
车台阶孔		1(对刀)→2(退刀至孔口)→3(调整背吃刀量)→4(车削内孔)→5(车内台阶)→6(退出孔外)	1. 车直径较小的台阶孔时，常采用先粗车、精车小孔，再粗、精车大孔的方法进行 2. 车大台阶孔时，常采用先粗车大孔和小孔，再精车大孔和小孔的方法 3. 车削孔径相差悬殊的台阶孔时，采用主偏角小于 90° 的内孔车刀先进行粗车，然后用偏刀精车至尺寸 4. 通常采用在刀杆上做记号或安放限位铜片，如图 1-89 所示
车平底孔		1(对刀)→2(退刀至孔口)→3(调整背吃刀量)→4(车削内孔)→5(车内底平面)→6(退出孔外)	1. 选择比孔径小 2mm 的麻花钻进行钻孔 2. 通过多次进刀，将孔底的锥形基本车平 3. 粗车内孔(留精车余量)，每次车至孔深时，车刀先横向往孔的中心退出，再纵向退出孔外 4. 精车内孔及底平面至尺寸要求

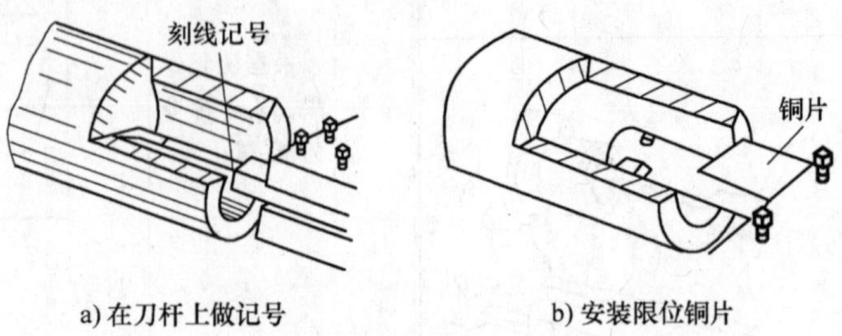

a) 在刀杆上做记号　　b) 安装限位铜片

图 1-89　内孔台阶长度的控制

2. 车内沟槽和端面沟槽

在机械零件上，由于工作情况和结构工艺的需要，有各种不同断面的沟槽。

(1) 内沟槽的种类和作用。内沟槽的种类有很多，常见的有：退刀槽、轴向定位槽、油气通道槽、内V槽等。其结构、种类与作用见表1-13。

表1-13 常见内沟槽的种类、结构与作用

种类	退 刀 槽	轴向定位槽	油气通道槽	内V槽(密封槽)
结构	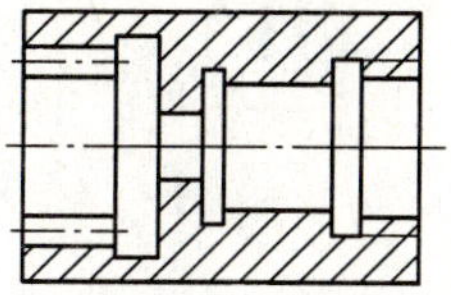	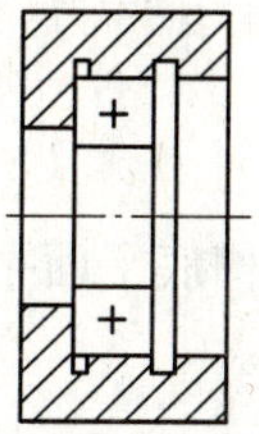	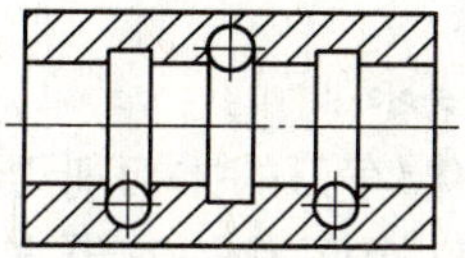	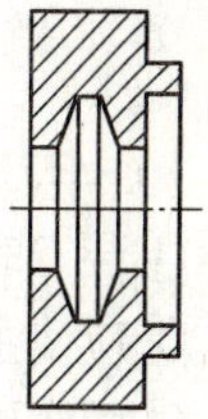
作用	在车螺纹、车孔、磨削外圆和内孔时作退刀用	在适当位置的轴向定位槽中嵌入弹性挡圈，以实现滚动轴承等的轴向定位	在液压或气动滑阀中车出内沟槽，用以通油或通气	在内V形槽内嵌入油毛毡，起防尘作用并防止轴上的润滑剂溢出

(2) 端面沟槽的种类。端面沟槽的种类有端面直槽、T形槽、燕尾槽等，其结构与作用见表1-14。

表1-14 端面沟槽的结构与作用

种类	端面直槽	T形槽	燕尾槽
结构	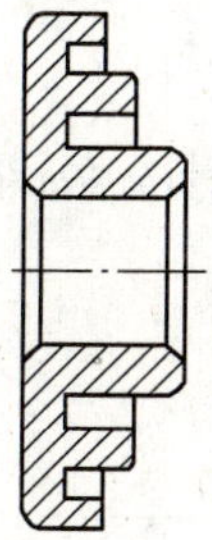	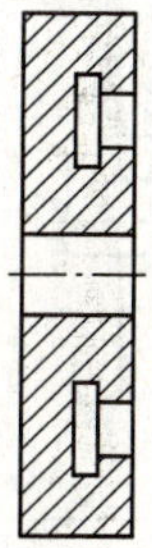	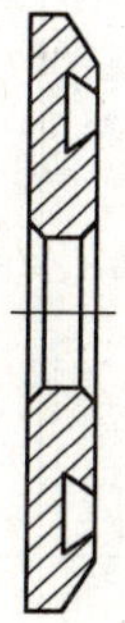
作用	一般用于减轻工件重量、减少工件接触面或作油槽、密封等。如内圆磨具端面直槽，用于密封	常用于穿螺钉、螺栓，作连接工件之用，如车床中滑板T形槽，用于调整小滑板转动角度；磨床砂轮接法兰盘上车有燕尾槽	

(3) 内沟槽的车削。内沟槽采用内沟槽车刀进行切槽。内沟槽车刀与切断刀的几何形状相似，只是装夹方向相反，且在内孔中车槽。加工小孔中的内沟槽车刀做成整体式，如图1-90a所示。在大直径内孔中车内沟槽的车刀可做成车槽刀刀体，然后装夹在刀柄上使用，如图1-90b所示。由于内沟槽通常与孔轴线垂直，因此要求内沟槽车刀的刀体与刀柄轴线垂直。

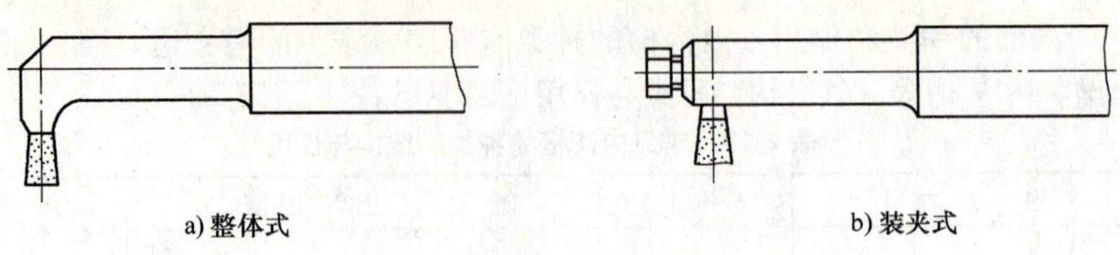

图 1-90　内沟槽车刀

1）车刀的安装要求如下。

①装刀时，内沟槽车刀的主切削刃应与沟槽底平面平行。

②应使主切削刃与内孔中心高等高或略高。

③两侧副偏角必须对称。

2）内沟槽的车削方法。车内沟槽与车外沟槽方法相似，其操作方法见表 1-15。

表 1-15　内沟槽的车削方法

内　容	图　示	操作说明
确定车削内沟槽定位尺寸	L　b	移动床鞍和中滑板使内沟槽车刀接近工件端面，再移动小滑板使内沟槽车刀主切削刃与工件端面轻接触，将床鞍刻度调至“0”位。移动床鞍，使车刀进入孔内，进入的深度应为槽的定位尺寸 L 加上车刀主切削刃的宽度 b
车窄内沟槽		内沟槽车刀主切削刃的宽度和内沟槽宽度一致，直接车出
车宽内沟槽		先用通孔车刀粗车内孔槽，再用内沟槽车刀将内孔槽两侧的斜面精车成直角，且保证内沟槽孔径尺寸精度与表面粗糙度要求

（续）

内　　容	图　　示	操作说明
车梯形内沟槽		先用一把矩形车槽刀车出矩形槽，然后再用梯形车槽刀车削成形

任务五　车圆锥体工件

在机床和工具中，有许多使用圆锥面配合的场合，如车床主轴锥孔与顶尖的配合，车床尾座锥孔与麻花钻锥柄的配合等，如图1-91所示。常见的圆锥零件有圆锥齿轮、锥形主轴。

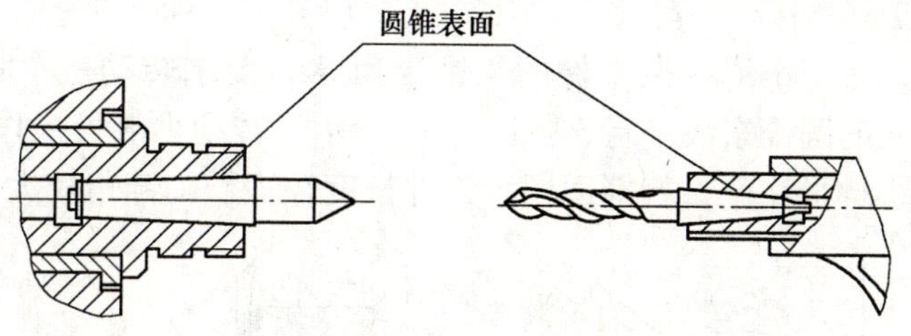

图1-91　圆锥面零件配合实例

1. 圆锥的基本参数与计算

圆锥的基本参数如图1-92所示，不管是外圆锥还是内圆锥，其基本参数与各部分的计算都是相同的。其计算见表1-16。

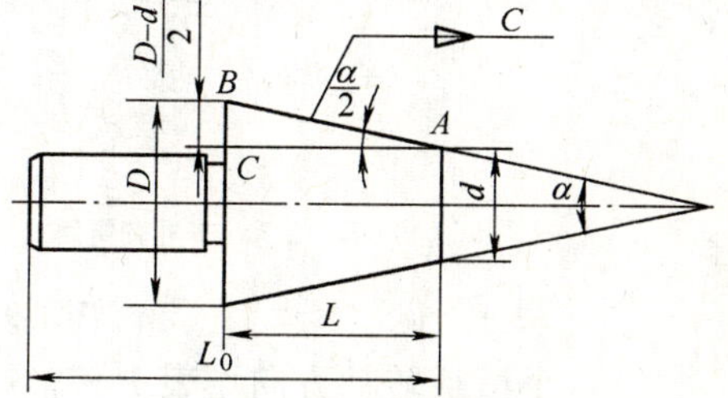

图1-92　圆锥的基本参数

图中　D——最大圆锥直径（mm）；

d——最小圆锥直径（mm）；

α——圆锥角度（°）；

$\alpha/2$——圆锥半角（°）；

L——圆锥长度（mm）；

C——锥度；

L_0——工件全长（mm）。

表1-16　圆锥各部分尺寸的计算

名称术语	代　　号	定　　义	计算公式
圆锥角	α	在通过圆锥轴线的截面内，两长素线之间的夹角	—
圆锥半角	$\alpha/2$	圆锥角的一半	$\tan\frac{\alpha}{2}=\frac{D-d}{2L}=\frac{C}{2}$ $\frac{\alpha}{2}\approx 28.7° \times C = 28.7° \times \frac{D-d}{L}\left(\frac{\alpha}{2}<6°\right)$

（续）

名称术语	代　号	定　义	计算公式
最大圆锥直径	D	简称大端直径	$D=d+CL=d+L\tan\dfrac{\alpha}{2}$
最小圆锥直径	d	简称小端直径	$d=D-CL=D-2L\tan\dfrac{\alpha}{2}$
圆锥长度	L	最大圆锥直径与最小圆锥直径之间的轴向距离	$L=\dfrac{D-d}{C}=\dfrac{D-d}{2\tan\alpha/2}$
锥度	C	圆锥大、小端直径之差与长度之比	$C=\dfrac{D-d}{L}$
工件全长	L_0	—	—

注：1. 当 $\alpha/2<6°$ 时，才可用近似法计算圆锥半角。

2. 计算结果是“度”，度以后的小数部分是十进位的，而角度是60进位。应将含有小数部分的计算结果转化成度、分、秒。例如5.35°并不等于5°35′。要用小数部分去乘60′，即60′×0.35=21′，所以5.35°应为5°21′。

2. 转动小滑板法车圆锥

转动小滑板法，是把小滑板按工件的圆锥半角 α/2 要求转动一个相应角度，使车刀的运动轨迹与所要加工的圆锥素线平行，如图1-93所示。转动小滑板操作简便，调整范围广，主要适用于单件、小批量生产，特别适用于工件长度较短、圆锥角较大的圆锥面。

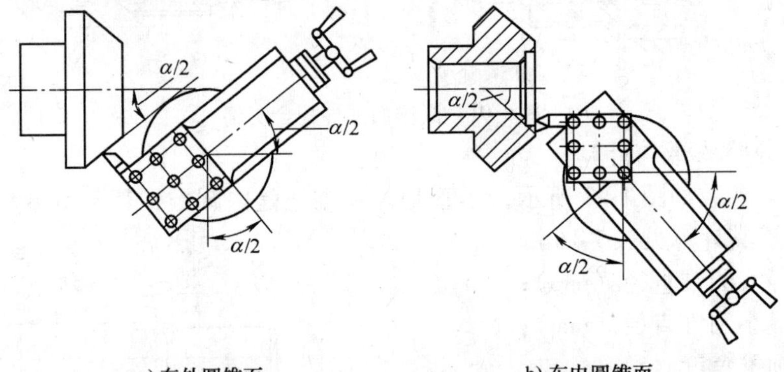

a) 车外圆锥面　　b) 车内圆锥面

图1-93　转动小滑板车圆锥面

（1）小滑板转动方向见表1-17。

表1-17　小滑板转动方向

示例图	小滑板应转过的角度	车削图示
60°	逆时针30°	60° 30° 30° 30°

（续）

示例图	小滑板应转过的角度	车削图示
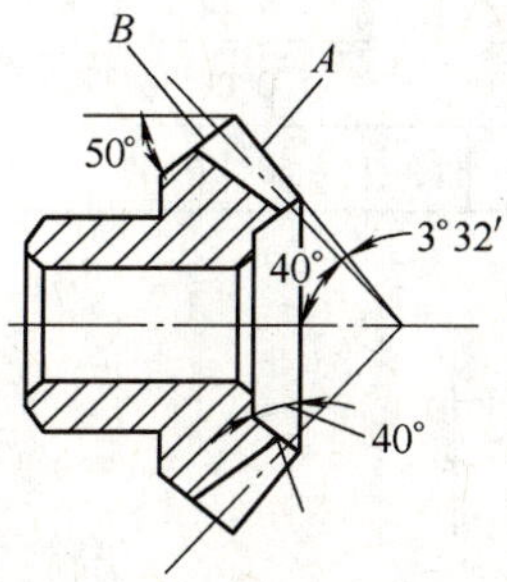	车 A 面逆时针 43°32′	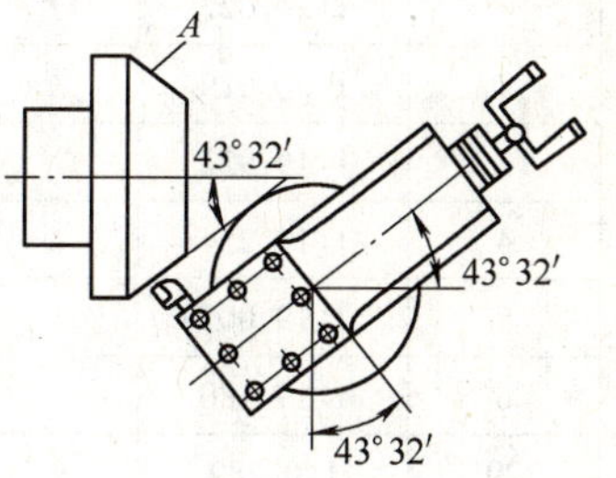 A 43°32′ 43°32′ 43°32′
B A 50° 3°32′ 40° 40°	车 C 面顺时针 50° 车 B 面顺时针 50°	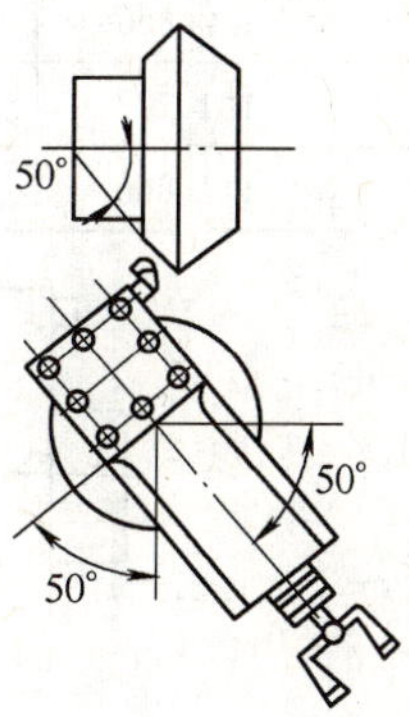 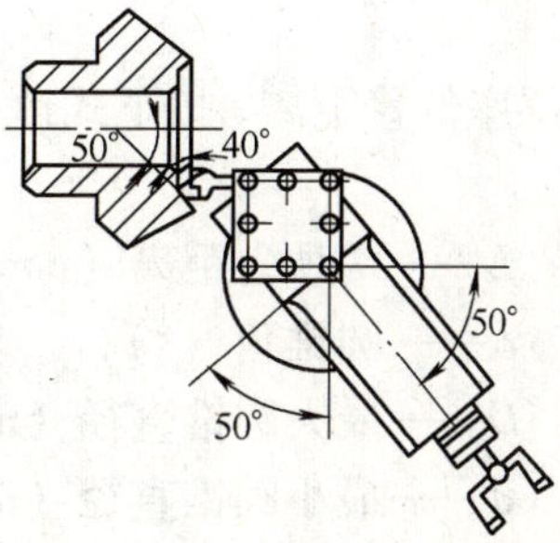 50° 50° 50° 50° 40° 50° 50°

（2）小滑板转动的角度由于圆锥的角度标注方法不同，有时图样上没有直接标注出圆锥半角 $\alpha/2$，这时就必须经过换算，才能得出小滑板应转动的角度。根据被加工工件的已知条件，可按表 1-16 中的公式来计算小滑板转动角度。生产中，车削常用锥度和标准锥度时小滑板转动角度见表 1-18。

3. 偏移尾座法

工件用两顶尖装夹，将尾座横向偏移一定距离 s，使工件轴线与主轴轴线相交成圆锥半角 $\alpha/2$，车刀做纵向进给运动，即可车出圆锥角为 α 的圆锥面，如图 1-94 所示。

表 1-18　车削常用锥度和标准锥度时小滑板转动角度

名称		锥度	小滑板转动角度	名称		锥度	小滑板转动角度
莫氏锥度	0	1:19.212	1°29′23″	标准锥度	1:3	—	9°27′44″
	1	1:20.027	1°25′40″		1:5	—	5°42′38″
	2	1:20.020	1°25′46″		1:7	—	4°05′08″
	3	1:19.922	1°26′12″		1:8	—	3°34′35″
	4	1:19.254	1°29′12″		1:10	—	2°51′45″
	5	1:19.002	1°30′22″		1:12	—	2°23′9″
	6	1:19.180	1°29′32″		1:15	—	1°54′23″
标准锥度	120°	1:0.289	60°		1:20	—	1°25′56″
	90°	1:0.500	45°		1:30	—	0°57′23″
	75°	1:0.652	37°30′		1:50	—	0°34′23″
	60°	1:0.866	30°		1:100	—	0°17′11″
	45°	1:1.207	22°30′		1:200		0°08′36″
	30°	1:1.866	15°		7:24	1:3.429	8°17′50″

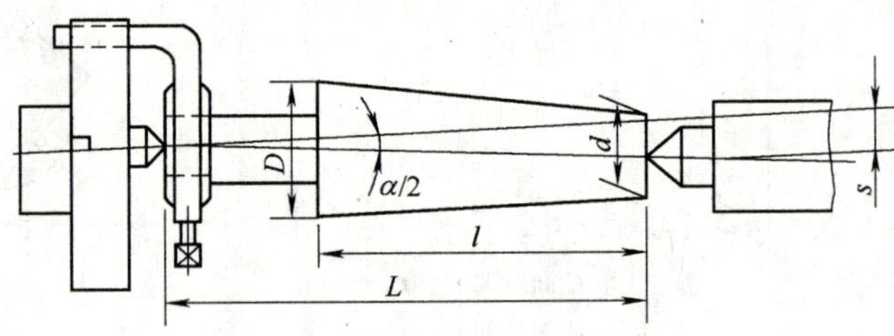

图 1-94　偏移尾座法车削圆锥面

尾座偏移距离 s 按下式计算：

$$s = L\tan\alpha/2 = L(D-d)/2l$$

式中　L——两顶尖距离（mm）；

α——圆锥角（°）；

D——最大圆锥直径（mm）；

d——最小圆锥直径（mm）；

l——圆锥长度（mm）。

4. 仿形法车圆锥

仿形法又称靠模法，它是在车床床身后面安装一固定靠模板，其斜角可以根据工件的圆锥半角 $\alpha/2$ 调整；取出中滑板丝杠，刀架通过中滑板与滑块刚性连接。这样，当床鞍纵向进给时，滑块沿着固定靠模块中的斜槽滑动，带动车刀做平行于靠模板斜面的运动，使车刀刀尖的运动轨迹平行于靠模块的斜面，这样就车出了外圆锥面，如图 1-95 所示。

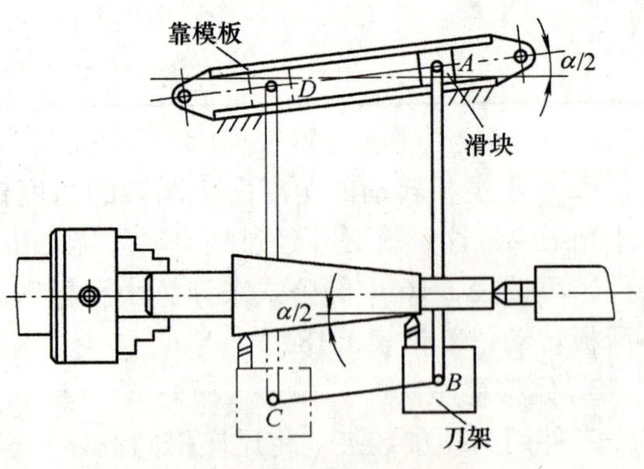

图 1-95　仿形法车削圆锥面

5. 宽刃刀车削圆锥

宽刃刀车圆锥体，实质上也属于成形法车削，即用成形刀具对工件进行加工。它是在车刀安装后，使主切削刃与主轴轴线的夹角等于工件的圆锥半角 $\alpha/2$，采用横向进给的方法加工出圆锥面。宽刃刀车削圆锥体主要适用于锥面较短、圆锥半角精度要求不高的锥体。

（1）宽刃刀车圆锥体的基本要求如下。

1）宽刃刀切削刃必须平直，无崩口。

2）刃倾角为0°。

3）车床及车刀必须要有很好的刚性。

4）车削时其速度不宜选用过高，宜低一些。

5）车刀主切削刃与车床主轴轴线的夹角必须等于工件的圆锥半角 $\alpha/2$。宽刃刀在装夹时可用样板或用万能角度尺找正，如图1-96所示。

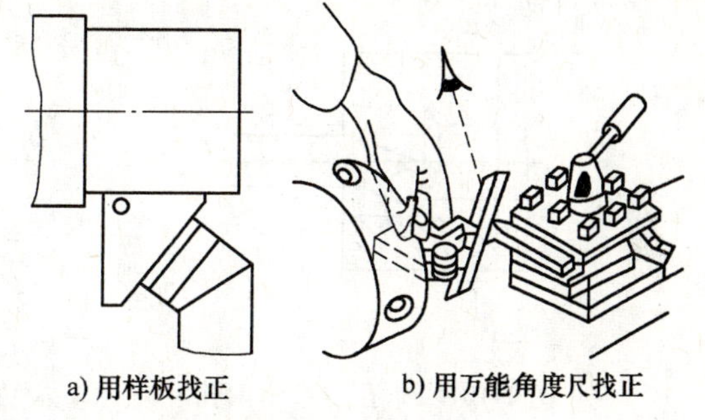
a) 用样板找正　b) 用万能角度尺找正

图1-96　宽刃的装夹找正

6）宽刃刀安装时其切削刃应与工件回转中心等高。

（2）宽刃刀车削圆锥体的方法。

1）宽刃刀车削外圆锥体。车削较短的外圆锥体时，可先用宽刃粗车刀将被加工表面车成阶梯状，如图1-97所示，以去掉大部分余量，然后再使用宽刃精车刀进行精车，如图1-98所示。

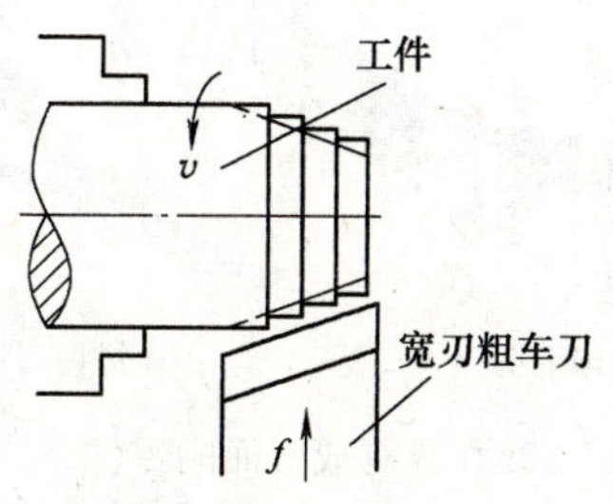

图1-97　用粗车刀先车阶梯状

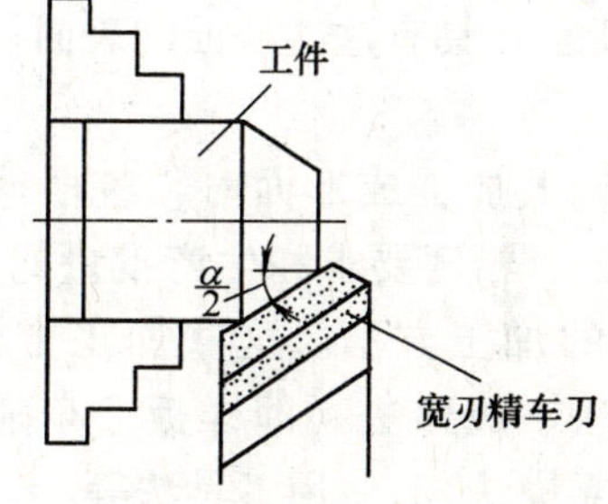

图1-98　用宽刃精车刀精车

当工件圆锥面长度大于宽刃刀切削刃时，一般要采用接刀法车削，如图1-99所示。这时工件在装夹时应尽量短一些。

2）宽刃刀车削内圆锥体。车削内圆锥体的宽刃刀一般选用高速钢车刀，前角 γ_o 取20°~30°，后角 α_o 取8°~10°。车刀刀刃必须平直，与刀柄底平面平行，且与刀柄轴线夹角为 $\alpha/2$，如图1-100所示。

用宽刃刀车削内圆锥体的操作方法如下。

①先用车孔刀粗车内锥面，留粗车余量，如图1-101所示。

②将宽刃刀的切削刃伸入孔内，长度大于锥长，横向（或纵向）进给，低速车削，如图1-102所示。

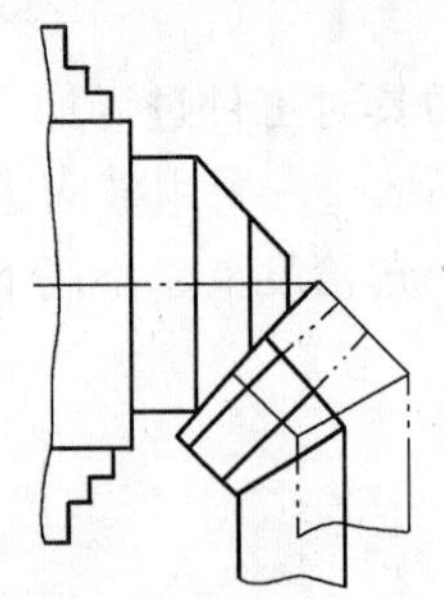

图 1-99　接刀法车圆锥体

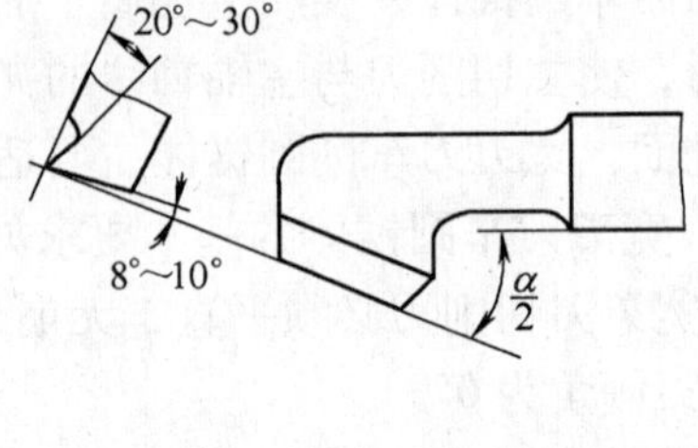

图 1-100　车内圆锥体的宽刃刀

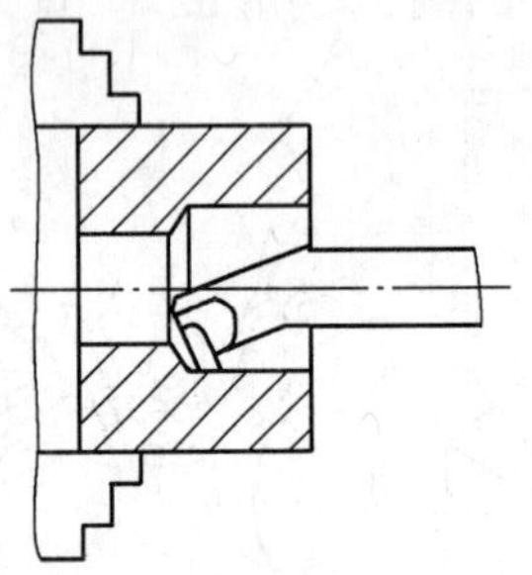

图 1-101　车孔刀粗车内孔

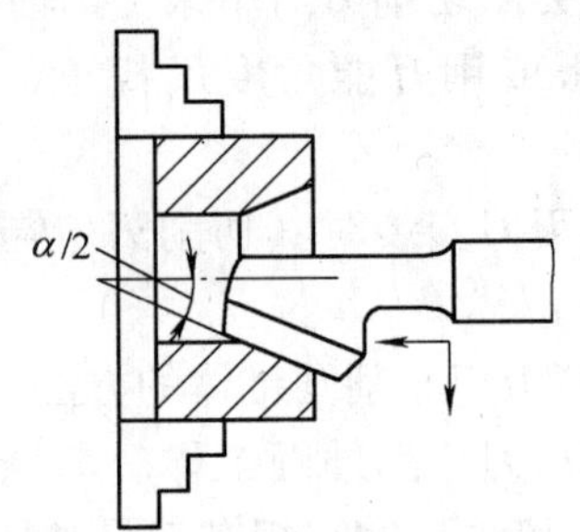

图 1-102　用宽刃刀精车内圆锥面

任务六　车削成形面

有些机器零件的表面在零件过轴线的剖面中呈曲线形，如圆球手柄、橄榄形手柄等，如图 1-103 所示。具有这些特征的表面称为成形面。

在车床上加工成形面时，应根据工件的表面特征、精度要求和生产批量的大小，采用不同的加工方法。这些加工方法有：双手控制法、成形法（即样板刀车削法）、仿形法（靠模法）、专用工具法等。

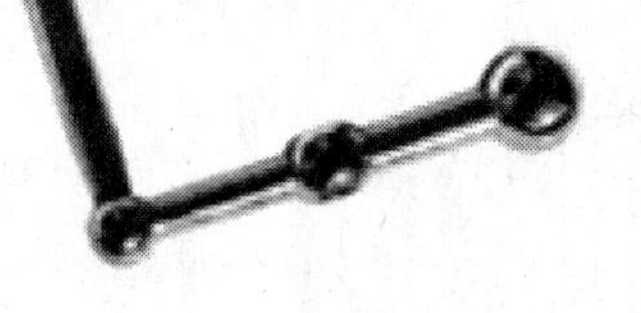

a) 圆球手柄

b) 橄榄形手柄

图 1-103　具有成形面的零件

1. 双手控制法车成形面

在单件加工时，通常采用双手控制法车削成形面，如图 1-104 所示。在车削时，用右手控制小滑板的进给，用左手控制中滑板的进给，通过双手的协同操作，使车刀的运动轨迹与工件成形面的素线一致，车出所要求的成形面。成形面也可利用床鞍和中滑板的合成运动进行车削。

（1）单球手柄形体长度 L 的计算。车削如图 1-105 所示的单球手柄时，应先按球直径 D 和柄部直径 d 车成两级外圆（留精车余量 0.2～0.3mm），并车准球状部分长度 L。球形长度计算的正确与否，是保证球形形状精度的前提条件。球形长度可用下式计算：

$$L=\frac{1}{2}(D+\sqrt{D^2-d^2})$$

式中　L——球形部分长度（mm）；

D——球直径（mm）；

d——柄部直径（mm）。

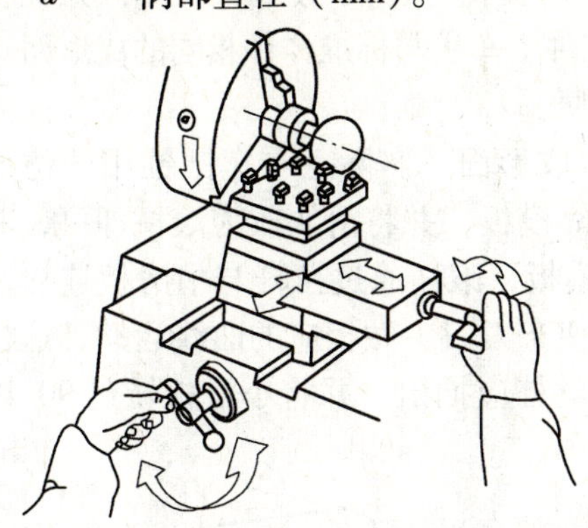

图 1-104 双手控制法

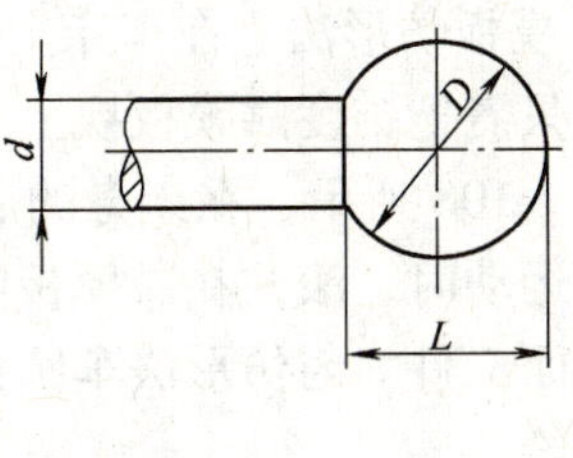

图 1-105 单球手柄 L 的计算

（2）车削速度分析。双手控制法车成形面时车刀刀尖速度运行轨迹如图 1-106 所示，车刀刀尖位于各位置上的横向、纵向进给速度是不相同的。车削 a 点时，中滑板横向进给速度 v_{ay} 要比床鞍纵向进给速度 v_{ax} 慢，否则车刀会快速切入工件，而使工件直径变小；车削 b 点时，中滑板与床鞍的进给速度 v_{by} 与右进给速度 v_{bx} 相等；车削 c 点时，中滑板进给速度 v_{cy} 要比床鞍右进速度 v_{cx} 快，否则车刀就会离开工件表面，而车不至中心。

2. 成形法车成形面

成形法是用成形车刀对工件进行加工的方法。切削刃的形状与工件成形表面轮廓形状相同的车刀称为成形刀，又称为样板刀。数量较多、轴向尺寸较小的成形面可用成形法车削。

成形法车削成形面时应注意以下几点。

（1）车床要有足够的刚度，车床各部分的间隙要调整得较小。

（2）成形刀角度的选择要恰当。成形刀的后角一般选得较小（$\alpha_o = 2° \sim 5°$），刃倾角宜取 $\lambda_s = 0°$。

（3）成形刀的刃口要对准工件的轴线，装高容易扎刀，装低会引起振动。必要时，可以将成形刀反装，采用反切法进行车削。

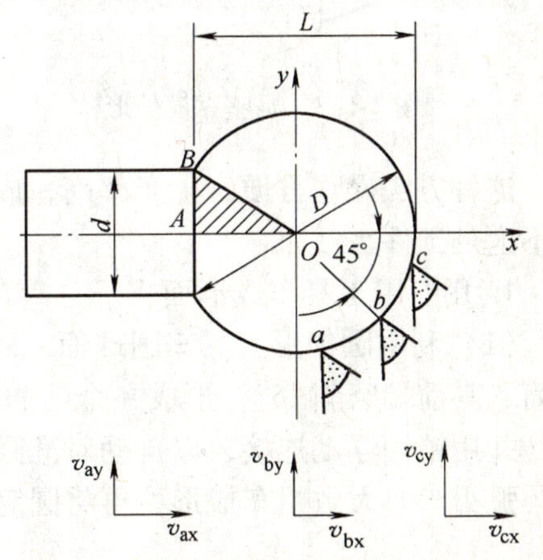

图 1-106 双手控制法车削成形面时车刀运行速度的分析

（4）为降低成形刀切削刃的磨损，减少切削力，最好先用双手控制法把成形面粗车成形，然后再用成形刀进行精车。

（5）应采用较小的切削速度和进给量，合理选用切削液。

3. 仿形法车成形面

按照刀具仿形装置进给对工件进行加工的方法称为仿形法。仿形法车成形面是一种加工质量好、生产率高的先进车削方法，特别适合质量要求较高、批量较大的生产。仿形车成形面的方法很多，下面介绍两种主要方法。

（1）尾座靠模仿形法。尾座靠模仿形法如图 1-107 所示，把一个标准样件（即靠模）

装在尾座套筒内。在刀架上装上一把长刀夹，长刀夹上装有圆头车刀和靠模杆。车削时，用双手操纵中小滑板（或使用床鞍自动进给和用手操纵中滑板相配合），使靠模杆始终贴在标准样件上，并沿着标准样件的表面移动，圆头车刀就在工件上车出与标准样件相同的成形面。

这种方法在一般车床上都能使用，但操作不太方便。

（2）靠模板仿形法。在车床上用靠模板仿形法车成形面，实际上与车圆锥用的仿形法基本相同，只需把锥度靠模板换上一个带有曲线槽的靠模板，并将滑块改为滚柱即可，其加工原理如图 1-108 所示，在床身的后面装上支架和靠模板，滚柱通过拉杆与中滑板连接。当床鞍做纵向运动时，滚柱在靠模板的曲线槽中移动，使车刀刀尖做相应的曲线运动，这样也可车出成形面工件。与仿形法车圆锥类似，中滑板的丝杠应抽出，并将小滑板转过 90°以代替中滑板进给。

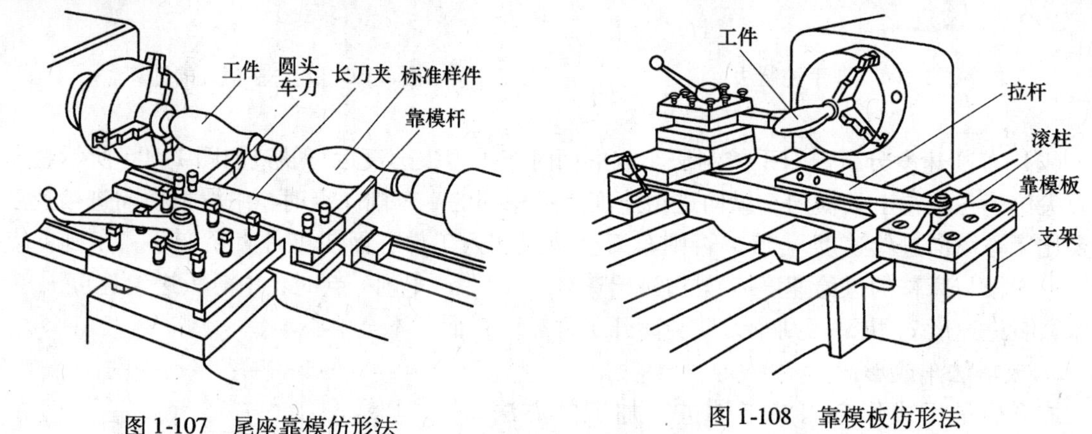

图 1-107　尾座靠模仿形法

图 1-108　靠模板仿形法

这种方法操作方便，生产率高，成形面形状准确，质量稳定，但只能加工成形面形状变化不大的工件。

4. 用专用工具车成形面

（1）利用圆筒形刀具车圆球面。圆筒形刀具的结构如图 1-109a 所示，切削部分是一个圆筒，其前端磨斜 15°，形成一个圆的切削刃口。其尾柄和特殊刀柄应保持 0. 5mm 的配合间隙，并用销轴浮动连接，以自动对准圆球面中心。用圆筒形刀具车圆球面工件时，一般应先用圆弧刃车刀大致粗车成形，再将圆筒形刀具的径向表面中心调整到与车床主轴轴线成一夹

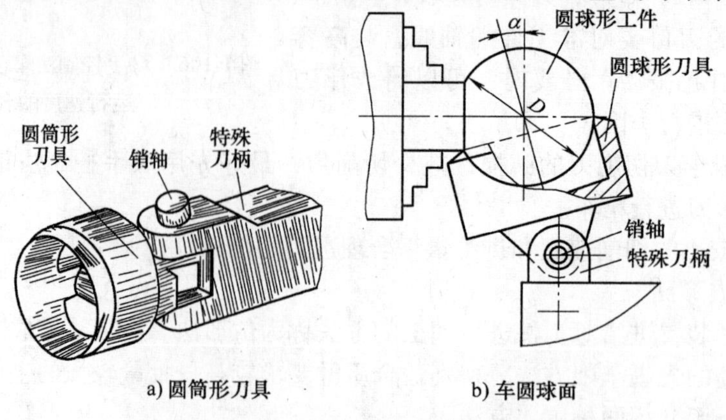

a) 圆筒形刀具　　b) 车圆球面

图 1-109　圆筒形刀具车圆球面

角 α，最后用圆筒形刀具把圆球面车削成形，如图 1-109b 所示。

该方法简单方便，易于操作，加工精度较高；适用于车削青铜、铸铝等脆性金属材料的带柄圆球面工件。

（2）用铰链推杆车球面内孔。较大的球面内孔可用图 1-110 所示的方法车削。有球面内孔的工件装夹在卡盘中，在两顶尖间装夹刀柄，圆弧刃车刀反装，车床主轴仍然正转，刀架上安装推杆，推杆两端铰链连接。当刀架纵向进给时，圆头车刀在刀柄中转动，即可车出球面内孔。

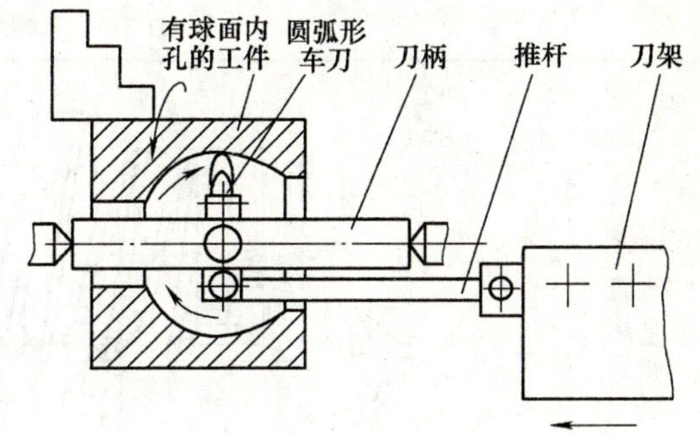

图 1-110　用铰链推杆车球面内孔

（3）用蜗杆副车成形面。

1）用蜗杆副车成形面的车削原理。外圆球面、外圆弧面和内圆球面等成形面的车削原理如图 1-111 所示。车削成形面时，必须使车刀刀尖的运动轨迹为一个圆弧，车削的关键是保证刀尖做圆周运动，其运动轨迹的圆弧半径与成形面圆弧半径相等，同时使刀尖与工件的回转轴线等高。

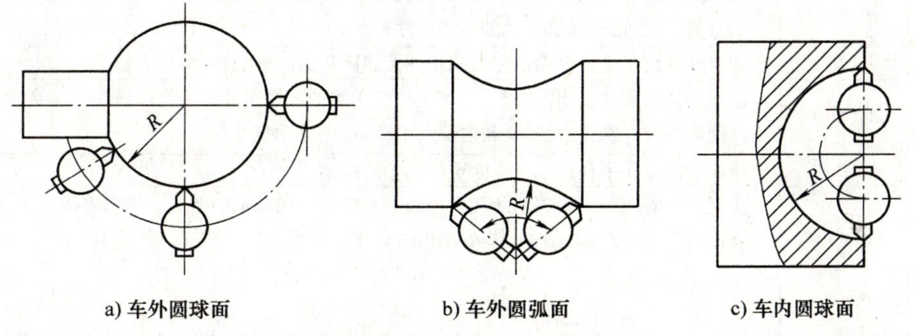

a) 车外圆球面　　b) 车外圆弧面　　c) 车内圆球面

图 1-111　内外成形面的车削原理

2）用蜗杆副车内外成形面的结构原理。其结构原理如图 1-112 所示。车削时先把车床小滑板拆下，装上成形面工具。刀架装在圆盘上，圆盘下面装有蜗杆副。当转动手柄时，圆盘内的蜗杆就带动蜗轮使车刀绕着圆盘的中心旋转，刀尖做圆周运动，即可车出成形面。为了调整成形面半径，在圆盘上制出 T 形槽，以使刀架在圆盘上移动。当刀尖调整超过中心时，就可以车削内成形面。

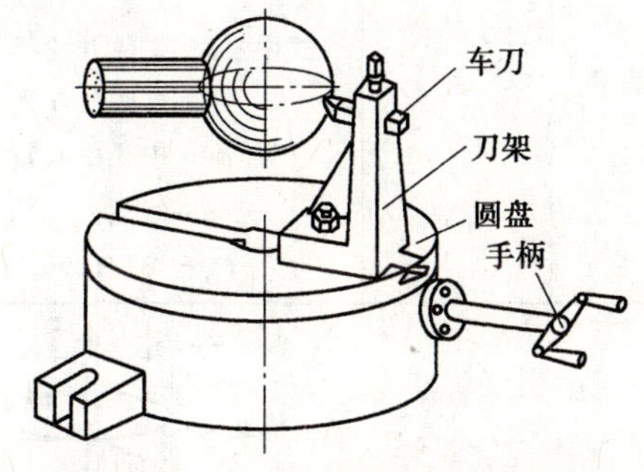

图 1-112　用蜗杆副车内外成形面

任务七　车削三角形螺纹

螺纹在各种机器中应用非常广泛，其种类很多，用途不一，其加工的方法也很多，但在一般的机械加工中，通常采用车螺纹的方法。螺纹车削时应保证车刀的轴向位移与工件的角位移成正比，即工件转一圈时，车刀也应相对地沿轴向移动一个螺距（或一个导程）。

1. 螺纹概述

（1）螺纹基本要素包括牙型角，牙型高度，螺纹大、中、小径，导程，螺旋升角等，见表 1-19。

表 1-19 螺纹的基本要素

普通螺纹的基本要素

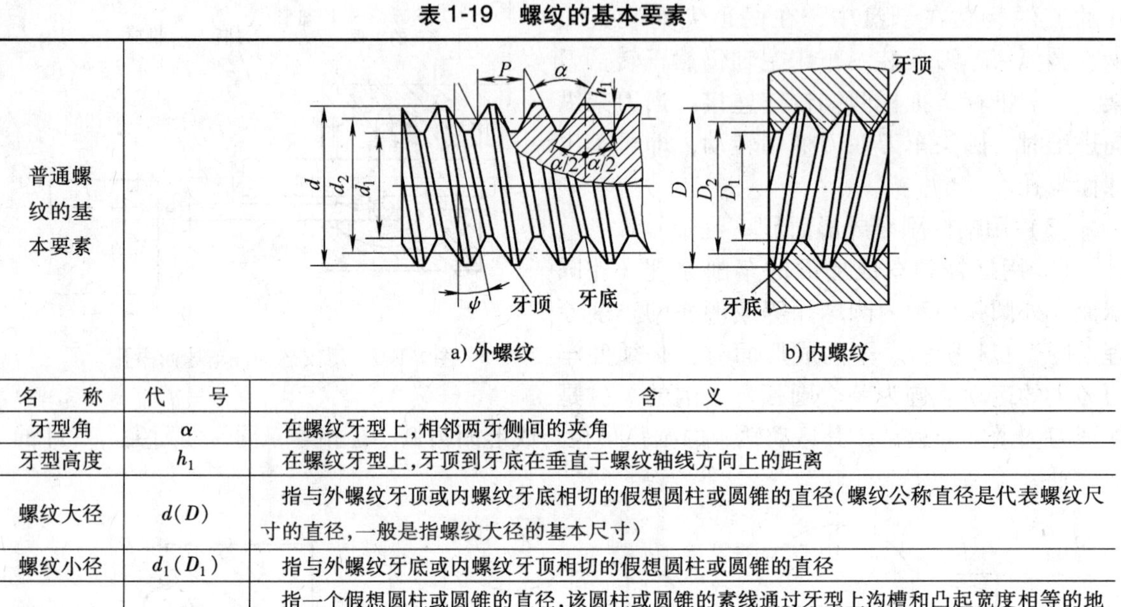

a) 外螺纹　　b) 内螺纹

名　称	代　号	含　义
牙型角	α	在螺纹牙型上，相邻两牙侧间的夹角
牙型高度	h_1	在螺纹牙型上，牙顶到牙底在垂直于螺纹轴线方向上的距离
螺纹大径	$d(D)$	指与外螺纹牙顶或内螺纹牙底相切的假想圆柱或圆锥的直径（螺纹公称直径是代表螺纹尺寸的直径，一般是指螺纹大径的基本尺寸）
螺纹小径	$d_1(D_1)$	指与外螺纹牙底或内螺纹牙顶相切的假想圆柱或圆锥的直径
螺纹中径	$d_2(D_2)$	指一个假想圆柱或圆锥的直径，该圆柱或圆锥的素线通过牙型上沟槽和凸起宽度相等的地方。同规格的外螺纹中径 d_2 和内螺纹中径 D_2 的公称尺寸相等
螺距	P	指相邻两牙在中径线上对应两点间的轴向距离
导程	P_h	指同一条螺旋线上相邻两牙在中径线上对应两点间的轴向距离。导程可按式 $P_h = nP$ 计算 式中　P_h—导程（mm）； n—线数； P—螺距（mm）
螺纹升角	ψ	在中径圆柱或中径圆锥上，螺旋线的切线与垂直于螺纹轴线的平面的夹角（图 1-113 所示）称为螺纹升角。螺纹升角可按式 $\tan\psi = \frac{P_h}{\pi d_2} = \frac{nP}{\pi d_2}$ 计算 式中　ψ—螺纹升角（°）； P—螺距（mm）； d_2—中径（mm）； n—线数； P_h—导程（mm）

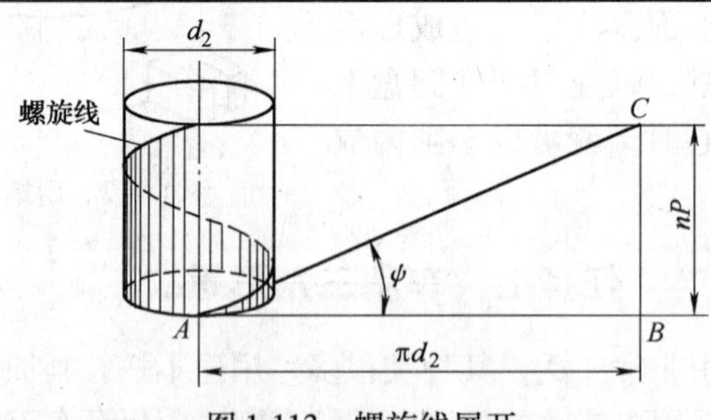

图 1-113　螺旋线展开

（2）常用螺纹的标记见表 1-20。

表 1-20　常用螺纹的标记

螺纹种类			特征代号	牙型角	标记实例	标记方法
普通螺纹	粗牙		M	60°	M16-6g-L-LH 示例说明： M—粗牙普通螺纹 16—公称直径 LH—左旋 6g—中径和顶径公差带代号 L—长旋合长度	1. 粗牙普通螺纹不标螺距 2. 右旋不标旋向代号 3. 旋合长度有长旋合长度 L、中等旋合长度 N 和短旋合长度 S，中等旋合长度不标注 4. 螺纹公差带代号中，前者为中径公差带代号，后者为顶径公差带代号，两者相同时则只标一个
	细牙				M16 × 1-6H7H 示例说明： M—细牙普通螺纹 16—公称直径 1—螺距 6H—中径公差带代号 7H—顶径公差带代号	
管螺纹	55°非密封管螺纹		G	55°	G1A 示例说明： G—55°非密封管螺纹 1—尺寸代号 A—外螺纹公差等级代号	尺寸代号：在向米制转化时，已为人熟悉的、原代表螺纹公称直径（单位为英寸）的简单数字被保留下来，没有换算成毫米，不再称作公称直径，也不是螺纹本身的任何直径尺寸，只是无单位的代号；右旋不标旋向代号
	55°密封管螺纹	圆锥内螺纹	Rc	55°	Rc1 $\frac{1}{2}$ -LH 示例说明： Rc-圆锥内螺纹，属于 55°密封管螺纹 1 $\frac{1}{2}$ —尺寸代号 LH—左旋	
		圆柱内螺纹	Rp			
		与圆柱内螺纹配合的圆锥外螺纹	R_1			
		与圆锥内螺纹配合的圆锥外螺纹	R_2			
	60°密封管螺纹	圆锥管螺纹（内外）	NPT	60°	NPT3/4-LH 示例说明： NPT—圆锥管螺纹，属于 60°密封管螺纹 3/4—尺寸代号 LH—左旋	
		与圆锥外螺纹配合的圆柱内螺纹	NPSC	60°	NPSC3/4 示例说明： NPSC—与圆锥外螺纹配合的圆柱内螺纹，属于 60°密封管螺纹 3/4—尺寸代号	
	米制螺纹（圆锥螺纹）		Mc		Mc12 × 1-S 示例说明 Mc—米制圆锥螺纹 12—公称直径 1—螺距 S—短型基准距离组别代号	

注：右旋螺纹和左旋螺纹的螺旋线方向，可用图 1-114 所示的方法来判断，即把螺纹铅垂放置，右侧高的为右旋螺纹，左侧高的为左旋螺纹。也可以用右手法则来判断，即伸出右手，掌心对着自己，四指并拢与螺纹轴线平行，并指向旋入方向，若螺纹的旋向与拇指的指向一致，则为右旋螺纹，反之则为左旋螺纹，如图 1-115 所示。一般常用右旋螺纹。

2. 螺纹的车削

螺纹加工的性质属成形车削法，螺纹车刀切削部分的几何形状应和螺纹牙型和轴向剖面形状符合，即在径向前角等于0°时其刀尖角 ε_r 应与螺纹牙型角 α 相等。即 $\varepsilon_r=\alpha=60°$，但车削时易产生“扎刀”。因而大多数螺纹都采用正径向前角 γ_f，以利于切削。此时，螺纹车刀的刀尖角应小于螺纹牙型角 α。当 $\gamma_f=15°$，螺纹车刀刀尖角 $\varepsilon_r\approx59°$，如图1-116所示。

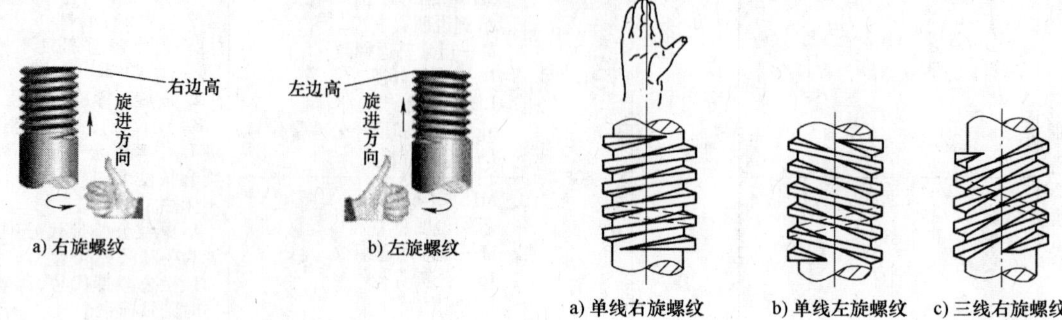

图1-114　螺纹旋向的判断

图1-115　右手法则判断螺纹的旋向

（1）车刀的装夹。螺纹车刀装夹时，刀尖应与工件轴线等高，刀尖角 ε_r 的对称线应与工件轴线垂直，通常使用样板找正，如图1-117所示。

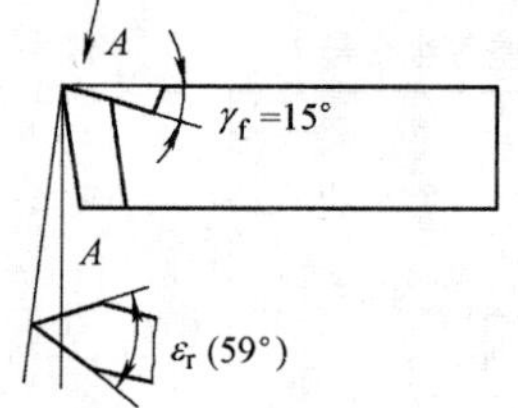

图1-116　普通螺纹车刀

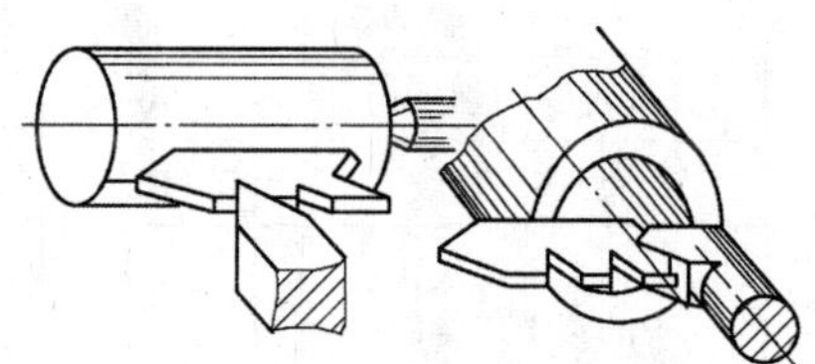

图1-117　用样板找正车刀位置

（2）螺纹的车削方法。

1）螺纹车削的进刀方法。螺纹车削时的进刀方法见表1-21。

表1-21　螺纹车削时的进刀方法

进刀方式	直　进　法	斜　进　法	左右切削法
作业图	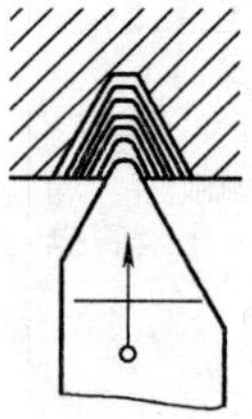	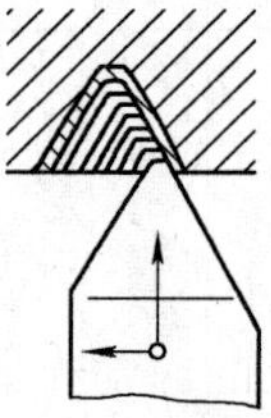	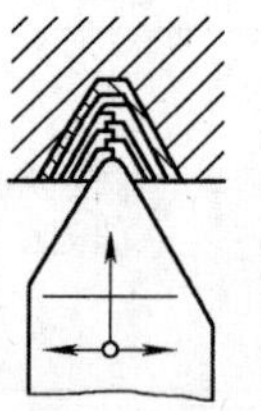
方法	车削时只用中滑板横向进给	在每次往复行程后，除中滑板横向进给外，小滑板只向一个方向做微量进给	除中滑板做横向进给外，同时用小滑板将车刀向左或向右做微量进给
加工情况	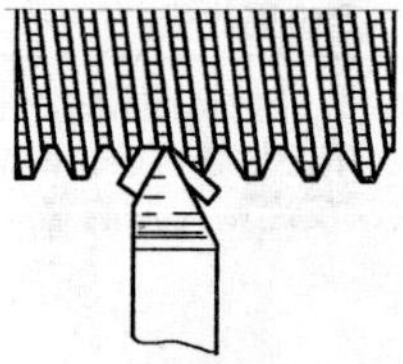 双面切削	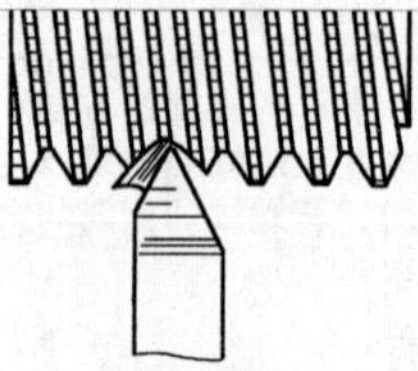 单面切削	

但在高速车削螺纹时，为了防止切屑使牙侧起毛刺，不宜采用斜进法和左右切削法，只能用直进法车削。高速切削三角形外螺纹时，受车刀挤压后会使外螺纹大径尺寸变大。因此，车削螺纹前的外圆直径应比螺纹大径小些。当螺距为1.5～3.5mm时，车削螺纹前的外径一般可以减小0.2～0.4 mm。

2）螺纹的车削方法。螺纹的车削方法如下。

①如图1-118所示，起动车床，对刀，记下中滑板刻度读数，然后先向后再向右退出车刀。

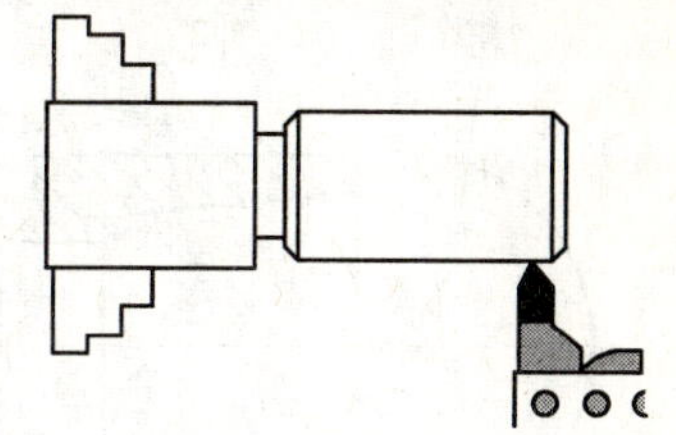

图1-118　开车对刀

②进刀至对刀所得的读数处，合上开合螺母，在工件表面车出一条螺旋线，横向退出车刀，开反车向右退出车刀，停车检测螺距是否正确，如图1-119所示。

③利用刻度盘调整背吃刀量，开车进行车削，车至行程终了时，一边横向退出车刀，同时一边开反车退回车刀，当车刀退出切削区后，再调整背吃刀量，继续车削，直至螺纹合格，如图1-120所示。

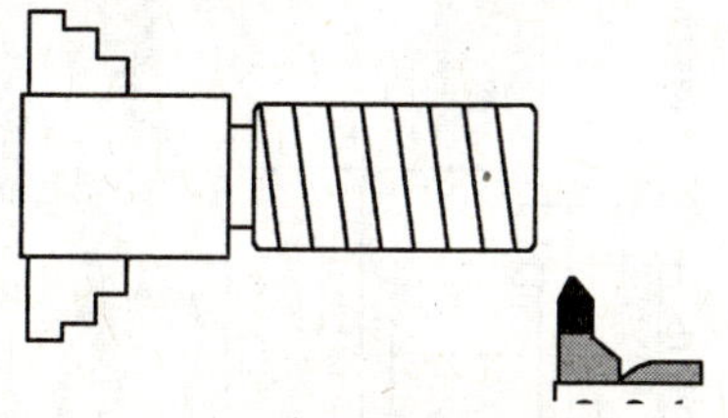

图1-119　检测螺距

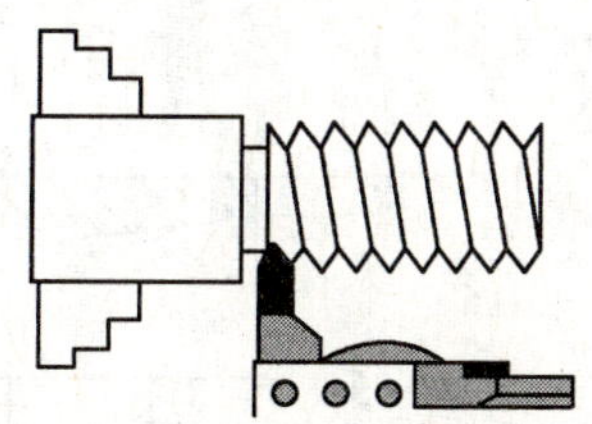

图1-120　螺纹车削进给路线

【项目评价】

一、思考题

1. 车床由哪几个部分组成？各部分有何功能？
2. 什么是切削三要素？它们如何定义？
3. 车刀有哪些角度？它们如何定义？
4. 车床的润滑有哪些要求？
5. 切削液有何作用？如何正确选择切削液？如何有效地使用切削液？
6. 低台阶和高台阶的车削有什么不同？控制台阶长度有哪些方法？
7. 通孔车刀和盲孔车刀有什么区别？
8. 车孔的关键技术是什么？怎样改善车刀的刚性？
9. 车外圆锥一般有哪几种方法？各适应于何种情况？
10. 已知一圆锥体，$D=40\text{mm}$，$d=35\text{mm}$，$L=120\text{mm}$，$L_0=200\text{mm}$，用偏移尾座法加工时，尾座的偏移量s为多少？
11. 车成形面一般有哪几种方法？各种方法都适用于什么场合？
12. 如何用双手控制法车成形面？
13. 什么是螺纹？螺纹的基本要素有哪些？
14. 在车床上怎样车削螺纹？
15. 螺纹的车削有哪些方法？各有什么优缺点？
16. 细牙普通螺纹的螺纹代号与粗牙普通螺纹的螺纹代号有什么不同？

二、技能训练

1. 训练图样

车削如图 1-121 所示的组合件。

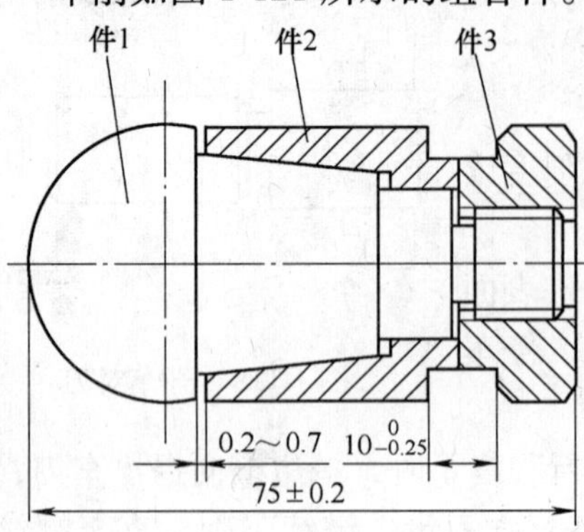

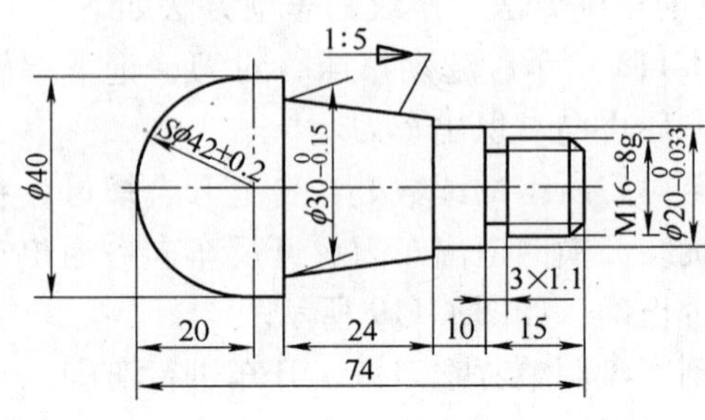

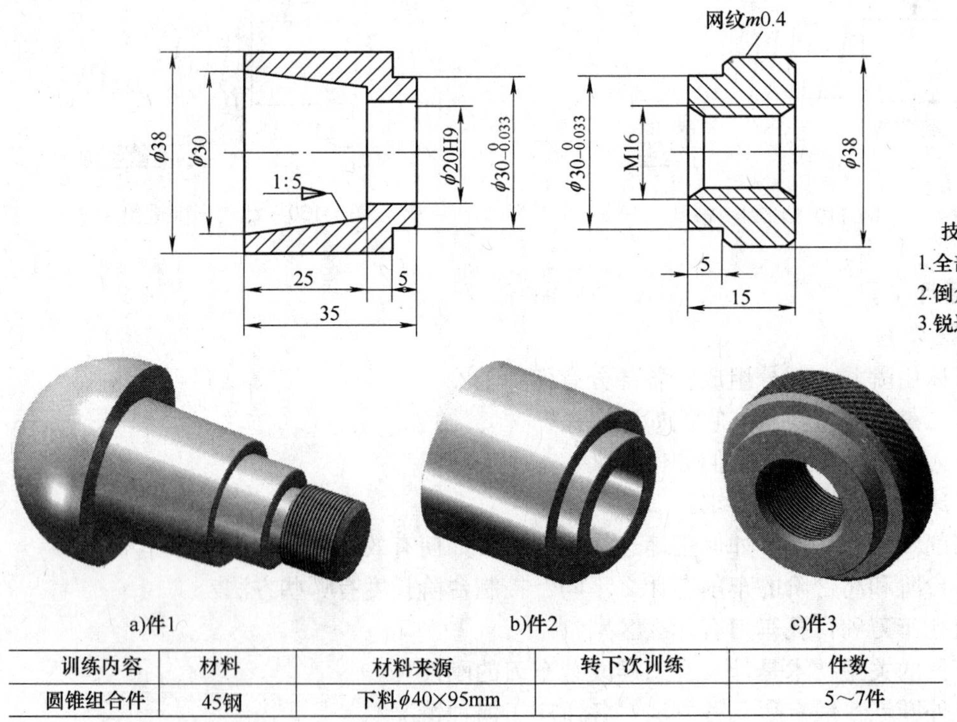

训练内容	材料	材料来源	转下次训练	件数
圆锥组合件	45钢	下料ϕ40×95mm		5～7件

图 1-121 车削技能训练图样

2. 训练考核准备要求

训练考核准备要求见表 1-22。

表 1-22 组合件的训练考核准备要求

项目内容	说明
准备要求	1. 考件材料为 45 热扎圆钢，锯断尺寸为 ϕ40 ×95mm 2. 相关工、量、刃具与辅具（外径千分尺，游标卡尺，中心钻，麻花钻，内径百分表，90°，45°外圆车刀，切槽刀，螺纹车刀，圆头刀，滚花刀，角度尺或锥度样板，活扳手等）

（续）

<table>
<tr><th colspan="2">项 目 内 容</th><th>说　明</th></tr>
<tr><td rowspan="3">考核内容</td><td>考核要求</td><td>1. 考件的各尺寸精度、几何精度、表面粗糙度达到图样规定的要求。三件组合后应达到装配图样规定尺寸（75 ±0. 2mm）、（$10_{-0.2}^{\ 0}$mm）以及 0. 2 ~0. 7mm 的间隙
2. 螺纹 M16-7H、M16-8g 允许使用丝锥、板牙进行攻、套螺纹
3. 圆球 Sϕ42 ±0. 2mm 不允许使用成形刀具
4. 圆锥面件 1 与件 2 用涂色法检测，接触面要≥60% 以上
5. 倒角 $C1$，锐边修钝
6. 不准使用锉刀、砂布对考件进行修整加工
7. 未注公差尺寸的极限偏差按 IT14 加工
8. 考件加工后不得与图样严重不相符</td></tr>
<tr><td>定额时间</td><td>本考件考核用时 5. 5h，提前完成不加分，超时 10min 扣 5 分，超 25min 取消考核资格</td></tr>
<tr><td>安全文明生产</td><td>1. 正确执行安全技术操作规程
2. 按企业有关文明生产规定，做到工件场地的整洁，工、量、刃具摆放整齐
3. 操作动作规范、协调、安全</td></tr>
</table>

三、项目评价评分表

1. 个人知识和技能评价表

班级：　姓名：　成绩：

评价方面	评价内容及要求	分值	自我评价	小组评价	教师评价	得分
项目知识内容	①车床的结构、型号	3				
	②车刀的几何角度	4				
	③常用量具的认读	3				
	④切削用量的选择	4				
	⑤切削液	3				
项目技能内容	①车床的操作	10				
	②车削台阶轴	15				
	③车削内孔	10				
	④车削圆锥体	10				
	⑤车削内外沟槽	10				
	⑥车削成形面	8				
	⑦车三角螺纹	10				
安全文明生产和职业素质培养	①安全、规范操作	5				
	②文明操作，不迟到早退，操作工位卫生良好，按时按要求完成实训任务	5				

2. 小组学习活动评价表

班级：　　小组编号：　　成绩：

评价项目	评价内容及评价分值			自评	互评	教师评分
分工合作	优秀（12~15分）	良好（9~11分）	继续努力（9分以下）			
	小组成员分工明确，任务分配合理，有小组分工职责明细表	小组成员分工较明确，任务分配较合理，有小组分工职责明细表	小组成员分工不明确，任务分配不合理，无小组分工职责明细表			
获取与项目有关质量、市场、环保等内容的信息	优秀（12~15分）	良好（9~11分）	继续努力（9分以下）			
	能使用适当的搜索引擎从网络等多种渠道获取信息，并合理地选择信息、使用信息	能从网络获取信息，并较合理地选择信息、使用信息	能从网络或其他渠道获取信息，但信息选择不正确，信息使用不恰当			
实操技能操作	优秀（16~20分）	良好（12~15分）	继续努力（12分以下）			
	能按技能目标要求规范完成每项实操任务	能按技能目标要求规范基本完成每项实操任务	能按技能目标要求基本完成每项实操任务，但规范性不够			
基本知识分析讨论	优秀（16~20分）	良好（12（15分）	继续努力（12分以下）			
	讨论热烈、各抒己见，概念准确、理解透彻，逻辑性强，并有自己的见解	讨论没有间断、各抒己见，分析有理有据，思路基本清晰	讨论能够展开，分析有间断，思路不清晰，理解不透彻			
成果展示	优秀（24~30分）	良好（18~23分）	继续努力（18分以下）			
	能很好地理解项目的任务要求，熟练运用多媒体进行成果展示	能较好地理解项目的任务要求，较熟练运用多媒体进行成果展示	基本理解项目的任务要求，不能熟练运用多媒体进行成果展示			
总分						

项目小结

本项目我们学习了如下内容。

❶常用车床及其型号。

❷车刀的几何角度及其刃磨。

❸常用量具。

❹切削用量与切削液。

❺车床的润滑保养。

❻车床的操作。

❼车削加工的基本内容。

项目二 钳工实训

【项目情境】

钳工操作如图 2-1 所示。钳工是使用钳工工具或设备，按技术要求对工件进行加工、修整、装配的工种，其特点是手工操作多、灵活性强，工作范围广、技术要求高。

a) 锯削

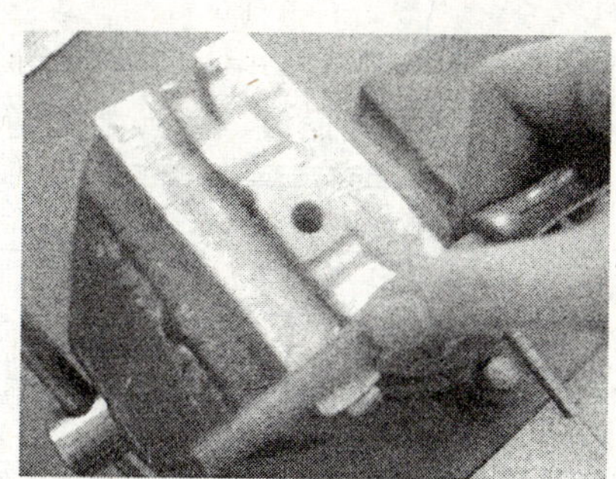

b) 锉削

图 2-1 钳工操作

【项目学习目标】

学习内容		学习方式	学时
知识目标	①熟悉划线所用工具的使用 ②掌握划线基准的确定 ③熟悉錾削工具的种类和使用方法 ④熟悉锯削工具的使用方法 ⑤熟悉锉削工具的使用方法 ⑥熟悉钻孔工具的使用方法 ⑦熟悉攻、套螺纹工具的使用方法	1. 实训（观摩）+理论 2. 教师讲授、启发、引导、互动式教学	15 课时
技能目标	①掌握划线的基本方法 ②掌握錾削的基本方法 ③掌握锯削的基本方法 ④掌握锉削的基本方法 ⑤掌握钻孔的基本方法 ⑥掌握攻、套螺纹的基本方法	教师演示，学生实训，教师巡回指导	45 课时
情感目标	激发学生对钳工技术的兴趣，培养胆大心细的素养以及团队合作意识	小组讨论、取长补短、相互协作	

【项目基本功】

2.1 项目基础知识

知识点一 钳工场地与工具设备

1. 钳工工作场地

钳工工作场地是指钳工固定的工作地点。钳工工作场地的布局一定要合理，符合安全文明生产的要求。

如图 2-2 所示，钳工工作场地一般分为钳工工位区、台钻区、划线区和刀具刃磨区等区域。各区域由白线分隔而成，区域之间留有安全通道。

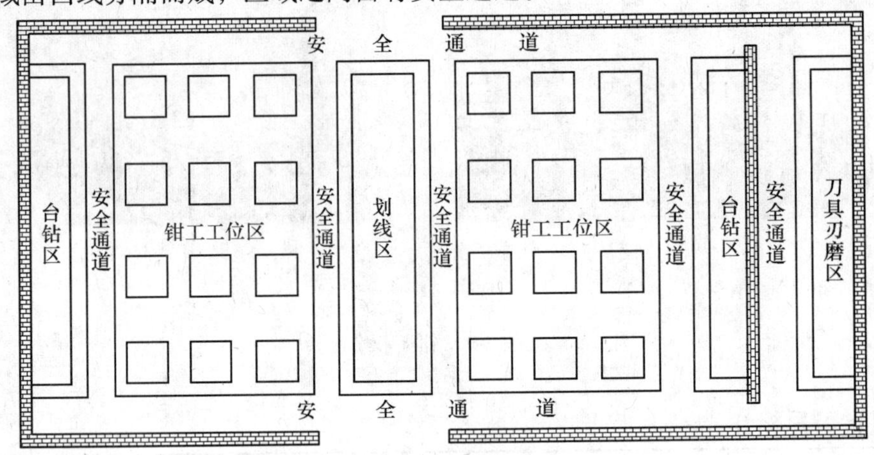

图 2-2 钳工工作场地

2. 钳桌

它是钳工专用的工作台，是用来安装台虎钳、放置工具和工件的，如图 2-3 所示。钳桌有多种式样，有木制的、钢结构的或在木制的台面上覆盖铁皮。钳桌高度约为 800 ~ 900mm，使装上台虎钳后，操作者工作时的高度比较合适，一般多以钳口高度恰好与肘齐平为宜，如图 2-4 所示。钳桌的长度和宽度可随工作需要而定。

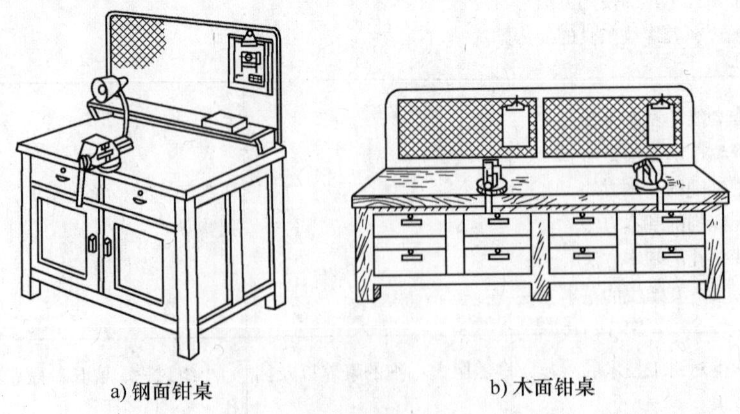

a) 钢面钳桌　　b) 木面钳桌

图 2-3 钳桌

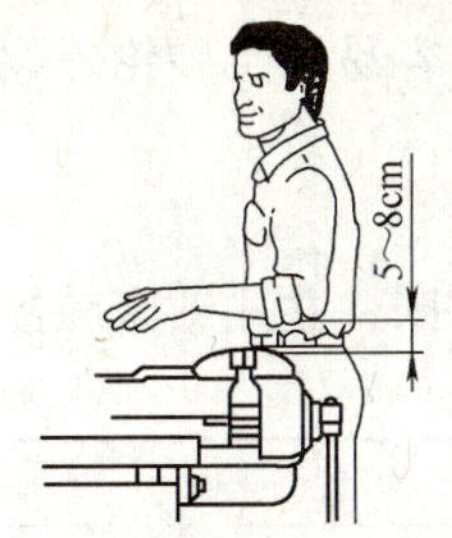

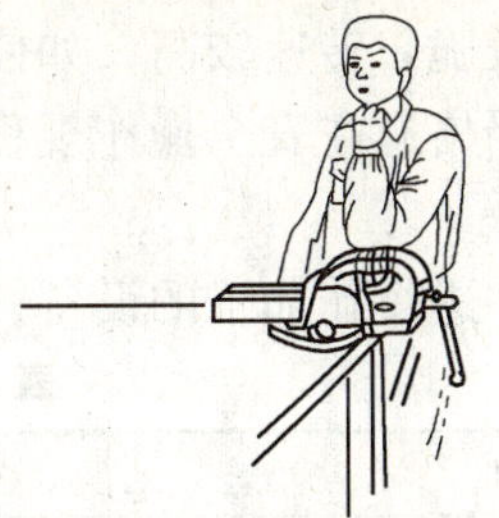

图 2-4 台虎钳的适宜高度

3. 台虎钳

台虎钳装在钳桌上，用来夹持工件，其规格是用钳口宽度表示，常用的有 100mm、125mm 和 150mm 等。台虎钳有固定式和回转式两种，如图 2-5 所示。两者的主要结构基本相同，由于回转式台虎钳的整个钳身可以回转，能满足工件各种不同方位的加工需要，使用方便，应用广泛。

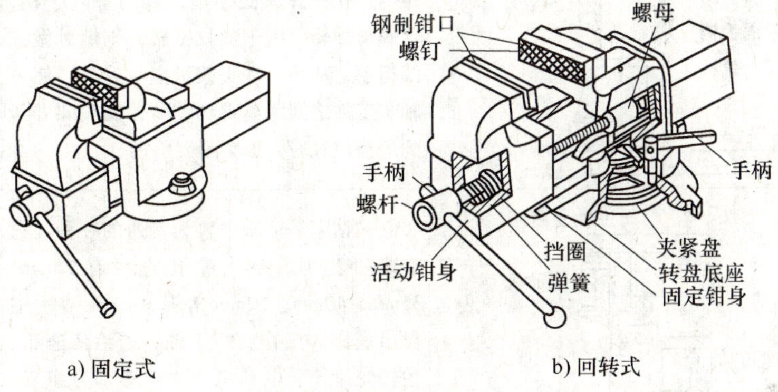

a) 固定式 b) 回转式

图 2-5 台虎钳

回转式台虎钳的结构如图 2-5b 所示，其主要有固定钳身、活动钳身两部分，通过转盘底座上三个螺栓固定在钳桌上。固定钳身装在转盘底座上，并能在转盘底座上绕其轴心线转动，当转到合适的加工位置时，利用手柄使夹紧螺钉旋紧，并通过夹紧盘使固定钳身与转盘底座紧固。螺母固定在固定钳身上，活动钳身导轨与固定钳身导轨孔为滑动配合，螺杆穿过活动钳身与螺母配合，当摇动手柄使螺杆旋转时，便带动活动钳身相对固定钳身产生移动，完成夹紧或松开工件的动作。在夹紧工件时，为避免螺杆受到冲击力，以及松开工件时活动钳身能平稳退出，螺杆上套有弹簧并用挡圈将其固定。为了防止钳口磨损，在台虎钳上通过螺钉装有钢制钳口，其上有交叉的斜纹，用来夹紧工件使其不易滑动，钳口经淬火以延长使用寿命。

4. 砂轮机

砂轮机主要用来刃磨钳工用的各种刀具或磨制其他工具。它由砂轮、电动机、砂轮机座、托架和防护罩等组成，如图 2-6 所示。

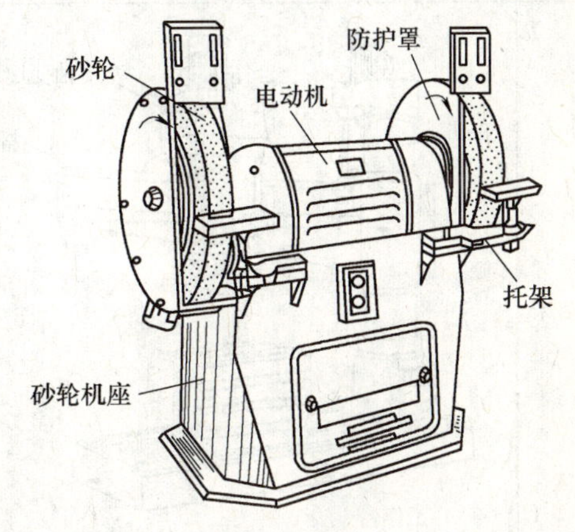

图 2-6 砂轮机

由于砂轮的质地较脆，转速较高，如使用不当，容易发生砂轮碎裂而造成人身事故，因此使用砂轮机时，要严格遵守安全操作规程。

5. 钻床

钻床是用来对工件进行孔加工的设备，有台式钻床、立式钻床和摇臂钻床，见表 2-1。

表 2-1 钻床

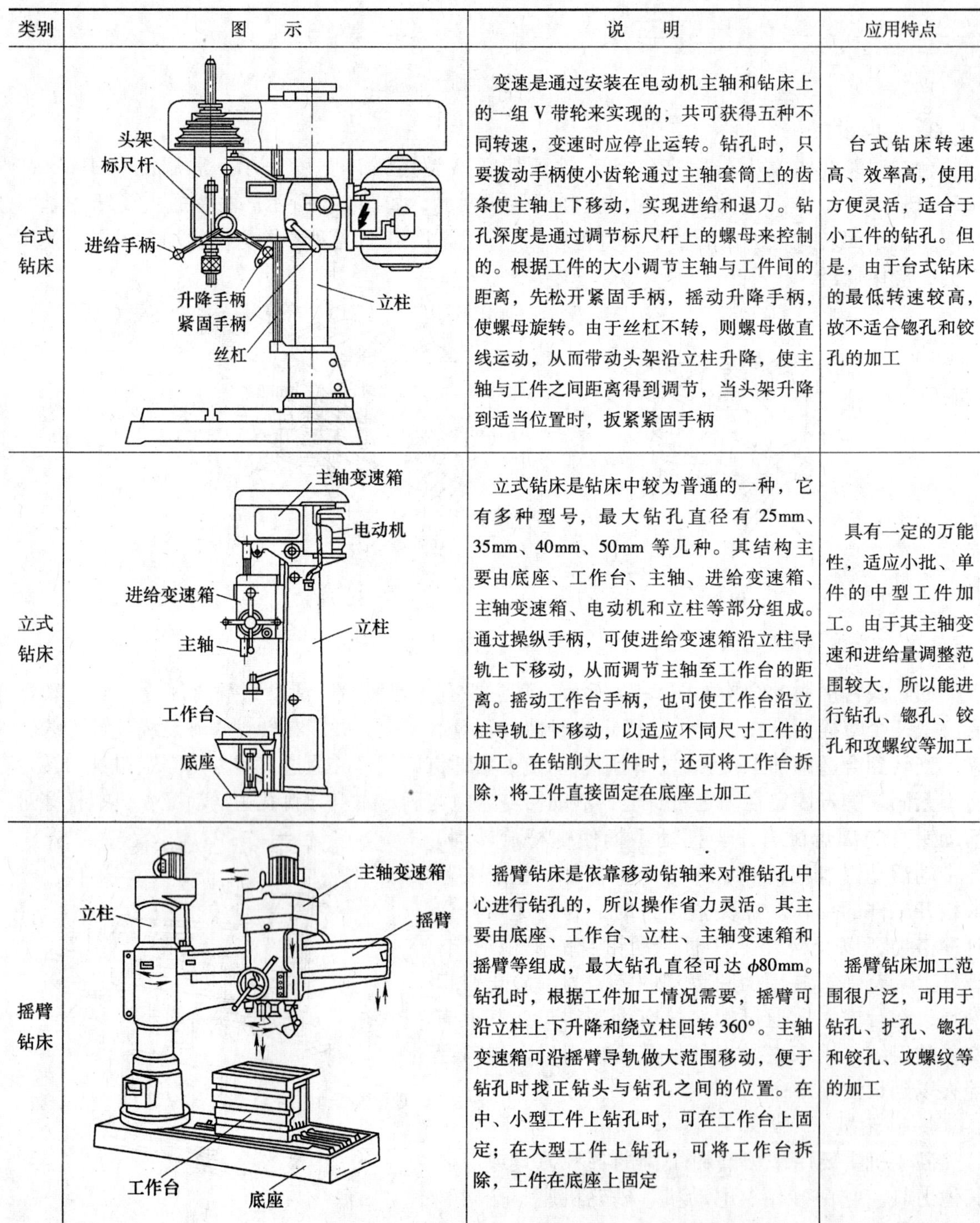

类别	图示	说明	应用特点
台式钻床		变速是通过安装在电动机主轴和钻床上的一组 V 带轮来实现的，共可获得五种不同转速，变速时应停止运转。钻孔时，只要拨动手柄使小齿轮通过主轴套筒上的齿条使主轴上下移动，实现进给和退刀。钻孔深度是通过调节标尺杆上的螺母来控制的。根据工件的大小调节主轴与工件间的距离，先松开紧固手柄，摇动升降手柄，使螺母旋转。由于丝杠不转，则螺母做直线运动，从而带动头架沿立柱升降，使主轴与工件之间距离得到调节，当头架升降到适当位置时，扳紧紧固手柄	台式钻床转速高、效率高，使用方便灵活，适合于小工件的钻孔。但是，由于台式钻床的最低转速较高，故不适合锪孔和铰孔的加工
立式钻床		立式钻床是钻床中较为普通的一种，它有多种型号，最大钻孔直径有 25mm、35mm、40mm、50mm 等几种。其结构主要由底座、工作台、主轴、进给变速箱、主轴变速箱、电动机和立柱等部分组成。通过操纵手柄，可使进给变速箱沿立柱导轨上下移动，从而调节主轴至工作台的距离。摇动工作台手柄，也可使工作台沿立柱导轨上下移动，以适应不同尺寸工件的加工。在钻削大工件时，还可将工作台拆除，将工件直接固定在底座上加工	具有一定的万能性，适应小批、单件的中型工件加工。由于其主轴变速和进给量调整范围较大，所以能进行钻孔、锪孔、铰孔和攻螺纹等加工
摇臂钻床		摇臂钻床是依靠移动钻轴来对准钻孔中心进行钻孔的，所以操作省力灵活。其主要由底座、工作台、立柱、主轴变速箱和摇臂等组成，最大钻孔直径可达 ϕ80mm。钻孔时，根据工件加工情况需要，摇臂可沿立柱上下升降和绕立柱回转 360°。主轴变速箱可沿摇臂导轨做大范围移动，便于钻孔时找正钻头与钻孔之间的位置。在中、小型工件上钻孔时，可在工作台上固定；在大型工件上钻孔，可将工作台拆除，工件在底座上固定	摇臂钻床加工范围很广泛，可用于钻孔、扩孔、锪孔和铰孔、攻螺纹等的加工

知识点二 划线前的准备与操作分类

划线就是在毛坯或工件的加工面上，用划线工具划出待加工部位的轮廓线或作为基准的点、线的操作过程。

1. 划线的工具

（1）划线平板是划线的基本工具，一般由铸铁制成，工作表面经过精刨或刮削加工，如图 2-7 所示。由于平板表面是划线的基本平面，其平整性直接影响划线的质量，因此安装时必须使工作平面（即平板面）保持水平位置。在使用过程中要保持清洁，防止铁屑、灰砂等在划线工具或工件移动时划伤平板表面。划线时工件和工具在平板上要轻放，防止台面受撞击，更不允许在平板上进行任何敲击工作。划线平板要各处平均使用，避免局部地方起凹，影响平板的平整性。平板使用后应擦净，涂油防锈。

（2）划针是划线时用来在工件上划线条的，划线时一般要与金属直尺、90°角尺或样板等导向工具配合使用。

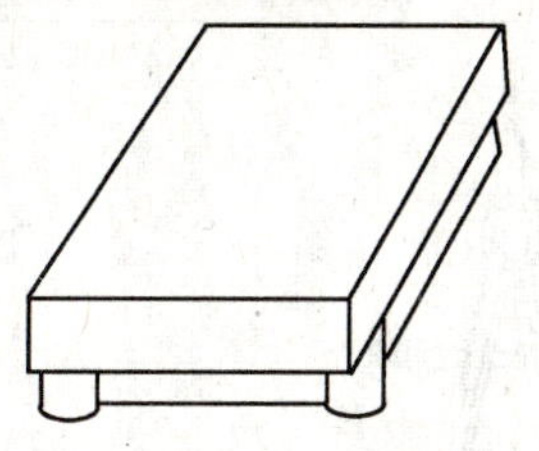

图 2-7 划线平板

划针通常用工具钢或弹簧钢丝制成，其长度约为 200 ~ 300mm，直径为 $\phi3 \sim \phi6$mm，尖端磨成 10° ~20°，并经淬火。为了使针尖更锐利耐磨，划出线条更清晰，可以焊上硬质合金后磨锐，见图 2-8a。划线时，划针尖端要紧贴导向工具移动，上部向外侧倾斜 15° ~20°角，向划线方向倾斜 45° ~75°角，见图 2-8b。

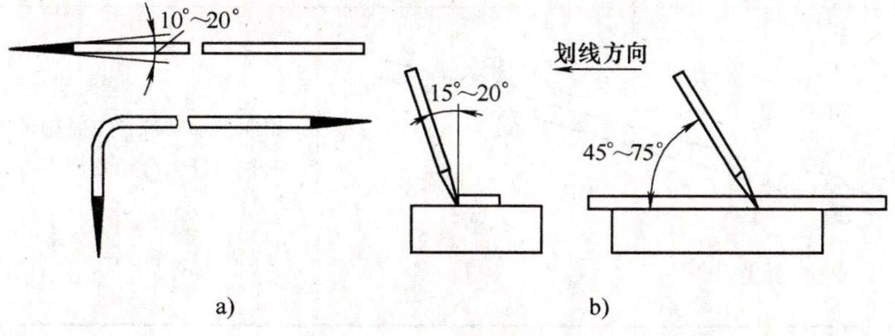

图 2-8 划针及划针的使用

用钝了的划针，可在砂轮或油石上磨锐后再使用，否则划出的线条过粗不精确。

（3）划规在划线中主要用来划圆和圆弧、等分线段、角度及量取尺寸等。钳工用划规有普通划规、弹簧划规和长划规，见表 2-2。

（4）划线盘一般用于立体划线和校正工件位置，如图 2-9 所示。它由底座、立柱、划针和夹紧螺母等组成。夹紧螺母可将划针固定在立柱的任何位置上。划针的尖头用来划线，弯头用来找正工件的位置。划线时，划针应尽量处于水平位置，不要倾斜太大；移动划线盘时，底座底面始终要与划线平台平面贴紧，无摇晃或跳动。使用完后，应将划针的尖头端向下，置于垂直状态，以防伤人和减少所占的空间位置。

（5）高度尺如图 2-10 所示，它由金属直尺和底座组成，用于给划线盘量取高度尺寸。其能直接表示出高度尺寸，分度值一般为 0.02mm，可直接作为精密划线工具。

表 2-2　划规

类别	图　示	说　明
普通划规		结构简单、制造方便。铆合处紧松要适当，两脚长短要一致。在普通划规上可装上锁紧装置，当拧紧锁紧螺钉，则可保持已调节好的尺寸不会松动
弹簧划规		使用时可旋转调节螺母来调节尺寸。此划规适用在光滑面上划线
长划规	锁紧螺钉 滑杆 针尖 针尖	也叫滑动划规，主要用来划大尺寸的圆。使用时在滑杆上滑动划规脚可以得到所需要的尺寸

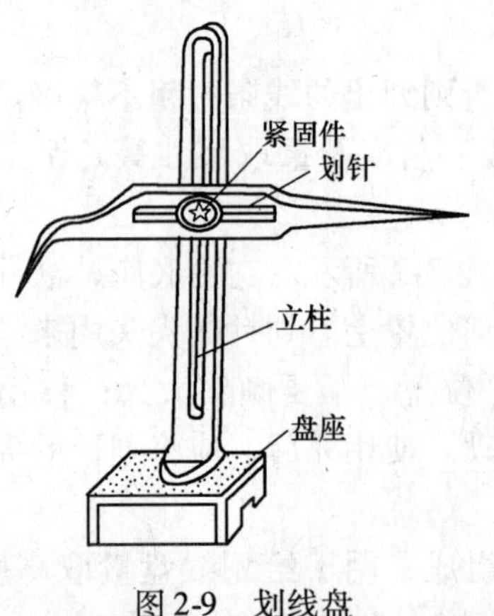

图 2-9　划线盘

图 2-10　高度尺

（6）90°角尺（如图 2-11 所示）在划线时常用作划平行线或垂直线的导向工具，也可用来找正工件平面在划线平板上的垂直位置。

（7）样冲用来对划好的线上打出一些小而均匀的冲眼作为标记，防止工件在搬运、装夹和加工过程中将划好的线抹掉。在圆孔的中心处也要打样冲眼，钻孔时便于钻头对准中心。样冲用工具钢制成，淬火后磨尖，夹角一般为 45°～60°，如图 2-12 所示。

图 2-11　90°角尺

图 2-12　样冲

（8）支承工具用来支承和调整划线工件，以保证工件划线位置的正确性，主要有 V 形铁、千斤顶、方箱、直角铁等。

1）V 形铁是用来安放圆形工件的工具，如轴类、套筒类，如图 2-13 所示。圆形工件安置在 V 形槽内，它的轴线平行于平面，这样就便于用划线盘或高度游标卡尺找出中心或划出中心线，以及完成其他划线工作。V 形铁一般用铸铁制成。V 形铁应成对加工，制成相同尺寸，避免因两个 V 形铁尺寸不同而引起误差。

a) 普通 V 形铁

b) 带夹持弓架的 V 形铁

图 2-13　V 形铁

2）图 2-14 所示为千斤顶结构图，它是用来支承毛坯或不规则工件进行立体划线的，并可以调整工件高度。使用千斤顶支持工件时，以三个为一组作为主要支承。对被支承面或体积较大的工件，为使其稳定可靠，在三个千斤顶间另设支承。为防止工件滑倒造成事故，可在工件下面加垫块等安全措施。

3）方箱是用灰铸铁制成的空心立方体或长方体，其相对平面互相平行、相邻平面互相垂直（图 2-15）。划线时，可用 C 形夹头将工件夹于方箱上，再通过翻转方箱，便可在一次安装情况下，将工件上互相垂直的线全部划出来。方箱上的 V 形槽平行于相应的平面，是装夹圆柱形工件用的。

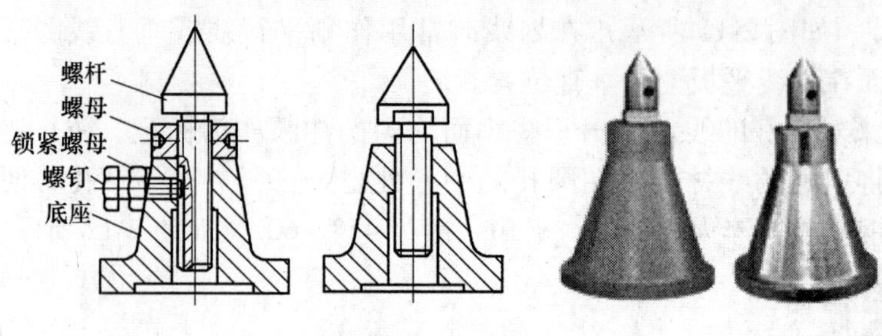

图 2-14　千斤顶

2. 划线前的准备

为了使工件上划出的线条清晰易见，在划线表面上先要涂上一层薄而均匀的涂料。涂料的种类很多，常用的有白灰水和蓝油（俗称“龙胆素”）。白灰水可用于毛坯表面，蓝油可用于已加工表面。

（1）划线操作要点如下。

1）工件准备。包括工件的清理、检查和表面刷涂料。

2）工具准备。按工件图样要求，选择所需工具，并检查和校验工具。

（2）操作注意事项如下。

1）要看懂图样，了解零件的作用，分析零件的加工顺序和加工方法。

2）工件夹持或支承应稳妥，防止滑倒或位移。

3）在一次支承中应将要划出的平行线全部划全，以免再次支承补划，造成误差。

4）正确使用划线工具，划出的线条要准确、清晰。

5）划线完成后，要反复核查尺寸、位置是否正确。

图 2-15　方箱

3. 划线的分类

划线操作有平面划线、立体划线和综合划线 3 种。

（1）只需要在工件的一个表面划线后即能明确表明加工界线，称为平面划线。平面划线是能明确反映出该工件的加工尺寸界限的划线方式，通常用于薄板料与回转体零件端面的划线，如图 2-16 所示。

（2）需要在工件的几个不同角度的表面上（通常是工件长、宽、高方向上）都划出明确表示加工界线的过程，称为立体划线，如图 2-17 所示。

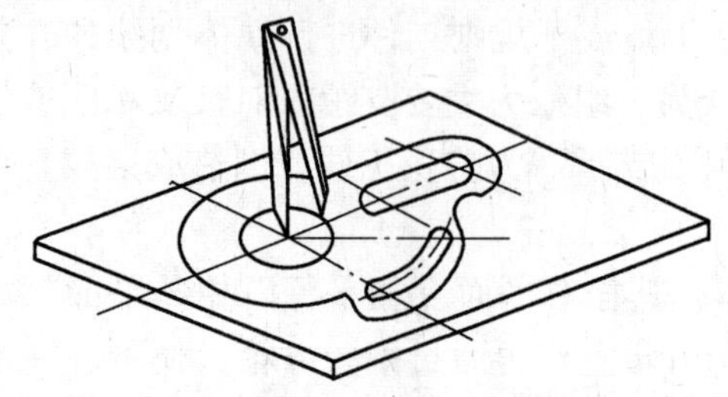

图 2-16　平面划线

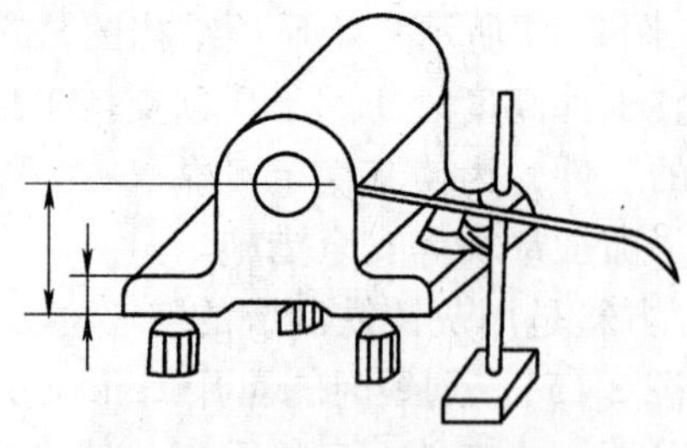

图 2-17　立体划线

（3）综合划线就是既有平面划线又有立体划线的划线方式。

4. 划线基准的选择

在划线时选择工件上的某个点、线、面作为依据，用它来确定工件的各部分尺寸、几何形状及工件上各要素的相对位置，此依据称作划线基准。在零件图样上，用来确定其他点、线、面位置的基准，称为设计基准。

划线应从划线基准开始。选择划线基准的基本原则是应尽可能使划线基准和设计基准重合，这样能够直接量取划线尺寸，简化尺寸换算过程。

划线基准一般根据三种类型选择，见表 2-3。

表 2-3　划线基准

基准类型	示　　例	说　　明
以两个互相垂直的平面（或直线）为基准	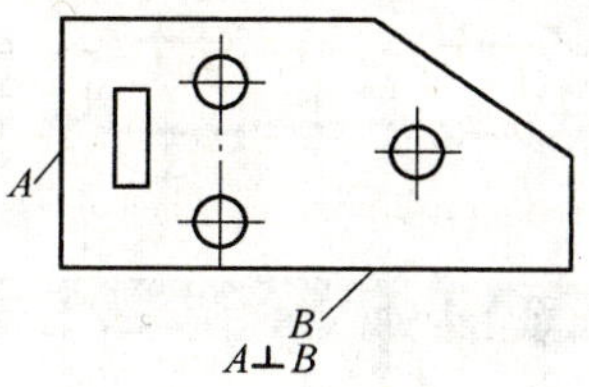 A　B　A⊥B	划线前先把工件加工成两个互相垂直的边或平面，划线时每一方向的尺寸可以它们的边或面作为基准，划其余各线
以相互垂直的一个平面和一条中心线为基准	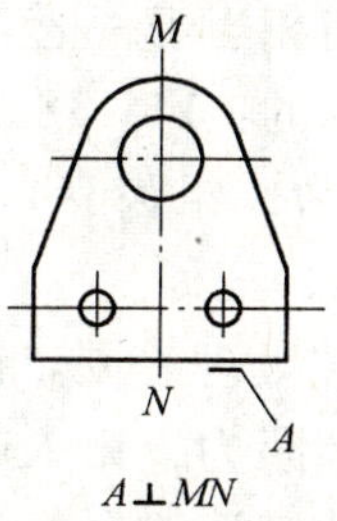 M　N　A　A⊥MN	划线前按工件已加工的边（或面）划出中心线作为基准，然后根据基准划出其余各线
以两条互相垂直的中心线为基准	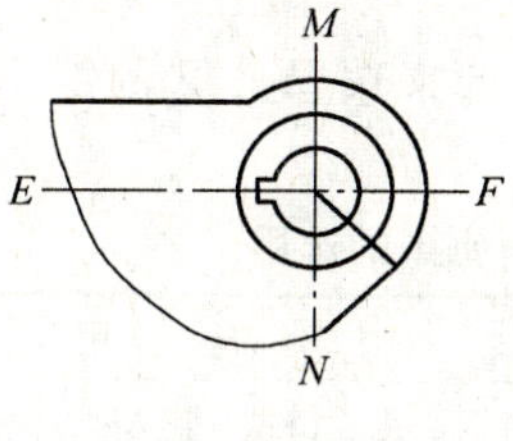 M　E　F　N	划线前先划出工件上两条互相垂直的中心线作为基准，然后根据基准划出其余各线

划线时，在工件各个面上都需要选择一个划线基准。其中平面划线一般选择两个划线基准，立体划线一般选择三个划线基准。

知识点三　锯削、锉削与錾削基本工具的准备

1. 锯削用工具

（1）锯弓。如图 2-18 所示，锯弓的种类有固定式和调节式两种。固定式锯弓只能使用

一种规格的锯条；调节式锯弓由两段组成，可使用几种不同规格的锯条，使用较为方便。

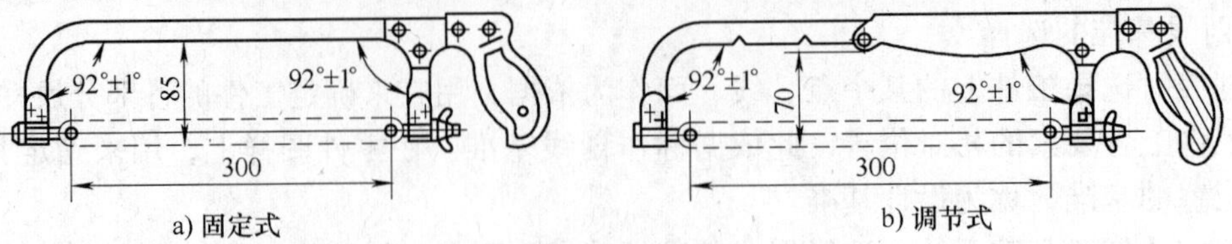

图 2-18 锯弓

（2）锯条。手用锯条一般是 300mm 长的单面齿锯条，其宽度为 12～13mm，厚度为 0.6mm，如图 2-19 所示。

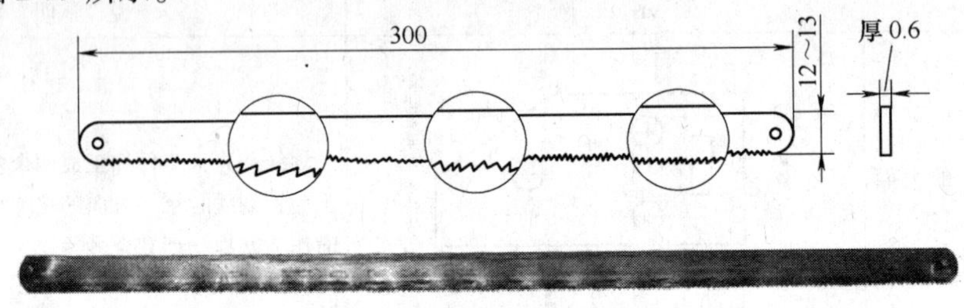

图 2-19 手用锯条

锯条的切削部分由许多锯齿组成，每个锯齿相当于一把刀具，起到切割作用。锯齿有粗细之分，是按锯条上每 25mm 长度内的齿数表示的：14～18 齿为粗齿；24 齿为中齿；32 齿为细齿。锯齿的粗细也可按齿距 t 的大小分为：粗齿（$t=1.6$mm）、中齿（$t=1.2$mm）、细齿（$t=0.8$mm）三种。

锯条是用碳素工具钢或合金钢制成，并经热处理淬硬。锯割时，锯入工件的锯条会受到锯缝两边的摩擦阻力，锯入越深，阻力就越大，甚至会把锯条“咬住”，因此制造时会将锯条上的锯齿按一定规律左右错开排成一定的形状，即锯路，如图 2-20 所示。

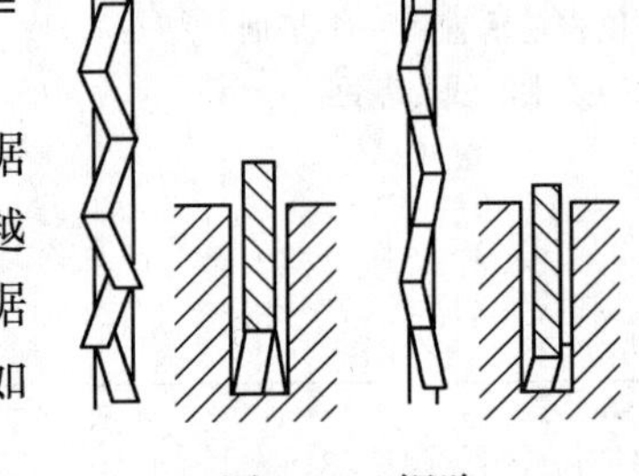

图 2-20 锯路

（3）锯条应根据加工材料的硬度和厚、薄来选择，见表 2-4。

表 2-4 锯条的选用

规格	齿数	应用
粗	14～18	锯削软材料（软钢、黄铜、铝、铸铁、纯铜）和较厚材料
中	22～25	锯削中等硬度钢、厚壁的钢管、铜管
细	32	锯削硬材料和薄材料（工具钢、薄片金属、薄壁管子）
细变中	20～32	一般工厂中使用，易于起锯

2. 锉削用工具

（1）锉刀的结构。锉刀用碳素工具钢（T12、T12A）制成，经热处理后其切削部分硬度达到 62～72 HRC。锉刀由锉身和锉柄两部分组成，各部分的名称如图 2-21 所示。

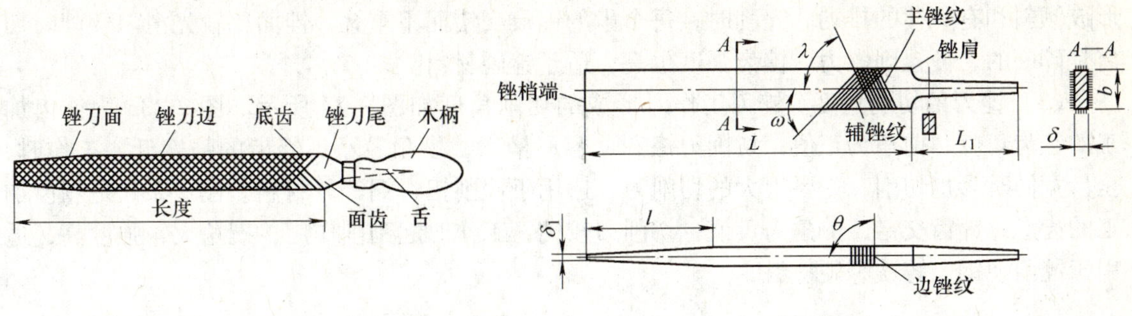

图 2-21 锉刀结构

1）锉身是锉梢端至锉肩之间所包含的部分。无锉肩的锉刀如整形锉和异形锉则以锉纹长度部分为锉身。

2）锉柄是锉身以外的部分（L_1 部分），是用来安装锉刀柄的部分。

3）锉身平行部分是锉身中素线互相平行的部分。

4）梢部是锉身截面尺寸开始逐渐缩小的始点到梢端之间的部分（l 部分）。

5）主锉纹就是在锉刀工作面上起主要锉削作用的锉纹。

6）主锉纹覆盖的锉纹是辅锉纹。

7）锉刀窄边或窄面上的锉纹是边锉纹。

8）主锉纹与锉身轴线的最小夹角称为主锉纹斜角 λ。

9）辅锉纹与锉身轴线的最小夹角称为辅锉纹斜角 ω。

10）边锉纹与锉身轴线的最小夹角称为边锉纹斜角 θ。

锉刀面是锉削的主要工作面，其前端做成凸圆弧形，上下两面都有锉齿，便于进行锉削。

锉刀边是指锉刀的两个侧面，有的没有齿，有的其中一边有齿。没有齿的一边叫光边，它可使锉削内直角的一个面时，不伤着邻面。

锉刀舌是用来装锉刀柄的。锉刀柄是木质的，在安装孔的一端应套有铁箍。

（2）锉齿和锉纹。锉齿是锉刀用以锉削的齿形，有剁齿和铣齿两种。剁齿系由剁锉机剁成。锉纹是锉齿排列的图案。锉刀的齿纹有单齿纹和双齿纹两种，如图 2-22 所示。

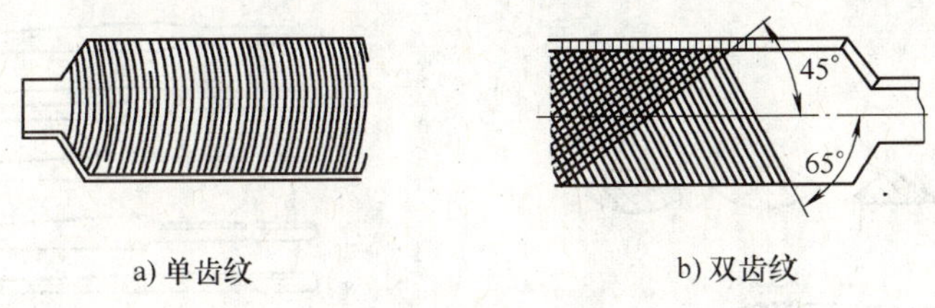

a) 单齿纹　　b) 双齿纹

图 2-22 锉刀的齿纹

单齿纹是指锉刀只有一个方向的齿纹，多为铣制齿，正前角切削，齿的强度弱，全齿宽同时参加切削，需要较大的切削力，因此适用于锉削软材料。双齿纹是指锉刀上有两个方向排列的齿纹，双齿纹大多为剁齿，先剁上去的为底齿纹（齿纹浅），后剁上去的为面齿纹（齿纹深），使面齿纹和底齿纹的方向和角度不一样。这样形成的锉齿，沿锉刀中心线方向形成倾斜和有规律的排列。锉削时，每个齿的锉痕交错而不重叠，锉面比较光滑。锉削时切屑是碎断的，使锉削省力。锉齿强度也高，适于锉硬材料。

（3）锉刀的切削角度。锉刀工作时形成的切削角度如图 2-23 所示。图 2-23a 为铣齿加工的锉齿角度，前角为正值，切削刃锋利，容屑槽大，楔角较小，锉齿的强度低，工作时，全齿宽同时参加切削，需要很大的切削力，适用于锉削铝、铜等软材料。图 2-23b 是剁齿加工的齿形，锉齿交错，前角为负值，切削刃较钝，工作时起刮削作用，楔角大，强度高，适用于锉削硬钢、铸铁等硬材料。

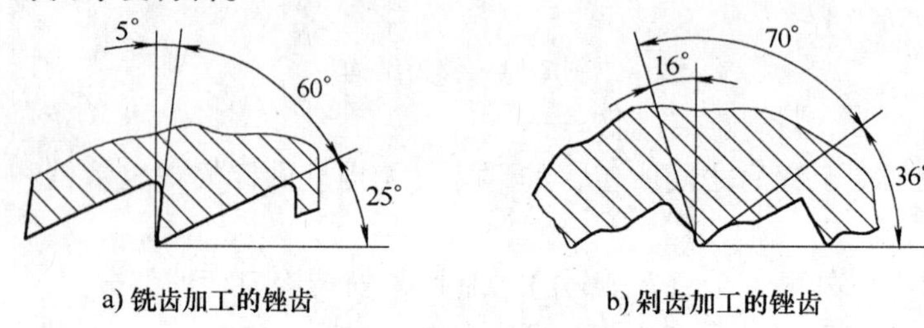

a) 铣齿加工的锉齿　　b) 剁齿加工的锉齿

图 2-23　锉刀的切削角度

（4）锉刀的种类。锉刀主要分钳工锉、异形锉和整形锉三类。钳工常用锉刀是钳工锉。

1）钳工锉是钳工常用的锉刀，钳工锉按其断面形状又可分为齐头扁锉、尖头扁锉、矩形锉为半圆锉、圆锉和三角锉，以适应各种表面的锉削。钳工锉的断面形状如图 2-24 所示。

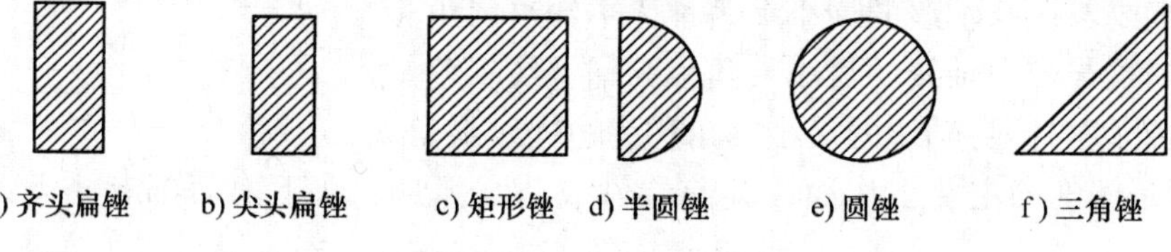

a) 齐头扁锉　b) 尖头扁锉　c) 矩形锉　d) 半圆锉　e) 圆锉　f) 三角锉

图 2-24　钳工锉的种类

2）异形锉是用来加工零件特殊表面用的，有弯头和直头两种，如图 2-25 所示。

3）整形锉用于修整工件上细小的部分，它由 5 把、8 把、10 把或 12 把不同断面形状的锉刀组成一组，如图 2-26 所示。

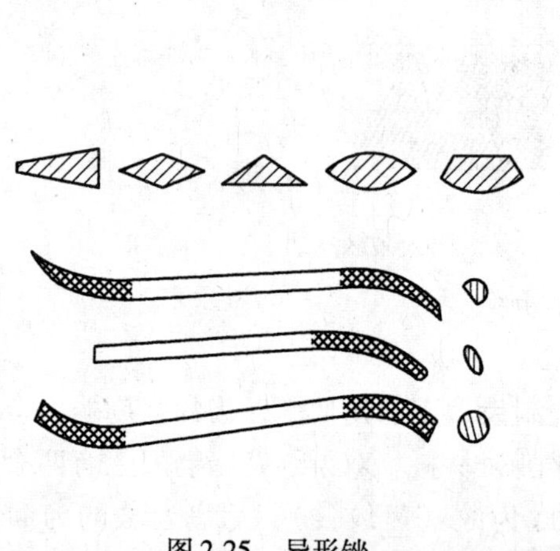

图 2-25　异形锉

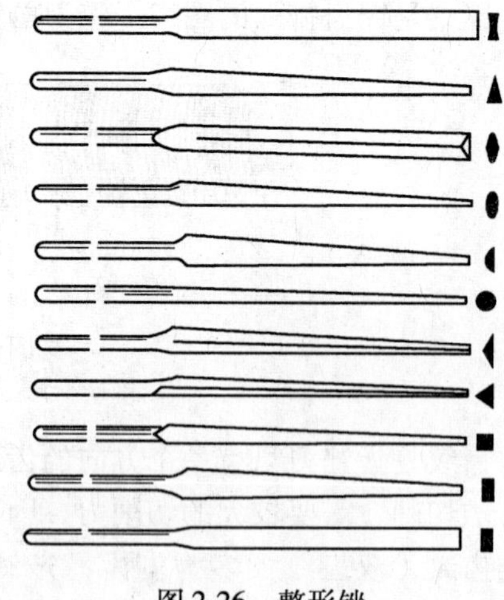

图 2-26　整形锉

（5）锉刀的规格。各种类别、规格的锉刀，按规定，可用锉刀编号表示。锉刀编号依次是由类别代号、型式代号、规格、锉刀纹号组成。锉刀类别与形式代号见表2-5。

表2-5　锉刀的类别与形式代号

类别	类别代号	型式代号	型式	类别	类别代号	型式代号	型式
钳工锉	Q	01	齐头扁锉	整形锉	Z	01	齐头扁锉
		02	尖头扁锉			02	尖头扁锉
		03	半圆锉			03	半圆锉
		04	三角锉			04	三角锉
		05	矩形锉			05	矩形锉
		06	圆锉			06	圆锉
异形锉	Y	01	齐头扁锉			07	单面三角锉
		02	尖头扁锉			08	刀形锉
		03	半圆锉			09	双半圆锉
		04	三角锉			10	椭圆锉
		05	矩形锉			11	圆边扁锉
		06	圆锉			12	菱形锉
		07	单面三角锉				
		08	刀形锉				
		09	双半圆锉				
		10	椭圆锉				

锉刀的其他代号规定如下：p表示普通型；b表示薄型；h表示厚型；z表示窄型；t表示特窄型；l表示螺旋型。锉齿的粗细规格是按锉刀齿纹的齿距大小来表示的，其粗细等级化具体数值见表2-6。

表2-6　钳工锉的锉纹参数

规格/mm	主锉纹条数					辅锉纹条数
	锉纹号					
	1	2	3	4	5	
100	14	20	28	40	56	为主锉纹条数的75%～95%
125	12	18	25	36	50	
150	11	16	22	32	45	
200	10	14	20	28	40	
250	9	12	18	25	36	
300	8	11	16	22	32	
350	7	10	14	20	—	
400	6	9	12	—	—	
450	5.5	8	11	—	—	
公差	±5%（其公差值不足0.5条时可圆整为0.5条）					

（续）

规格/mm	边锉纹条数	主锉纹斜角 λ		辅锉纹斜角 ω		边锉纹斜角 θ
		1～3号锉纹	4～5号锉纹	1～3号锉纹	4～5号锉纹	
100 125 150 200 250 300 350 400 450	为主锉纹条数的100%～120%	65°	72°	45°	52°	90°
公差	±5°					

注：扁锉可制成二面边纹、一面边纹或不制边纹。三角锉、半圆锉可制边纹。

（6）锉刀的选用。

1）齿粗细的选择。锉刀齿的粗细要根据被加工工件的余量大小、加工精度、材料性质来选择。粗齿锉刀适用于加工大余量、尺寸精度低、几何公差大、表面粗糙度数值大、材料软的工件；反之应选择细齿锉刀。各种粗细齿锉刀的加工范围请参考表2-7，使用时，要根据工件要求的加工余量、尺寸精度和表面粗糙度 *Ra* 值的大小来选择。

表2-7　各类锉刀能达到的加工精度

锉刀	适用场合		
	加工余量/mm	尺寸精度/mm	表面粗糙度 *Ra*/μm
粗锉	0.5～1	0.2～0.5	100～25
中锉	0.2～0.5	0.05～0.2	12.5～6.3
细锉	0.05～0.2	0.01～0.05	12.5～3.2

2）锉刀尺寸规格的选用。锉刀尺寸规格应根据被加工工件的尺寸和加工余量来选用。加工尺寸大、余量大时，要选用大尺寸规格的锉刀，反之要选用小尺寸规格的锉刀。

3）锉刀齿纹的选用。锉刀齿纹要根据被锉削工件材料的性质来选用。锉削铝、铜、软钢等软材料工件时，最好选用单齿纹（铣齿）锉刀（或者选用粗齿锉刀）。单齿纹锉刀前角大，楔角小，容屑槽大，切屑不易堵塞，切削刃锋利，容易锉削。锉削硬材料或精加工工件时，要选用双齿纹（剁齿）锉刀（或细齿锉刀）。双齿纹锉刀的每个齿交错不重叠，锉刀平整，锉痕均匀、细密，锉削的表面精度高。

3. 錾削用工具

（1）錾子一般用优质碳素工具钢锻成，并经过刃磨和热处理，硬度可达56～63HRC。它由头部、柄部和切削部分组成，如图2-27所示。头部是锤子的打击部分，有一定的锥度，顶部略带球形，柄部是手握部分。

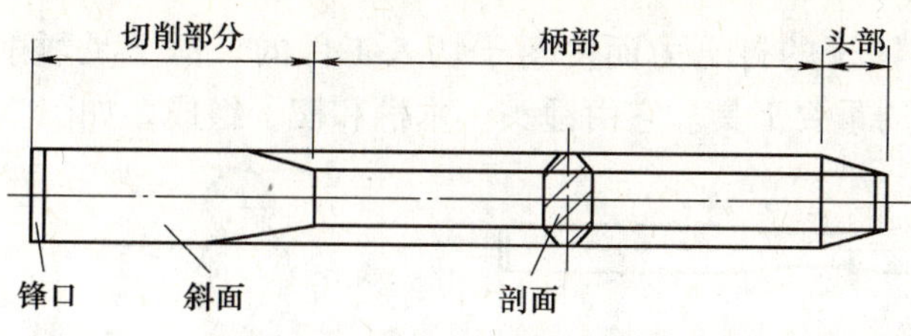

图 2-27 錾子的结构

1）錾子的种类与用途。根据錾子锋口的不同，錾子可分为扁錾、尖錾、油槽錾三种。其结构特点和用途见表 2-8。

表 2-8 錾子的结构特点和用途

錾子的种类	结构特点	图示	用途说明
扁錾	切削部分扁平、切削刃略带圆弧	35°～70°	用于去除凸缘、毛边和分割材料
尖錾	切削刃较强，切削部分的两个侧面从切削刃起向柄部逐渐变狭成锥形		用于錾槽和分割曲线板料
油槽錾	切削刃强，并呈圆弧形或菱形，切削部分常做成弯曲形状		用于錾削润滑油槽

2）錾子切削时的几何角度如图 2-28 所示。它的主要角度有三个：楔角、后角和前角。

①楔角。它是前刀面与后刀面之间的夹角，用符号 β_o 表示。錾削工具钢等硬材料时，β_o 取 60°～70°；錾削中等硬度材料时，β_o 取 50°～60°；錾削铜、铝、锡等软材料时，β_o 取 30°～45°。

②后角。它是后刀面与切削平面之间的夹角，用符号 α_o 表示，其大小由錾子被手握的位置所决定，一般取 5°～8°。后角太大会使切入太深；太小又会使錾子容易滑出而无法錾削。

③前角。它是前刀面与基面之间的夹角。用符号 γ_o 表示，其作用是减少錾削时切屑变形并使錾削轻快省力。前角可由下式来计算：

$$\gamma_o = 90° - (\beta_o + \alpha_o)$$

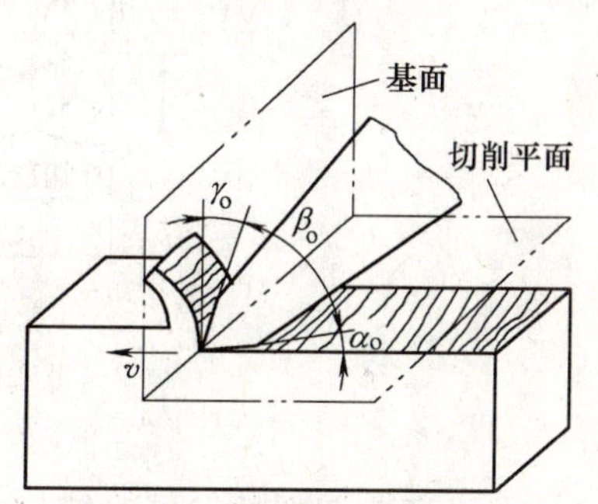

图 2-28 錾子錾削时的几何角度

（2）錾削是利用锤子的打击力而使錾子切入工件的，锤子是錾削工作中重要的工具，也是钳工装拆零件时的重要工具。它由锤头、木柄和楔子组成，如图 2-29 所示。

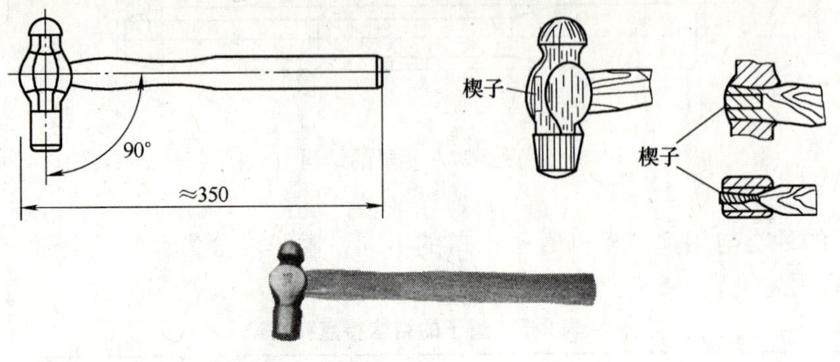

图 2-29　锤子

锤子的重量大小表示锤子的规格，有 0. 25kg、0. 5kg 和 1kg 等几种。锤子用 T7 钢制成，锤柄由比较坚固的木材做成，当木柄敲紧在锤头孔中后，再打入带倒刺的铁楔子，锤头则不易松动，可防止锤击时因锤子脱落而造成事故。

知识点四　认识麻花钻

麻花钻是钳工常用的钻孔刀具。用麻花钻在实心材料上加工孔的方法称为钻孔。钻孔在生产中是一项很重要的工作。

1. 麻花钻的结构组成

麻花钻是钻孔最常用的刀具，一般用高速钢制成，它由工作部分、颈部和柄部组成，如图 2-30 所示。

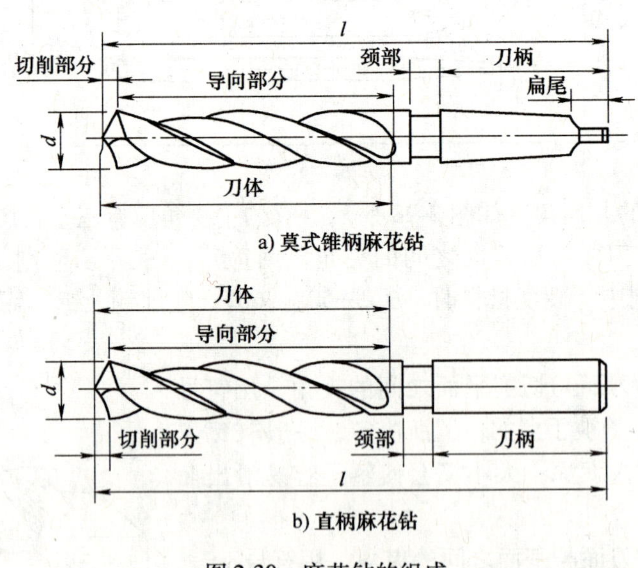

图 2-30　麻花钻的组成

由于高速切削的发展，镶硬质合金的麻花钻也得到了广泛的应用，如图 2-31 所示。

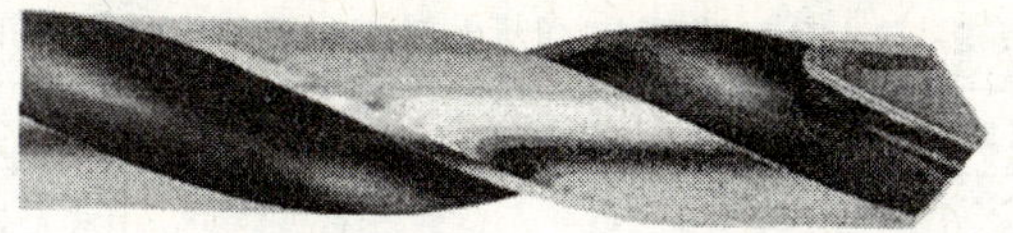

图 2-31 镶硬质合金的麻花钻

（1）刀体是麻花钻的主要切削部分，由切削部分和导向部分组成。切削部分主要起切削作用；导向部分在钻削过程中能起到保持钻削方向、修光孔壁的作用，同时也是切削的后备部分。

（2）直径较大的麻花钻在颈部标有麻花钻的直径、材料牌号与商标。直径较小的直柄麻花钻没有明显的颈部。

（3）麻花钻的柄部在钻削时起夹持定心和传递转矩的作用。麻花钻的柄部有直柄和莫氏锥柄两种。直柄麻花钻的直径一般为 0.3 ~ 16mm。莫氏锥柄麻花钻的直径见表 2-9。

表 2-9 莫氏锥柄麻花钻的直径

莫氏锥柄号（MorseNo.）	No. 1	No. 2	No. 3	No. 4	No. 5	No. 6
钻头直径 d/mm	3 ~ 14	14 ~ 23.02	23.02 ~ 31.75	31.75 ~ 50.8	50.8 ~ 75	75 ~ 80

2. 麻花钻切削部分的几何形状与角度

麻花钻切削部分的几何形状与角度如图 2-32 所示。它的切削部分可看成是正反两把车刀，所以其几何角度的概念和车刀基本相同，但也有其特殊性。

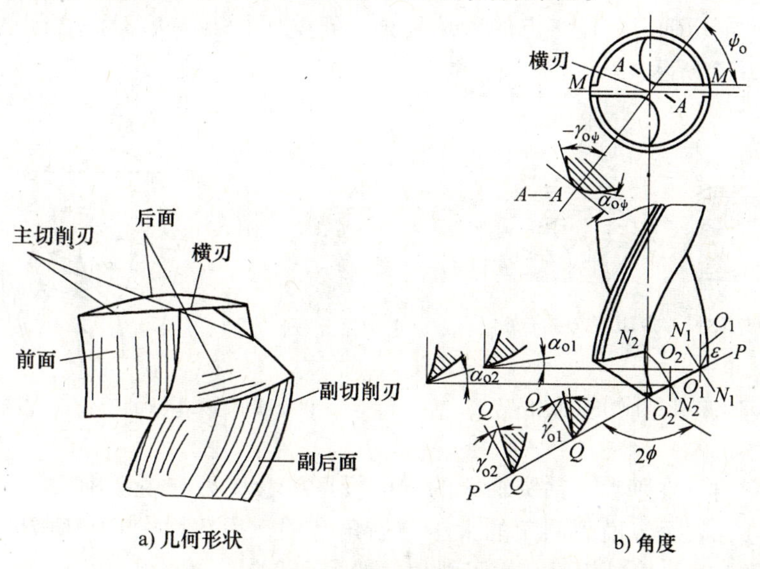

图 2-32 麻花钻切削部分的几何形状与角度

（1）顶角。在通过麻花钻轴线并与两条主切削刃平行的平面上，两条主切削刃投影间的夹角称为顶角，用符号 $2k_r$ 表示。一般麻花钻的顶角 $2k_r$ 为 100° ~ 140°，标准麻花钻的顶角 $2k_r$ 为 118°。在刃磨麻花钻时可根据表 2-10 来判断麻花钻顶角的大小。

表 2-10　麻花钻顶角的大小对切削刃和加工的影响

顶角 $2k_r$	$>118°$	$=118°$	$<118°$
图示			
切削刃形状	凹曲线	直线	凸曲线
对加工影响	顶角大，则切削刃短、定心差，钻出的孔容易扩大；同时前角也增大，使切削省力	适中	顶角小，则切削刃长、定心准，钻出的孔不易扩大；同时前角也减小，使切削阻力大
适用	适用于钻削较硬的材料	适用于钻削中等硬度的材料	适用于钻削较软的材料

顶角增大，则主切削刃上各点主偏角增加，使前角增大，切削厚度增大，切削宽度减小，从而降低切向力和扭矩；但导致切削力的轴向分力所占比例增大，使总轴向力增大。

（2）前角。主切削刃上任一点的前角是过该点的基面与前面之间的夹角，用符号 γ_o 表示。钻头外缘处的前角最大，约为 30°，越近中心前角越小，靠近横刃处的前角约为 −30°，如图 2-33 所示。

（3）后角。主切削刃上任一点的后角是该点正交平面与主后刀面之间的夹角，用符号 α_o 表示，如图 2-34 所示。

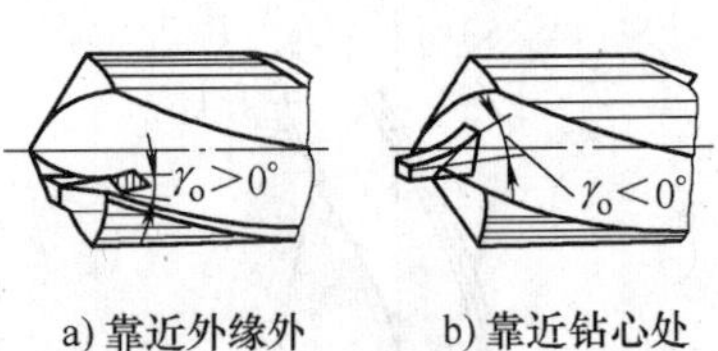

图 2-33　麻花钻前角的变化

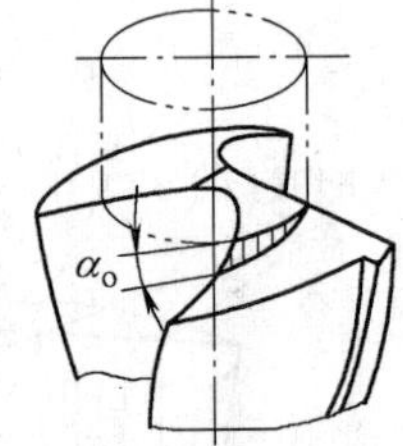

图 2-34　麻花钻的后角（在圆柱面内测量）

（4）横刃斜角。在垂直于钻头轴线的端面投影中，横刃与主切削刃之间的夹角称为横刃斜角，用符号 ψ 表示。横刃斜角的大小与后角有关，后角增大时，横刃斜角减小，横刃也就变长；后角小时，情况相反。横刃斜角一般为 55°。

（5）螺旋角。螺旋角是位于螺旋槽内不同直径处的螺旋线展开成直线后与麻花钻轴线之间的夹角，用符号 β 表示。越靠近钻心处螺旋角越小，越靠近钻头外缘处螺旋角越大。标准麻花钻的螺旋角在 18° ~ 30°之间。螺旋角越大，则前角越大，金属变形及摩擦所需的力均越小，并改善了排屑条件，从而钻削力及扭矩明显降低，如图 2-35 所示。

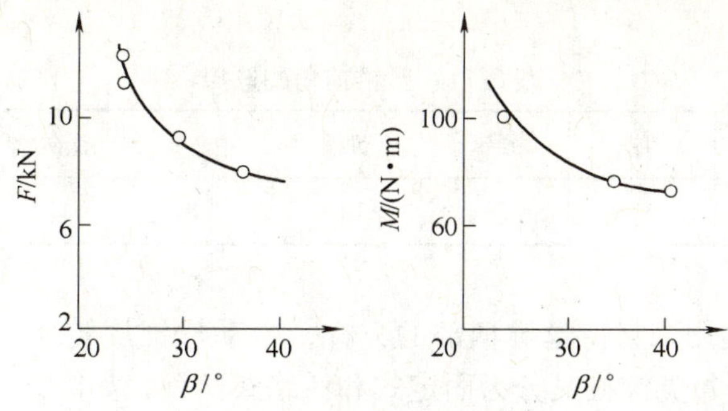

图 2-35　螺旋角对切削力的影响

3. 钻头的磨损

钻削是半封闭的切削方式，钻削时，由于切屑变形、钻头与切屑及工件间的摩擦，使钻头温度上升，同时，钻头各切削刃的切削负荷也不均匀，因此各部分的磨损也很不均匀。一般情况下，钻头的主切削刃、前面、后面、棱边及横刃上都有不同程度的磨损，如图 2-36 所示。但磨损最快的是处于切削速度与温度最高，而强度较弱、散热条件很差的钻头切削刃与棱边交界的转角处。对于铸铁等脆性材料，以转角处的磨损量 VB_C 作为磨钝标准；对于钢料等塑性材料，以转角处后面的磨损量 VB_B 作为磨钝标准。

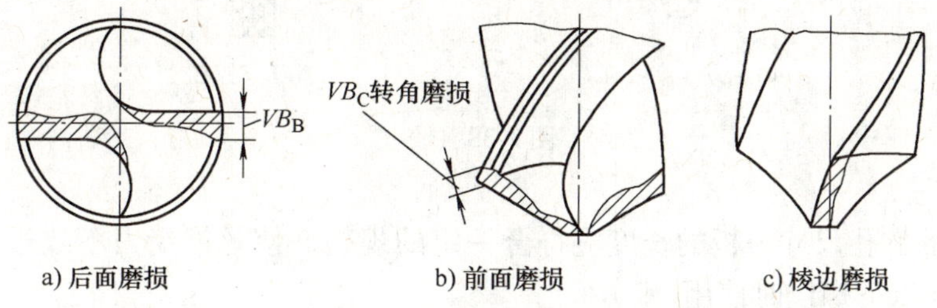

图 2-36　麻花钻的磨损形式

知识点五　认识螺纹加工工具

1. 攻丝设备与工具的认识

用丝锥在工件上切削出内螺纹的加工方法称为攻螺纹。攻螺纹要用丝锥、铰杠和保险夹头等工具。

（1）丝锥。丝锥也叫丝攻，是一种成形多刃刀具，如图 2-37 所示。丝锥的本质即为一螺钉，开有纵向沟槽，以形成切削刃和容屑槽，其结构简单，使用方便，在小尺寸的内螺纹加工上应用极为广泛。丝锥的种类很多，按牙的粗细不同，分为粗牙丝锥和细牙丝锥；按其功能来分，有手用丝锥、机用丝锥、螺母丝锥、板牙丝锥、锥形螺纹丝锥、梯形螺纹丝锥等。

丝锥的前角 $\gamma_o = 8° \sim 10°$，为了适应不同的工件材料，前角可在必要时作适当增减，见表 2-11。切削部分的锥面上磨有后角，手用丝锥 $\alpha_o = 6° \sim 8°$，机用丝锥 $\alpha_o = 10° \sim 12°$，齿侧没有后角。手用丝锥的校准部分没有后角，对 M12 以上的机用丝锥

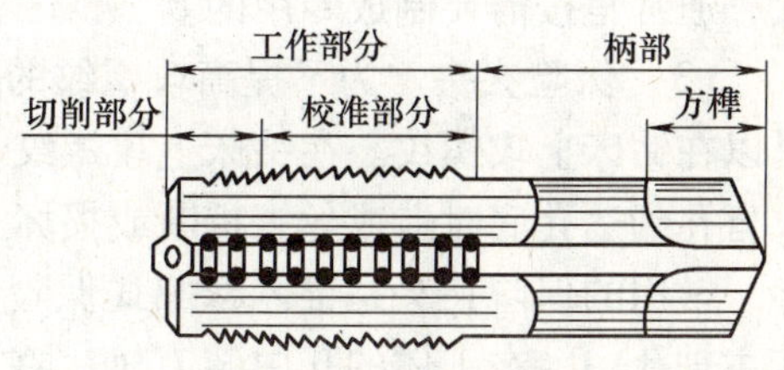

图 2-37　丝锥的结构

刃磨出很小的后角。

表 2-11 丝锥前角的选择

被加工材料	铸青铜	铸铁	硬钢	黄铜	中碳钢	低碳钢	不锈钢	铝合金
前角 γ_o	0°	5°	5°	10°	10°	15°	15°～20°	20°～30°

（2）铰杠。铰杠是用来夹持丝锥柄部的方榫，带动丝锥旋转切削的工具。铰杠有普通铰杠和丁字铰杠两类，每类铰杠又分为固定式和活络式两种，如图 2-38 所示。

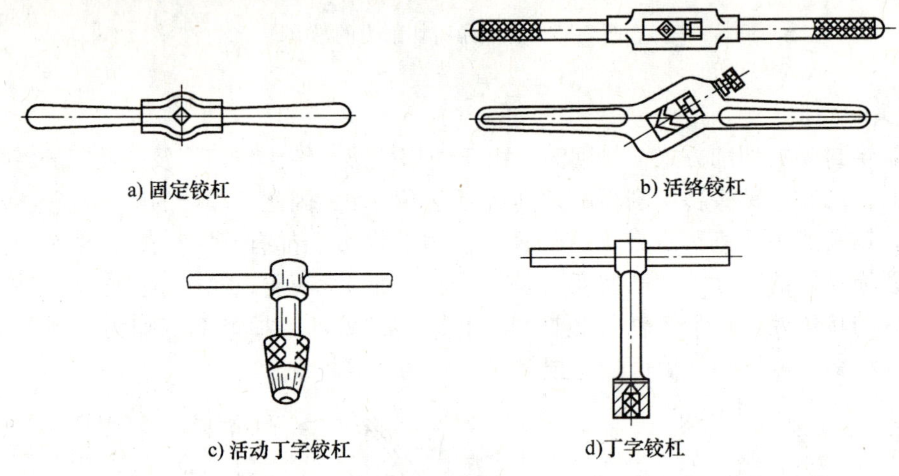

图 2-38 铰杠

固定铰杠的方孔尺寸与板的长度应符合一定的规格，使丝锥受力不致过大，以防折断，一般在攻制 M5 以下螺纹时使用。

活络铰杠的方孔尺寸可以调节，故应用广泛。活络铰杠的规格以其长度表示，使用时根据丝锥尺寸大小合理选用，一般按表 2-12 所列范围选用。

表 2-12 活络铰杠适用范围

活络铰杠规格/mm	6	9	11	15	19	24
适用丝锥范围	M5～M8	M8～M12	M12～M14	M14～M16	M16～M22	M24 以上

丁字铰杠则在攻制台阶旁边或攻制机体内部的螺纹孔时使用。丁字可调节的铰杠是一个四爪的弹簧夹头来夹持不同尺寸的丝锥，一般用于 M6 以下丝锥；大尺寸的丝锥一般用固定式，通常是按需要制成专用的。

（3）保险夹头。为了提高攻螺纹的生产率，减轻工人的劳动强度，当螺纹数量很大时，可以在钻床上攻螺纹。在钻床上攻螺纹时，要用保险夹头来夹持丝锥，避免丝锥负荷过大或攻盲孔到达孔底时造成丝锥折断或损坏工件等现象。

常用的保险夹头是锥体摩擦式保险夹头，如图 2-39 所示。保险夹头本体的锥柄装在钻床主轴孔中，在本体的孔中装有轴，在本体的中段开有四条槽，嵌入四块 L 形锡锌铝青铜摩擦块，其外径带有 1:10 的小锥度与螺套的内锥孔相配合。螺母的轴向位置靠螺钉来固定，拧紧螺套时，通过锥面作用把摩擦块压紧在轴上，本体的动力便传递给轴。轴在本体的孔外部分和钢珠、滑环、可换夹头组成一套快换装置（其原理与快换钻夹头一样）。各种不同规格的丝锥可预先装好在可换夹头的方孔中（可换夹头的方孔可制成多种不同尺寸），并用螺钉压紧丝锥的方榫，操作滑环就可在不停机时调换丝锥。

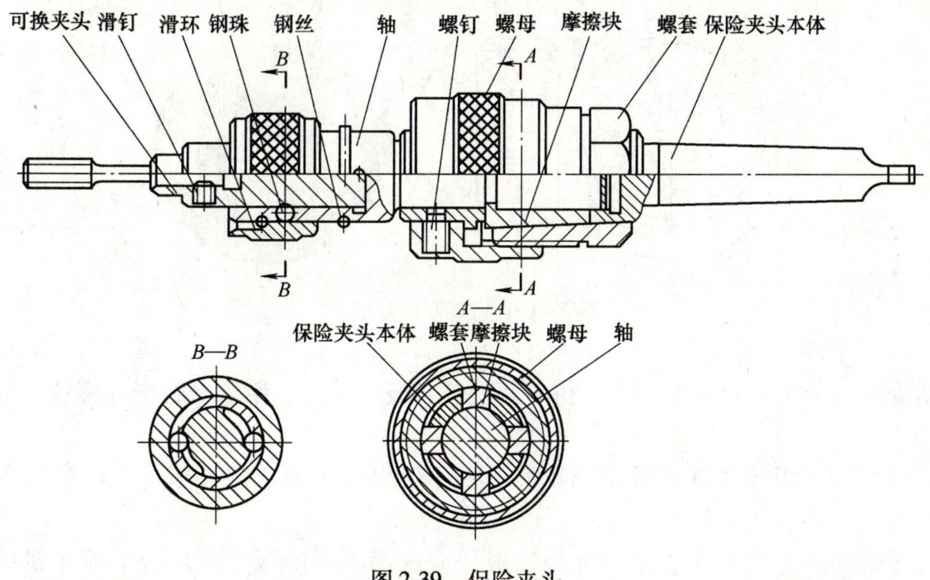

图 2-39 保险夹头

螺套与摩擦块之间依靠小锥度相贴合，所以可传递较大的转矩，攻制 M12 以上螺纹时也适用。攻螺纹时根据不同螺纹直径调节螺套，使其在超过一定的转矩时打滑，起到保险的作用。

2. 套丝设备与工具的认识

利用板牙在圆柱（锥）表面上加工出外螺纹的操作称为套螺纹。

（1）圆板牙。圆板牙是加工外螺纹的标准刀具之一，其外形像螺母，所不同的是在其端面上钻有几个排屑孔而形成刀刃，板牙其切削部分为两端的锥角部分。它不是圆锥面，是经过铲磨后成的阿基米德螺旋面。圆板牙前面就是排屑孔，前角大小沿着切削刃而变化，外径处前角最小。板牙的中间一段是校准部分，也是导向部分，如图 2-40 所示。

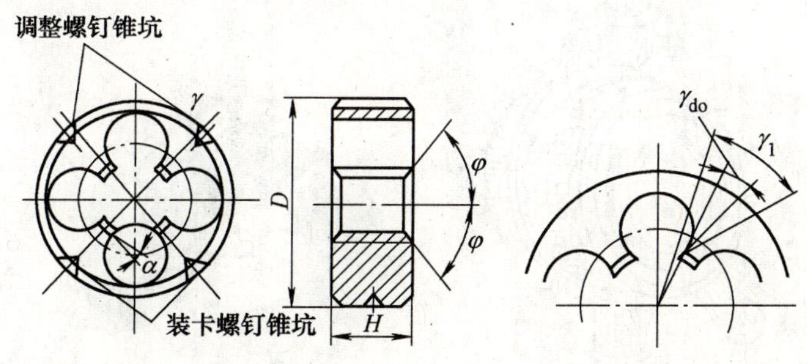

图 2-40 圆板牙的结构

板牙还有管螺纹板牙和活络管子板牙。管螺纹板牙可分为圆柱管螺纹板牙和圆锥管螺纹板牙，其结构与圆板牙相似。但它只是在单面制成了切削锥，如图 2-41 所示，因而圆锥管螺纹板牙只能单面使用。

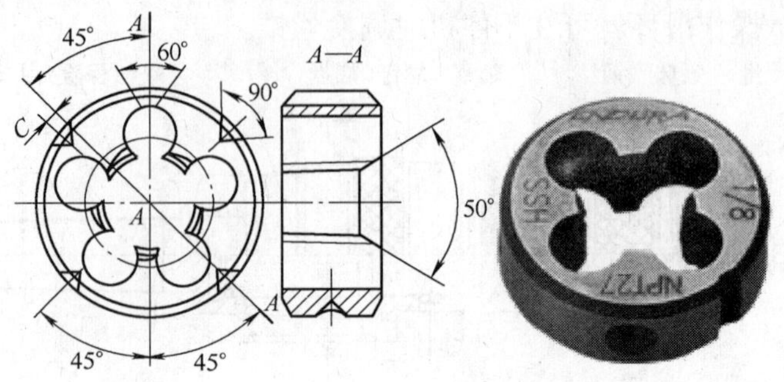

图 2-41　圆锥管螺纹板牙

活络管子板牙 4 块为一组，镶嵌在可调的管子板牙架内，用来套管子外螺纹，如图 2-42 所示。

（2）板牙架。板牙架有圆板牙架和管子板牙架之分，用于装夹板牙，板牙装入后用螺钉紧固。

圆板牙架如图 2-43 所示。不同外径的板牙应选用不同的板牙架。管子板牙架如图 2-44 所示，它用来夹持活络管子板牙，传递扭矩。

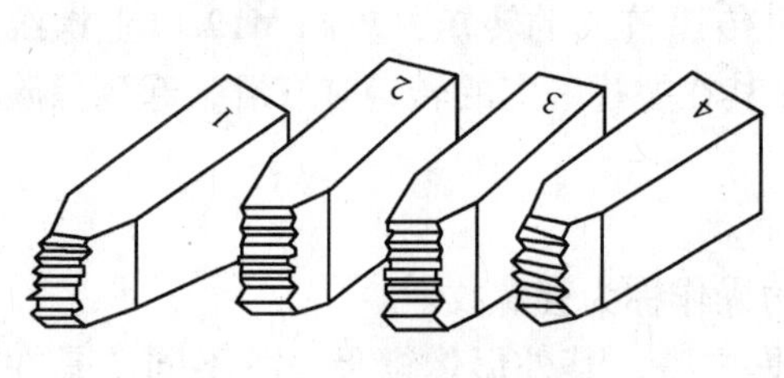

图 2-42　活络管子板牙

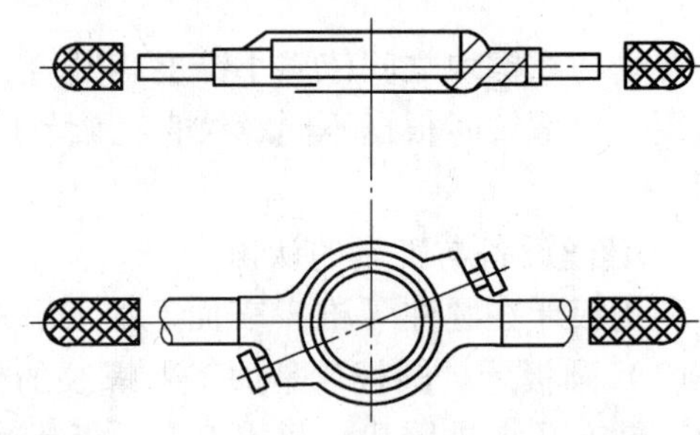

图 2-43　圆板牙架

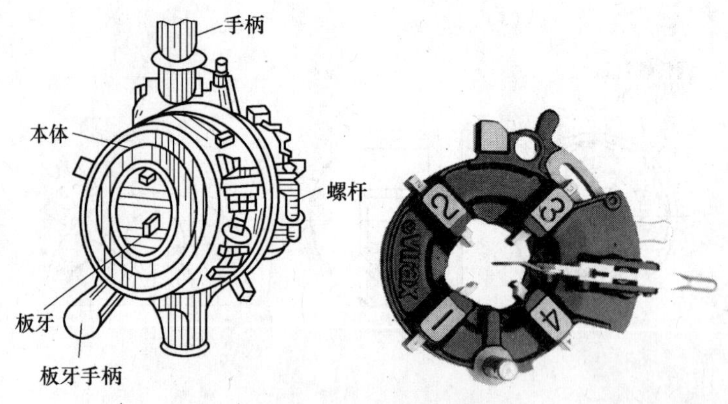

图 2-44　管子板牙架

2.2 项目基本技能

任务一 划线操作

1. 划线工作内容

(1) 划直线。划直线的步骤方法见表2-13。

表2-13 划直线的步骤方法

工作内容	图示	操作说明
用划针划纵直线	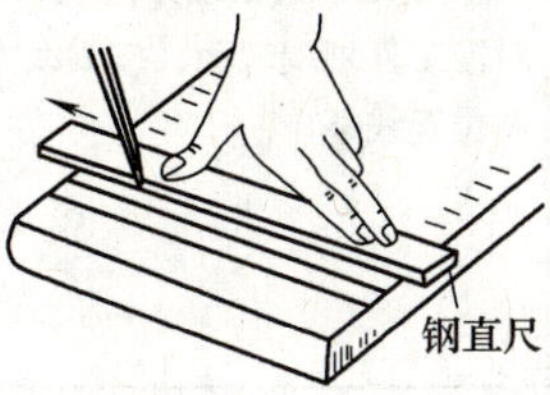 钢直尺	在平板上划线时，选好位置后，全程左手紧紧握住钢直尺，右手划线
	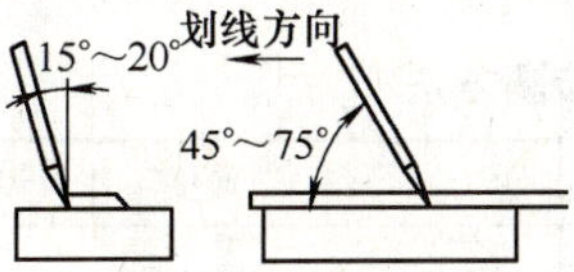 划线方向 15°～20° 45°～75°	划线时划针针尖要紧贴在钢直尺的直角边上，其上部应向外侧倾斜15°～20°，同时要向划线方向倾斜45°～75°。划线时用力一定要适当，最好一次划成，避免因重复划同一条线而产生位置误差
	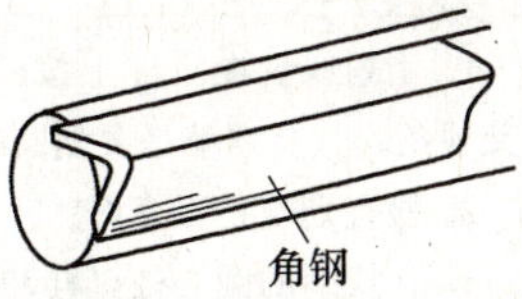 角钢	在圆柱形工件上划与轴线平行的直线时，可使用角钢
用划针划横直线	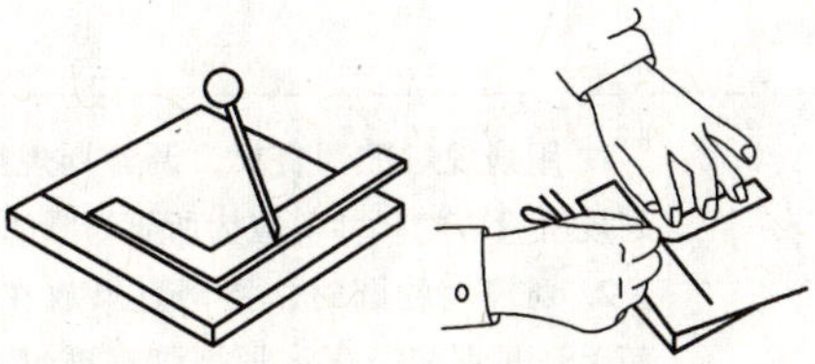	1. 选好位置，安放90°角尺，使角尺边紧紧靠住基准面 2. 左手紧压角尺，右手握划针从下向上划线
用划线盘划直线	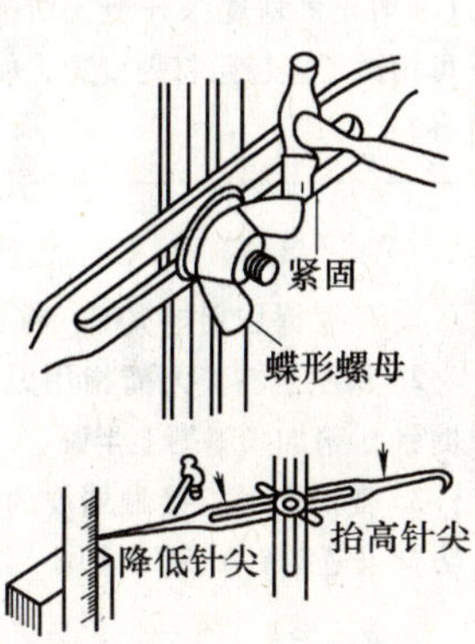 紧固 蝶形螺母 降低针尖 抬高针尖	1. 用钢直尺量取划线尺寸 2. 松开划线盘蝶形螺母，使划针针尖稍向下大致接触到钢直尺所量取的刻度 3. 用手拧紧蝶形螺母，然后用锤子轻轻敲击加以紧固 4. 使划针紧靠钢直尺刻度，用左手紧按住划针底座，同时用锤子轻轻敲打划针针尖处，进行微调尺寸，使针尖刚好接触到钢直尺刻度，然后再紧固蝶形螺母

（续）

工作内容	图　示	操 作 说 明
用划线盘划直线	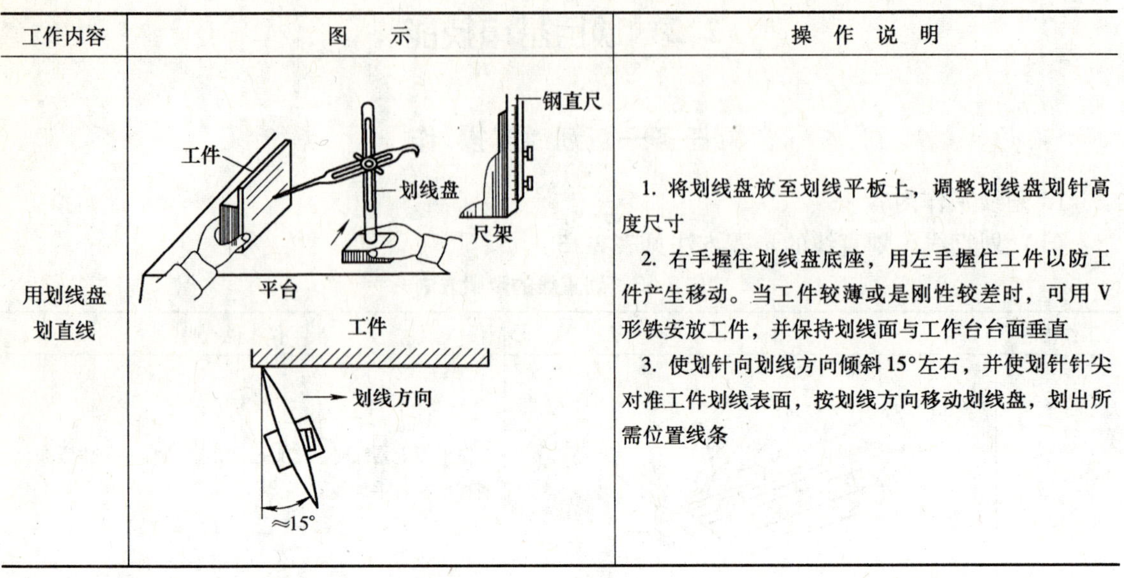 	1. 将划线盘放至划线平板上，调整划线盘划针高度尺寸 2. 右手握住划线盘底座，用左手握住工件以防工件产生移动。当工件较薄或是刚性较差时，可用V形铁安放工件，并保持划线面与工作台台面垂直 3. 使划针向划线方向倾斜15°左右，并使划针针尖对准工件划线表面，按划线方向移动划线盘，划出所需位置线条

（2）划圆。划圆的步骤方法见表2-14。

表2-14　划圆的步骤方法

工作内容	图　示	操 作 说 明
打样冲眼	2　1 45°～60°	1. 用划线盘在工件上按图样位置要求划出两条交叉线条，其交点就是要划圆的圆心 2. 检查划规是否完好 3. 在找到的圆心处打样冲眼
调整划规尺寸	打开　合拢	1. 用划规对准钢直尺，调整划规尺寸（注意此时划规所量取的尺寸值应为所要划圆的半径值） 2. 划较大的圆时，将钢直尺放在工作台台面上，两手张开划规，再将划规脚对准钢直尺，调整尺寸（一般先将划规张开至比所需尺寸稍大些，微调时，可用锤子轻轻敲打划规脚，使其慢慢与钢直尺刻度对齐）
划圆	划上半圆　划下半圆	1. 用手握住划规头部，将划规一只脚对准样冲眼 2. 从左至右，大拇指用力，同时向走线方向（顺时针）稍加倾斜划上半圆 3. 变换大拇指接触划规的位置，使划规从另一个方向（逆时针）划下半圆

2. 划线时的找正和借料

立体划线时在很多情况下是对铸、锻件毛坯划线，各种铸、锻件毛坯由于种种原因，会形成歪斜、偏心、各部分壁厚不均匀等缺陷。当几何误差不大时，可通过划线找正和借料的方法补救。

（1）找正。找正就是利用划线工具，通过调节支承工具，使工件有关的毛坯表面都处于合适的位置。

找正时应注意的问题如下。

1）毛坯上有不加工的表面时，应按不加工表面找正后再划线，这样可以使加工表面和不加工表面之间保持尺寸均匀。

如图2-45所示的轴承毛坯，其内孔和外圆不同心，底面和上平面 A 不平行，划线前应以外圆为依据，用划规划出其中心，然后按求出的中心划出内孔的加工线，这样内孔与外圆就可达到同心要求。在轴承座底面划线前，同样应以上平面（A 面）为依据，用划线盘找正水平位置，然后划出底面加工线，这样，底座各处的厚度就较为均匀了。

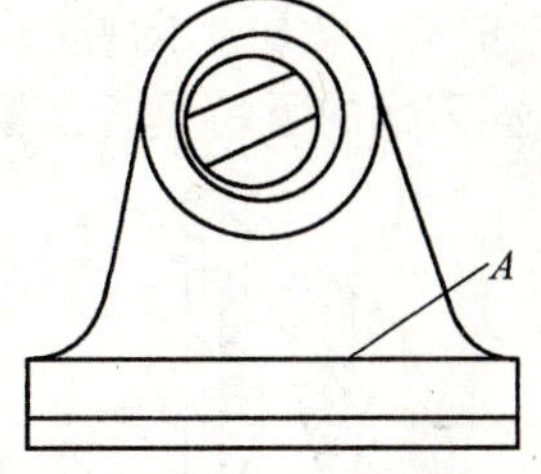

图2-45　毛坯件的找正

2）工件上有两个以上不加工表面时，应选重要的或较大的不加工表面为找正依据，并兼顾其他不加工表面，这样可使划线后的加工表面与不加工表面的尺寸较为均匀，而使误差集中到次要或不明显的位置。

3）工件上没有不加工表面时，可通过对各自需要加工的表面自身位置找正后再划线。这样可以使各个加工表面的加工余量均匀，避免加工余量相差悬殊。

4）对体积小的工件，不宜采用千斤顶支承，应固定在方箱或待定的夹具上进行划线。

5）对找正中容易出现倾倒、位移等不安全现象的工件，应准备相应的辅助夹具，采取可靠的措施，如吊链、垫木等以增加保护作用。

6）选择第一划线位置时，应以工件加工部位的主要中心线和重要加工线都平行或垂直于划线平台的基准为依据，以便找正。

（2）借料。当毛坯尺寸、形状位置上的误差和缺陷难以用划线的方法补救时，就需要用借料的方法来解决。

借料就是通过试划线和调整，使各加工表面余量互相借用，合理分配，从而保证各加工表面都有足够的加工余量，而使误差和缺陷在加工后排除。

借料划线时，应首先测量出毛坯的误差程度，确定借料的方向和大小，然后从基准开始逐一划线。当发现某一加工面的余量不足时再借料，重新划线，直至各加工表面都有允许的最小加工余量为止。但是如果毛坯误差超出许可范围，就不能利用借料来补救了。

例如，轴类工件的借料，应借调中心孔或外圆夹紧定位部位，使两端外圆都有一定的余量；套类工件借料时，应借调内孔和外圆的加工余量，使缺陷或误差得到调配；箱体类工件借料时，应以内孔的中心线调配中心距（两孔中心距或孔对平面中心距），保证加工余量和装配要求。

划线时的找正和借料工作是密切结合的，只有互相兼顾，才能做好划线工作。

任务二 锉 削 操 作

1. 锉削的姿势

（1）站立位置锉削时，面向台虎钳，两脚站在台虎钳中心线左侧，右腿伸直，左脚向前迈出大半步，左腿稍弯，左脚与台虎钳垂直方向约成30°，右脚与台虎钳垂直方向约成75°，如图2-46所示；身体稍向前倾，重心落于左脚，右小臂与工件表面始终保持水平。

（2）锉刀柄的装卸。锉刀要装好柄后才能使用。柄的木料要坚韧，并用金属环箍套在柄上，以防破裂。

锉刀柄安装的孔深度约等于锉刀尾的长度，孔的大小约能使锉刀尾自由插入1/2，然后按如图2-47所示的方法，先用左手扶柄，用右手将锉刀尾插入锉柄内，放开左手，用右手将锉刀柄的下端垂直镦紧，镦入长度约等于锉刀尾的3/4。

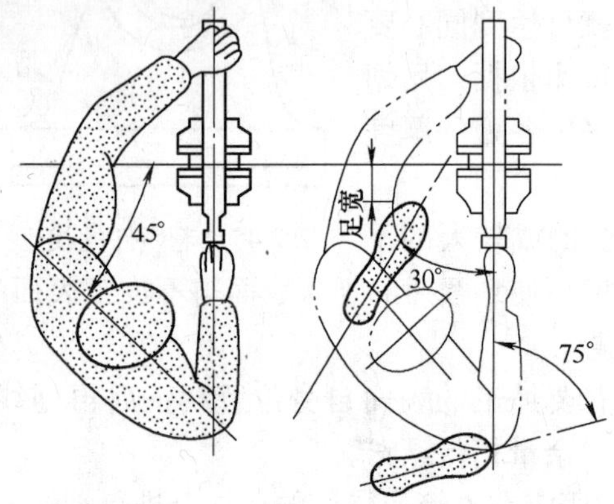

图2-46 锉削时站立的位置

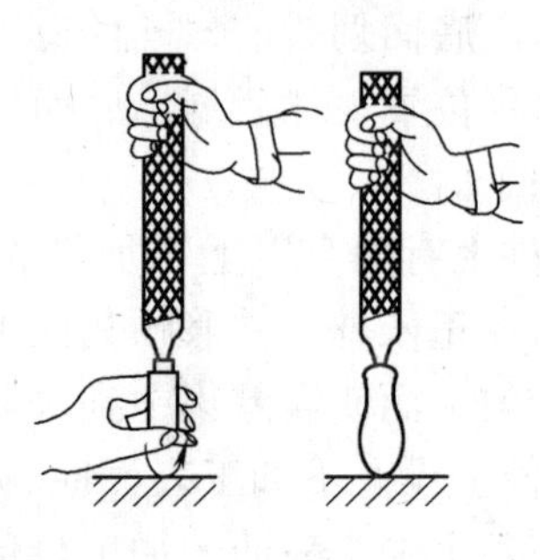

图2-47 锉刀柄的安装

拆卸锉刀柄时可在台虎钳或钳台上进行，如图2-48所示。在台虎钳上拆卸锉刀柄时，将锉刀柄搁在台虎钳钳口中间，用力向下镦拉出来；在钳台上拆卸锉刀柄时，把锉刀柄向台边略用力撞击，利用惯性作用使它脱开。

（3）锉刀的握法。锉刀的种类很多，使用的方法也不一样，所以锉刀的握法也不一样。图2-49所示是较大锉刀的握法。右手心抵着锉刀柄的端面，大拇指放在锉刀柄的上面，其余四指放在下面，配合大拇指捏住锉刀柄。左手的掌部压在锉刀前端上面，拇指自然伸直，其余四指弯向手心，用食指、中指捏住锉刀前端。

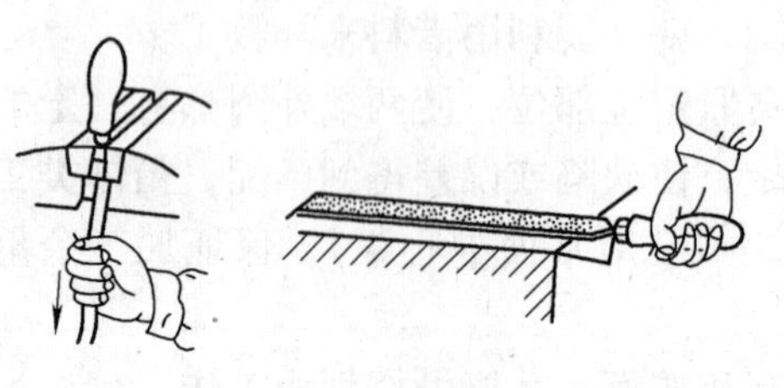

图2-48 锉刀柄的拆卸

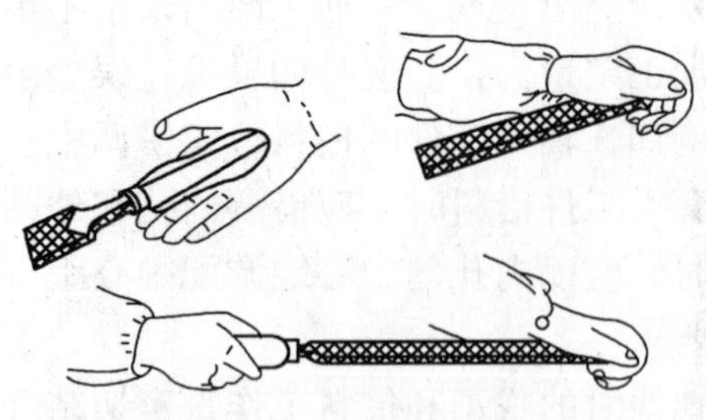

图2-49 大锉刀的握法

对于中型锉刀，则采用如图 2-50 所示的握法。右手握法与较大锉刀的握法一样，左手只需大拇指和食指捏住锉刀的前端。而对于较小的锉刀，则采用如图 2-51 所示的握法。用左手的几个手指压在锉刀的中部，右手食指伸直靠住锉刀边。对于整形锉，则采用如图 2-52 所示的握法。一般只用一只手拿着锉刀，食指放在上面，拇指放在左侧。

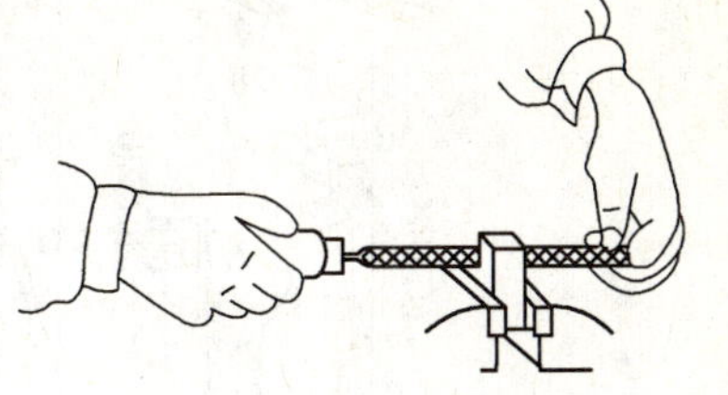
图 2-50 中型锉刀的握法

（4）锉削的力度和速度。要锉出平直的平面，必须使锉刀保持水平直线的锉削运动。这就要求锉刀运动到工件加工表面任意位置时，锉刀前后两端的力矩相等，因而锉刀前进时左手所加的压力由大逐渐减小，而右手压力由小逐渐增大，如图 2-53 所示。回程时不加压力，以减少锉齿的磨损。

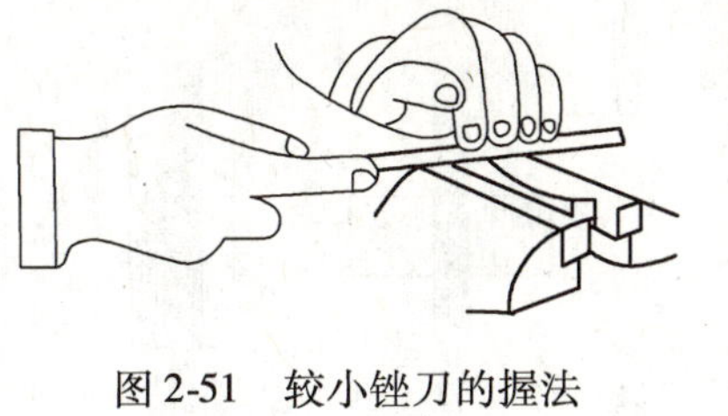
图 2-51 较小锉刀的握法

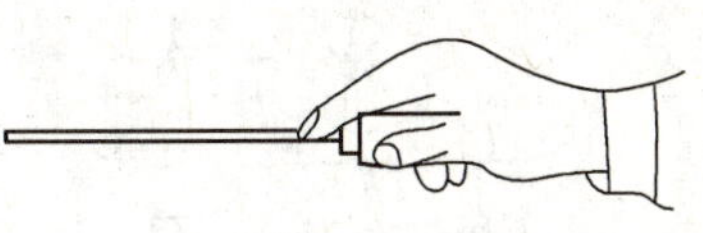
图 2-52 整形锉的握法

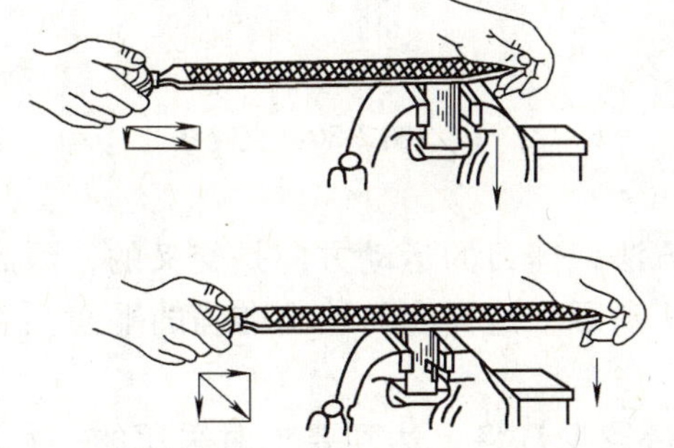
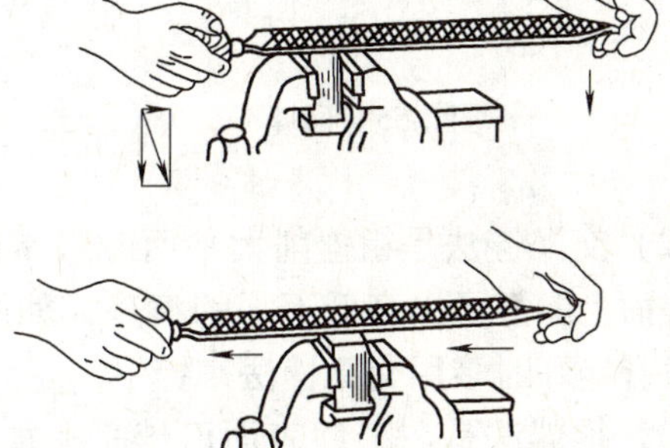
图 2-53 锉平面时的两手用力

（5）锉削的过程。锉削的过程就是推锉和回锉。

1）推锉。推锉开始时，身体向前倾斜 10°左右，右肘尽量收缩，最初 1/3 行程时，身体前倾至 15°左右，左膝稍有弯曲；锉至 2/3 时，右肘向前推进锉刀，身体逐渐倾斜至 18°左右；锉至最后 1/3 行程时，右肘继续推进锉刀，身体则随锉削时的反作用力自然地退回至 15°左右，如图 2-54 所示。

2）回锉。当推锉完成后，两手顺势将锉刀提高至锉削的表面平行收回，此时两手不加力。当回锉结束后，身体仍然前倾，作第二次锉削，如图 2-55 所示。

2. 锉削的方法

锉削的方法有直锉法、交叉锉法和推锉法三种。

（1）直锉法是普通的锉削方法，锉刀的运动方向是单方向的，如图 2-56 所示。为了能均匀地锉削工件表面，每次退回锉刀后，锉刀的位置较前一次向左（或向右）移动 5 ~ 10mm。锉窄平面时，锉刀可沿着工件长度方向直锉而不必移动。

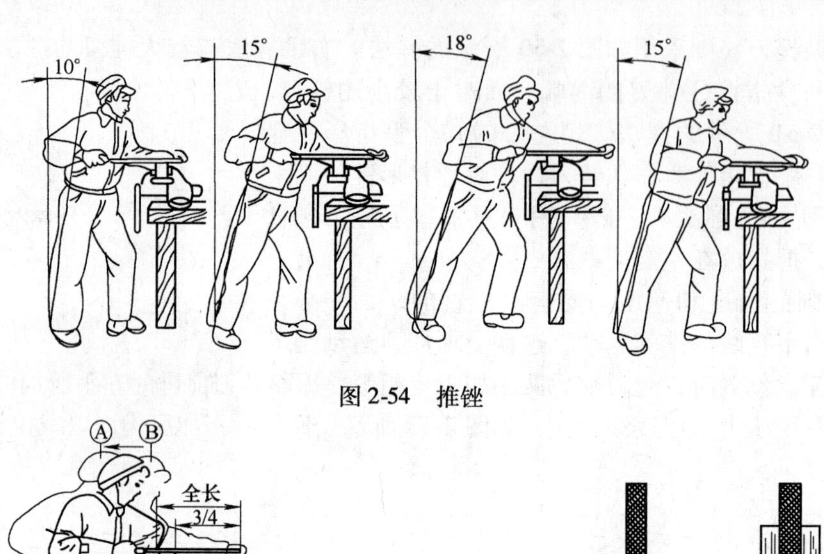

图 2-54　推锉

图 2-55　回锉

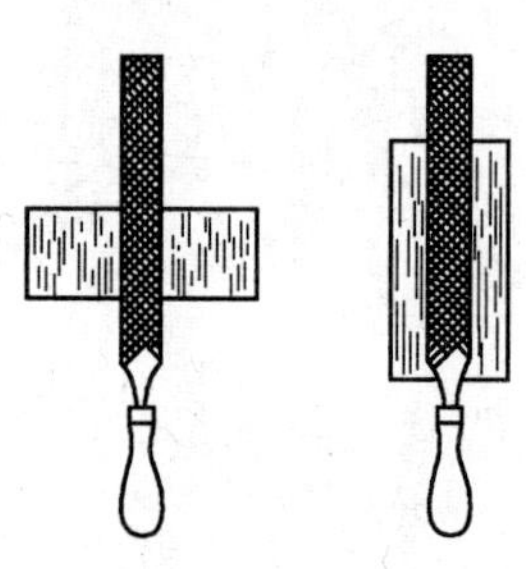

图 2-56　直锉法

（2）交叉锉法是粗锉削大平面时最常用的方法，锉刀的运动方向是交叉的，因此，工件的锉面上能显示出高低不平的痕迹，如图 2-57 所示，这样容易锉出准确的平面。一般在平面没有锉好时多用交叉锉法来锉平。

（3）推锉法是在工件表面已锉平，加工余量较少且将要达到要求时采用的一种方法。这种方法可顺直锉纹，修正工件尺寸。推锉法如图 2-58 所示，锉削时，两手横握锉刀身，拇指接近工件，用力应一致，平衡地沿着工件表面推拉锉刀。

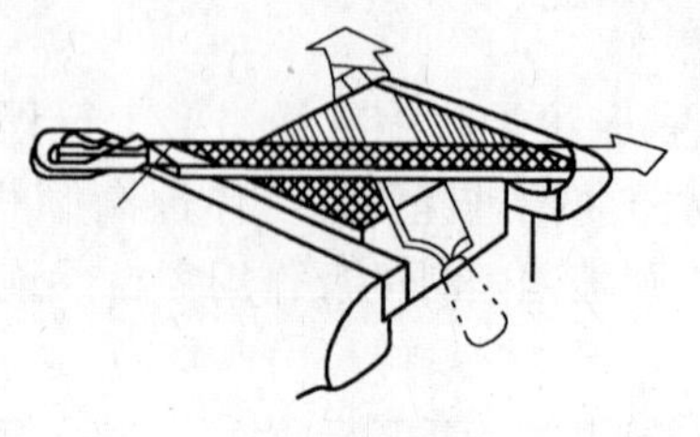

图 2-57　交叉锉法

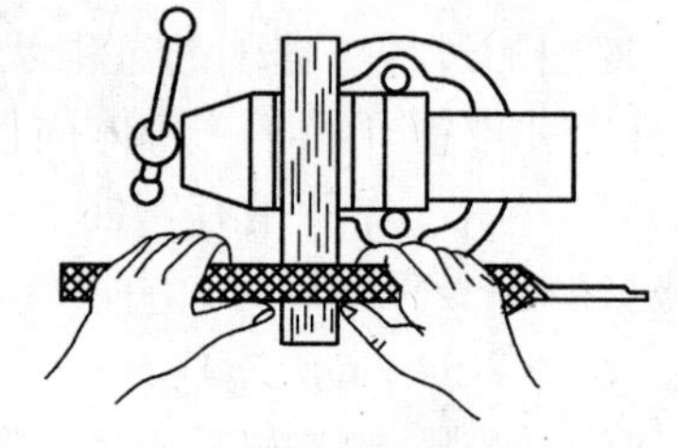

图 2-58　推锉法

3. 各种工件表面的锉法

（1）平面的锉削。

1）较大平面的锉削。锉削较大的平面时，工件一般夹在台虎钳中，用交叉法和直锉法加工。当所需锉削面的长度和宽度都超过锉刀长度时，一般的锉刀就不能进行锉削加工了，这时就在锉刀上装上一个如图 2-59 所示的弓形手柄，这样也就能锉削很大的平面了。

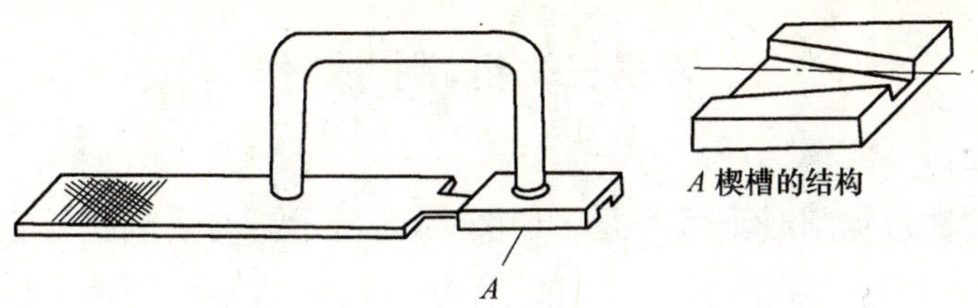

图 2-59 锉大平面时安装的弓形手柄

2）窄面的锉削。锉薄板上的窄面时，较小的薄板可直接装夹在台虎钳上，但宽而长的工件无法夹在台虎钳中，因而就必须用夹板夹住，且工件夹板不能露出太多，再把夹板夹在台虎钳钳口内，如图 2-60 所示。锉削时使锉刀与工件锉削面成一定的角度，斜着进行锉削，以减少工件的抖动。

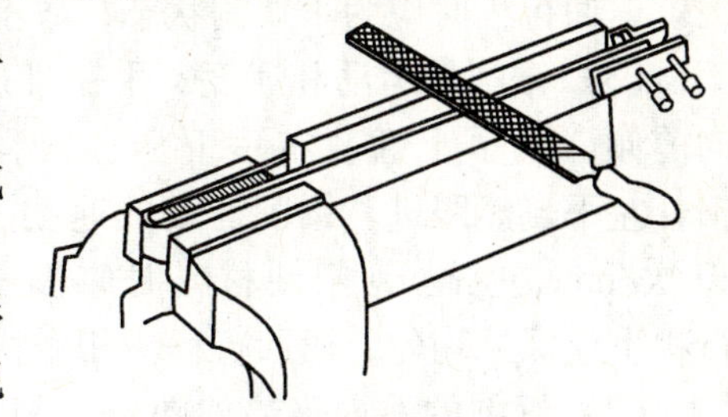

图 2-60 宽而长的薄板的夹持

（2）孔的锉削。孔的形式有方孔、圆孔和三角形孔等。锉削时根据不同形面的特征选用不同断面和规格的锉刀进行锉削，如图 2-61 所示。

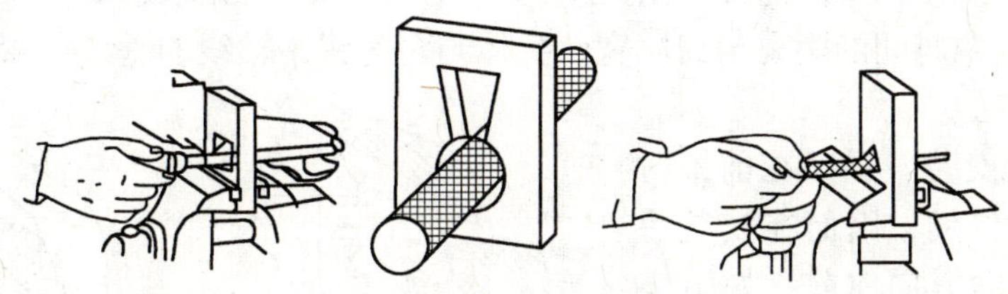

图 2-61 孔的锉削形式

对于圆孔，锉削时要同时完成前进运动、向左或向右移动、绕锉刀中心线转动三个运动，如图 2-62 所示。

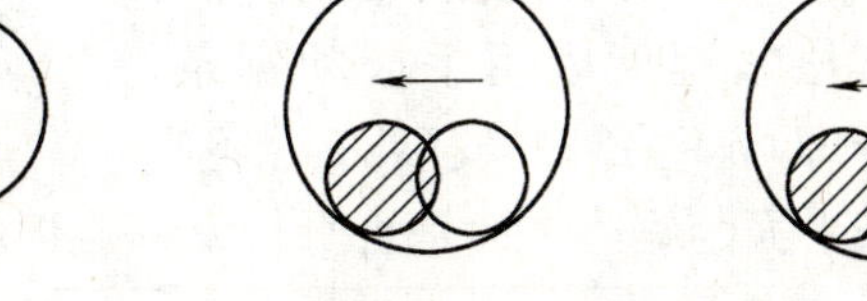

图 2-62 内圆锉削时的三个运动

（3）圆弧面的锉削。

1）凸圆弧的锉削。凸圆弧一般采用平锉顺着圆弧的方向进行锉削。在锉刀做前进运动的同时，还应绕工件的圆弧中心摆动。摆动时，右手把锉刀柄部往下压，左手把锉刀前端向上提，这样锉出的圆弧面不会出现棱边，如图 2-63 所示。

2）凹圆弧的锉削。凹圆弧一般采用圆锉或半圆锉进行锉削。锉削时，锉刀要同时完成三个运动：前进运动、向左或向右移动以及绕锉刀中心线转动（按顺时针或逆时针方向转动约 90°）。三种运动须同时进行才能完成好凹圆弧的锉削，如图 2-64 所示。

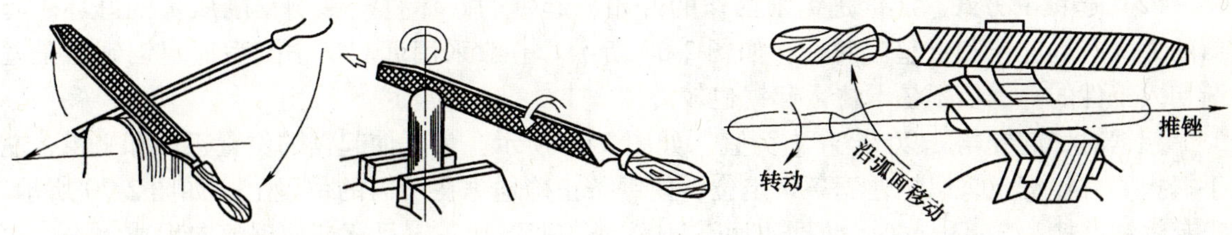

图 2-63 凸圆弧的锉削　　图 2-64 凹圆弧的锉削

任务三 锯削操作

1. 锯削的姿势

（1）锯弓的握法。锯削时锯弓的握法如图 2-65 所示。右手满握锯柄，左手轻扶锯弓伸缩弓前端。

（2）锯削的压力。锯削时，右手控制推力与压力，左手配合右手扶正锯弓，应注意压力不宜过大。返回行程时应为不切割状态，故不应加力。

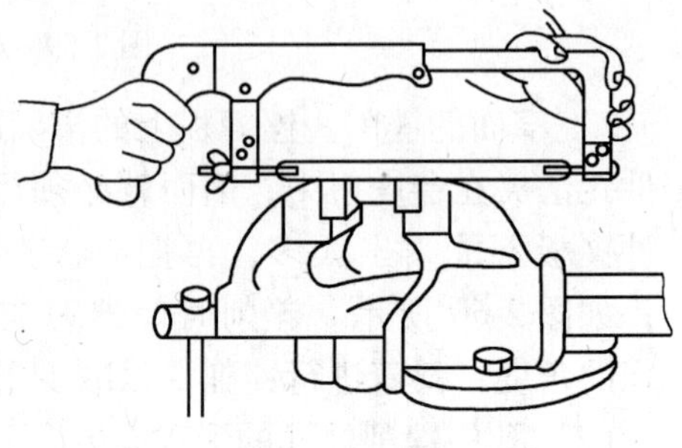
图 2-65 锯弓的握法

（3）锯削的运动和速度。手锯推进时，身体略向前倾，左手上翘，右手下压；回程时，右手上抬，左手自然跟进。锯削运动的速度一般应保持为 40 次/min 左右。锯削硬材料时应慢些，同时锯削行程也应保持均匀，返回行程应相对快一些。

（4）锯削的站立姿势如图 2-66 所示。锯削时，操作者应站在台虎钳的左侧，左脚向前迈半步，与台虎钳中轴线成 30°，右脚在后，与台虎钳中轴线成 75°，两脚间的距离与肩同宽，身体与台虎钳中轴线的垂线成 45°。

2. 锯削的方法

（1）锯条的安装。手锯在前推时才能起到切削的作用，因而在安装手锯时应使其齿尖的方向向前，如图 2-67 所示。在调节锯条松紧时，翼形螺母不宜太紧，否则会折断锯条；也不宜太松，这样锯条易扭曲，锯缝容易歪斜，其松紧程度以用手扳动锯条，感觉硬实即可。另外，安装好后还应检查锯条平面与锯弓平面是否平行，不能歪斜、扭曲。

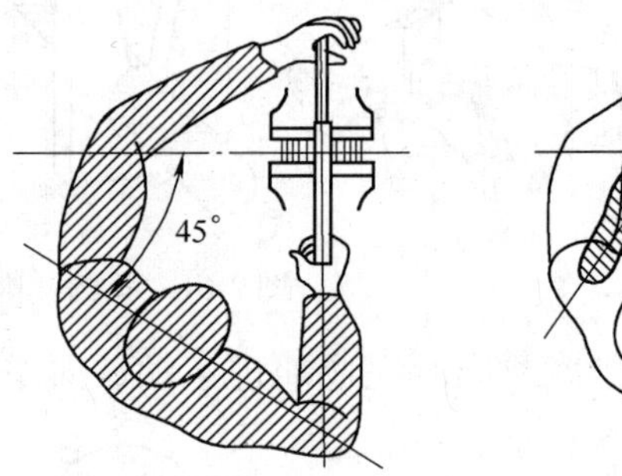

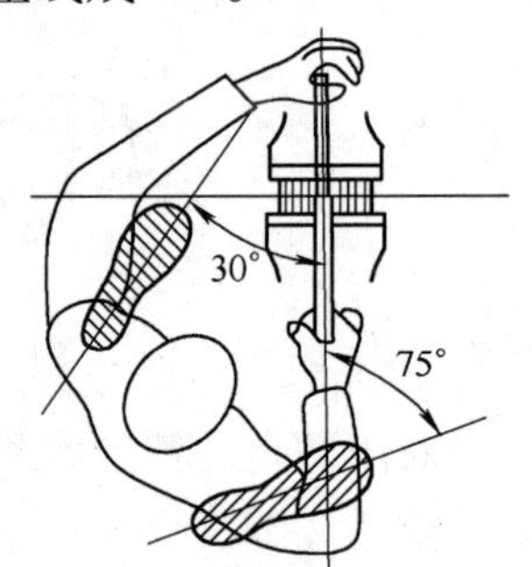

图 2-66 锯削的站立姿势

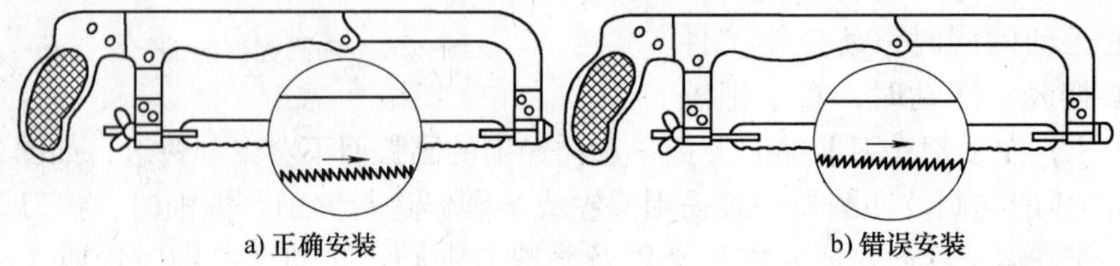
a) 正确安装　b) 错误安装

图 2-67 锯条的安装

（2）起锯的方式。起锯是锯削工作的开始，起锯的好坏直接影响锯削质量的好坏。起锯的方式有远起锯和近起锯两种，如图 2-68 所示。一般采用远起锯，因为远起锯锯齿是逐渐切入工件的，锯齿不易卡住，起锯也较方便。

起锯时，起锯角 α 以 15°左右为宜，如图 2-69 所示。为了使起锯的位置正确和平稳，左手拇指要靠住锯条，以挡住锯条来定位，使锯条正确地锯在所需的位置上，如图 2-70 所示。当起锯锯至槽深 2～3mm 时，拇指即可离开锯条，然后扶正锯弓逐渐使锯痕向后成水平，再往下正常锯削。

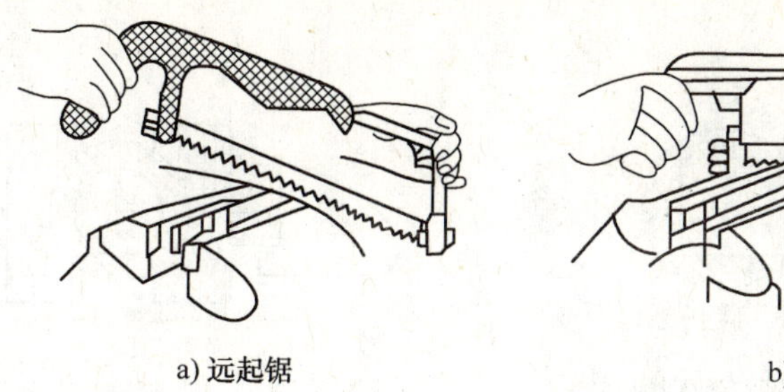

a) 远起锯　　b) 近起锯

图 2-68　起锯的方式

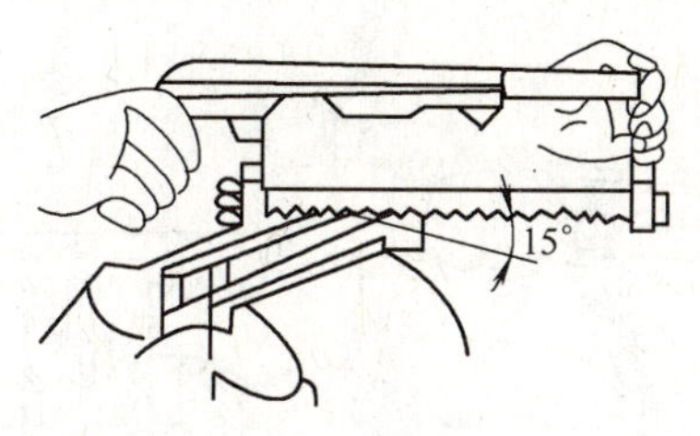

图 2-69　起锯角的大小

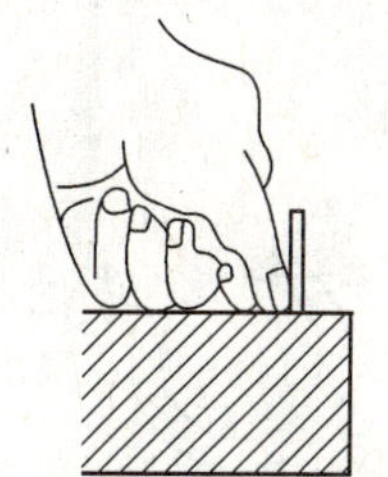

图 2-70　用拇指挡住锯条起锯

（3）推锯。如图 2-71 所示，开始进锯时，用力要均匀，左手扶锯，右手掌推动锯子向前运动，上身倾斜跟随一起动，右腿伸直向前倾，操作者的重心在左腿，且左膝弯曲，锯子行至 3/4 锯子长度时，身体停止向前运动，但两臂继续把锯子送到头。

（4）回锯。推锯到头后，左手要把锯弓略微抬起，右手向后拉动锯子，身体逐渐回到原来位置，如图 2-72 所示。

图 2-71　推锯

图 2-72　回锯

3. 各种材料的锯削

（1）棒料。当锯削的断面要求平整时，则应从开始连续锯至结束。若锯出的断面要求不高时，则可分几个方向锯削，这样可提高工作效率，最后一次锯断，如图 2-73 所示。

（2）管子。锯削前把管子用 V 形木垫夹住，然后再安装到台虎钳上，如图 2-74 所示。管子不能夹得太紧，以免使管子变形。锯削管子时，不可从一个方向锯削至结束，而应当在锯削到近管子的内壁时，将管子转动一个角度再进行锯削，如图 2-75 所示。

（3）薄板材。锯削薄板材时，应尽可能从宽面锯下去。如果只能从窄面上锯削时，则应用两块木板夹持薄板材，连同木块一起锯下，如图 2-76 所示。

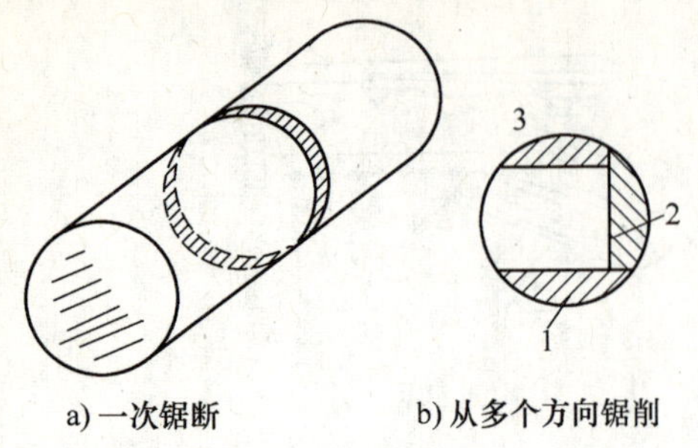

a) 一次锯断　　b) 从多个方向锯削

图 2-73　棒料的锯削

图 2-74　管子的装夹

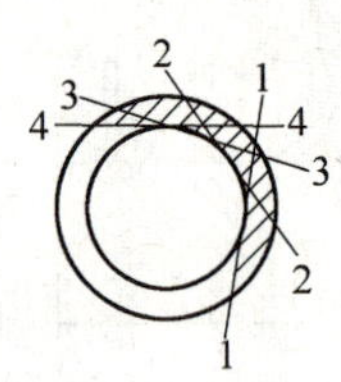

图 2-75　多方位锯削管子

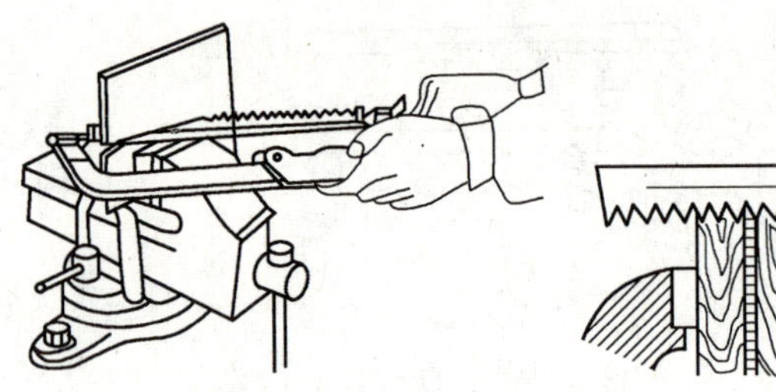

图 2-76　薄板材的锯削

（4）深缝。当锯缝的深度超过锯弓的高度时，可将锯条转过 90°安装后再锯削，同时要调整工件夹持位置，使锯削部分处于钳口附近，避免工件跳动；也可将锯条转过 180°，使锯齿在锯弓内，安装好后再进行锯削，如图 2-77 所示。

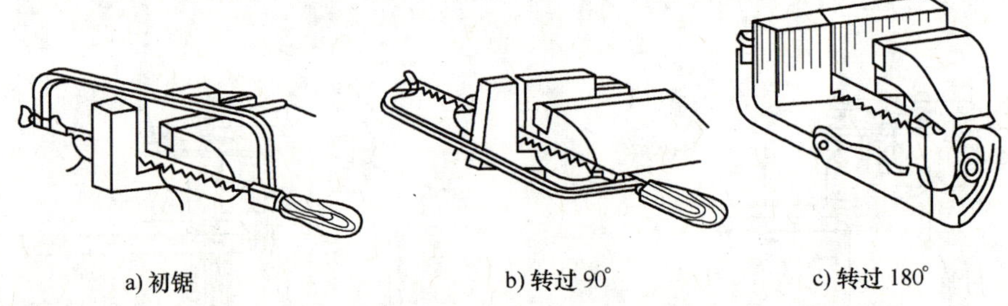

a) 初锯　　b) 转过 90°　　c) 转过 180°

图 2-77　深缝锯削

任务四　錾削操作

1. 錾子的刃磨与热处理

（1）錾子的刃磨。錾子用钝后，应用砂轮磨锐。錾子的刃磨方法如下。

1）两手握住錾子，在砂轮轮缘全宽上做左右来回的移动，并控制錾子前后刀面的位置，磨出要求的斜面，如图 2-78 所示。

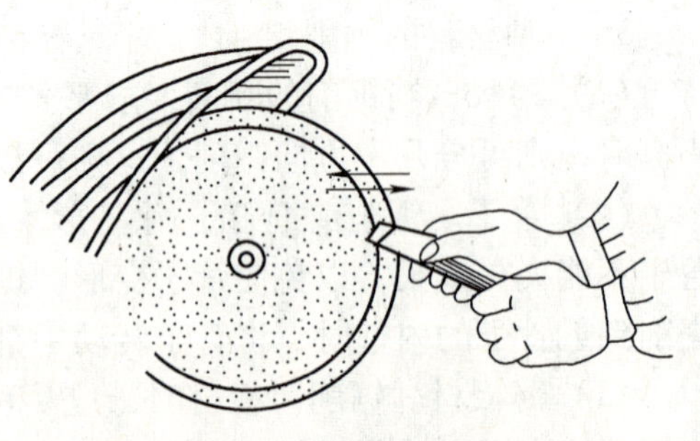

图 2-78　斜面的刃磨

2）两手握住錾子，在砂轮的外缘上刃磨刃口，两手要同时左右移动，如图 2-79 所示。

（2）錾子的热处理。錾子的热处理包括淬火和回火两个步骤。

1）淬火。如图 2-80 所示，将錾子切削部分长度约 20mm 加热至 760℃左右（即加热至錾子呈樱红色时），用夹钳将其迅速从火炉中取出，垂直浸入水中 4～6mm 进行冷却，同时将夹钳左右微微移动，等冷却好后（即錾子露出水面部分呈黑色时），将錾子从水中取出。

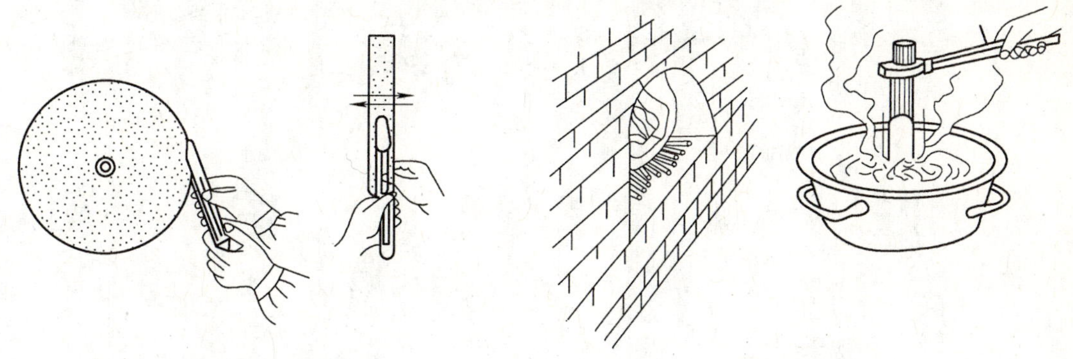

图 2-79　錾子刃口的刃磨　　　　图 2-80　錾子的淬火

2）回火。錾子的回火是利用本身的余热进行的。当淬火的錾子露出水面的部分呈黑色时即由水中取出，然后擦除其氧化皮，观察錾子刃部颜色的变化，如图 2-81 所示。一般刚出水时錾子的刃口呈白色，随后变为蓝色，当呈黄色时再把錾子全部浸入水中冷却，如图 2-82 所示。至此，即完成錾子的淬火与回火的全部过程。

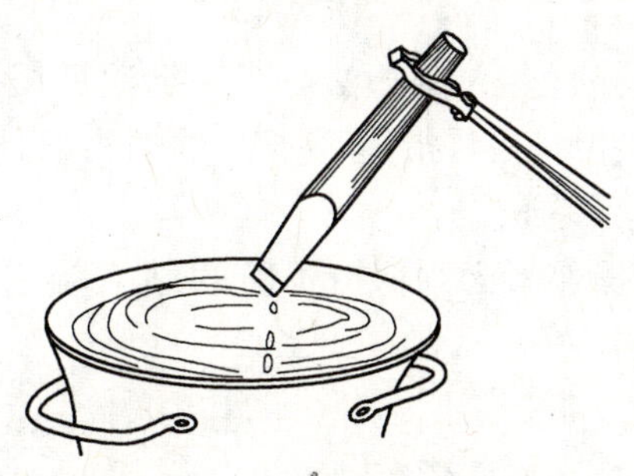

图 2-81　水中取出观色变

图 2-82　再次放入水中冷却

2. 锤子的使用

錾削时锤子一般采用右手的五个手指满握的方法，大拇指轻轻压在食指上，手掌虎口对准锤子锤头方向，不要歪向一侧，木柄尾端露出 15～30mm。

（1）锤子的握法。在敲击过程中，手指握锤子的方法分为紧握法和松握法。如图 2-83a 所示，紧握法是五个手指从举起锤子至敲击都保持不变；如图 2-83b 所示，松握法是在举起锤子时小指、无名指和中指依次放松，敲击时再依次收紧。

（2）挥锤的方法。挥锤时有腕挥、肘挥和臂挥三种方法。腕挥是只用手腕的运动，锤击力小，一般用于錾削的开始和结尾。肘挥是用手腕和肘一起挥锤，这种挥锤法打击力较大，应用最为广泛，如图 2-84 所示。臂挥是用手腕、肘和全臂一起挥锤，如图 2-85 所示。这种挥锤法打击力最大，用于需要大力的錾削场合。

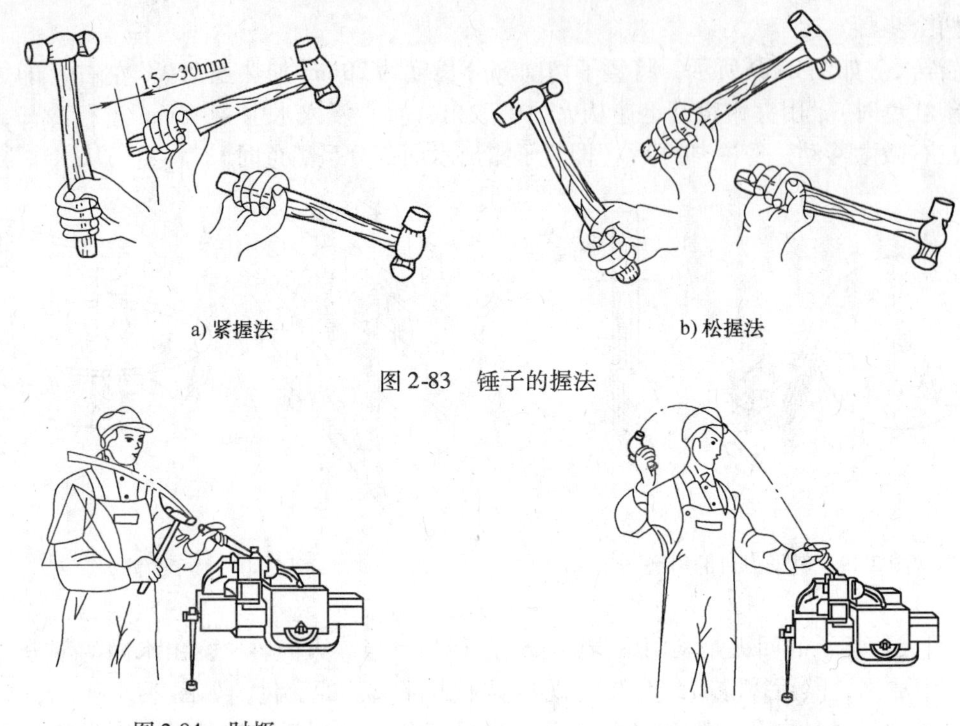

a) 紧握法　　b) 松握法

图 2-83　锤子的握法

图 2-84　肘挥　　图 2-85　臂挥

3. 錾削的方法

（1）錾子的握法。錾子主要用左手的中指、无名指握住，其握法分为正握法和反握法。正握法如图 2-86a 所示，手心向下，腕部伸直，用中指、无名指握錾子，錾子头部伸出约 20mm。反握法如图 2-86b 所示，手指自然捏住錾子，手掌悬空。

（2）錾削站立的姿势。为发挥较大的敲击力度，操作者必须保持正确的站立姿势。这个姿势要求左脚超前半步，两腿自然站立，人体重心稍微偏于后脚，视线要落在工件的切削部位，如图 2-87 所示。

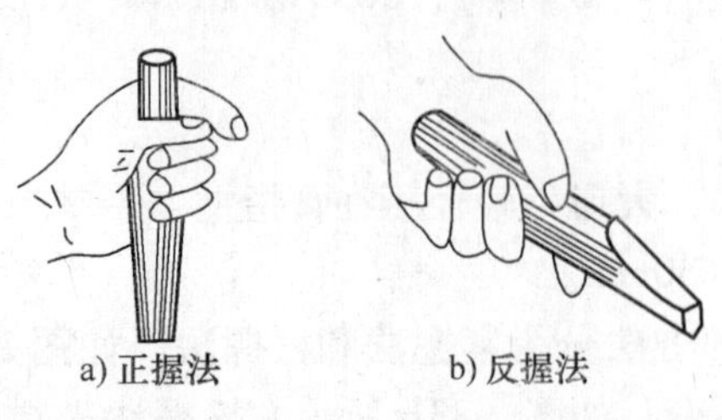

a) 正握法　　b) 反握法

图 2-86　錾子的握法

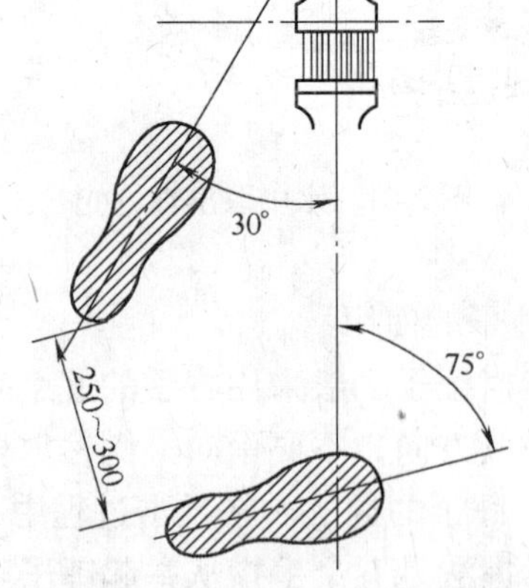

图 2-87　錾削时站立的位置

（3）錾削的方法。錾削分三个步骤，即起錾、正常錾削和结束錾削。

1）起錾。起錾时，錾子尽可能向右倾斜 45°左右，从工件边缘尖角处开始，使錾子从尖角处向下倾斜约 30°，轻击錾子，切入工件，如图 2-88 所示。

2）正常錾削。起錾完成后就可进行正常錾削了。当錾削层较厚时，要使其后角 α 小一些；当錾削厚度较薄时，其后角 α 要大些，如图 2-89 所示。

3）结束錾削。当錾削到工件尽头时，要防止工件材料边缘崩裂，脆性材料尤其要注意。因此，錾到尽头 10mm 左右时，必须调头錾去其余部分，如图 2-90 所示。

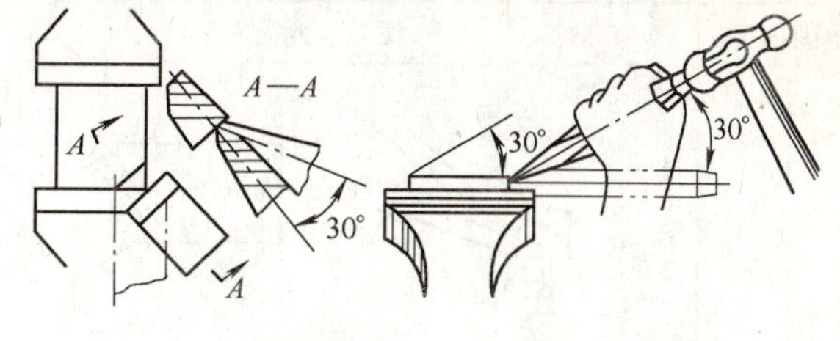

图 2-88　起錾示意

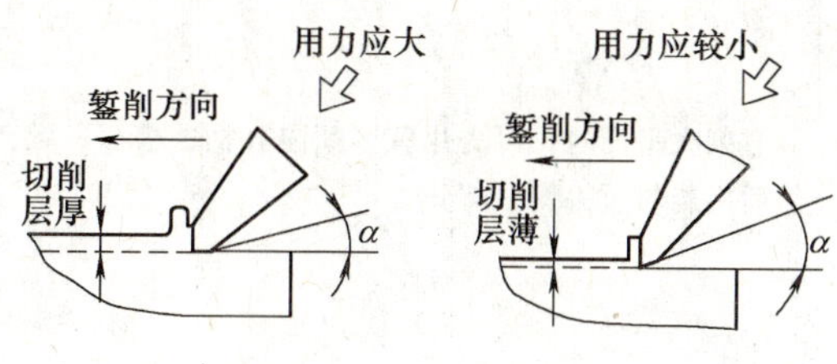

图 2-89　正常錾削示意

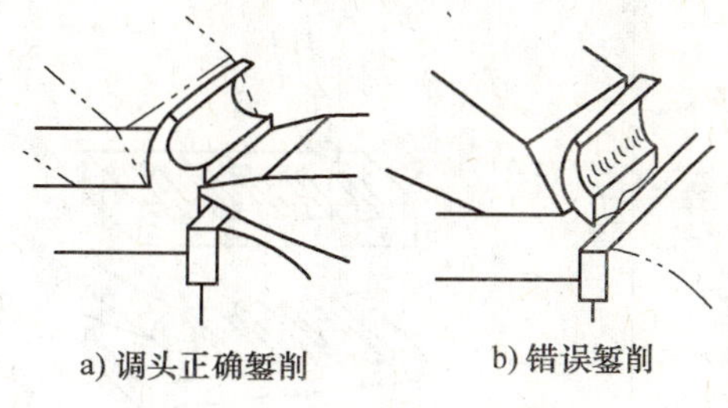

a) 调头正确錾削　　b) 错误錾削

图 2-90　錾削结束时的处理

4. 錾削的内容

錾削的内容很多，见表 2-15。

表 2-15　錾削的内容

錾削内容	图　示	操　作　说　明
錾削板料	45°	工件的切断处与钳口保持平齐，用扁錾沿钳口（约 45°）并斜对板面自右往左进行錾削
	垫板　铁砧	对于尺寸较大的板材或錾切线有曲线而不能在台虎钳上錾切，这时可在铁砧或旧平板上进行，并在板材下面垫上废软材料，以免损伤刃口
		錾削较为复杂的板材时，一般是先按轮廓线钻出密集的排孔，再用尖錾、扁錾逐步錾切

（续）

錾削内容		图 示	操 作 说 明
錾削平面	錾窄平面	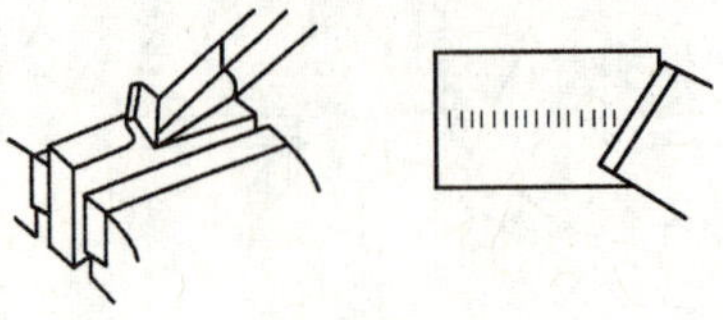	錾削较窄平面时，錾子的刃口要与錾削方向保持一定角度
	錾大平面	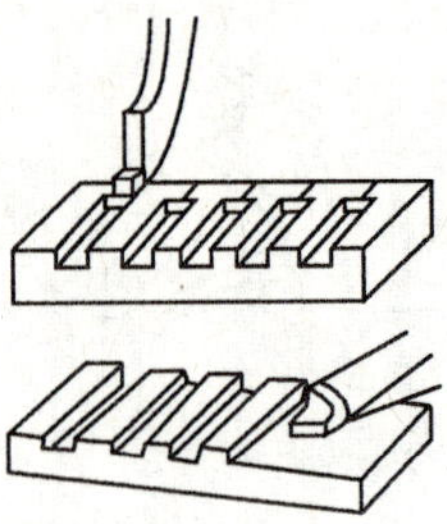	錾削大平面时，可先用狭錾间隔开槽，槽深一致，然后用扁錾錾去剩余部分
錾削键槽		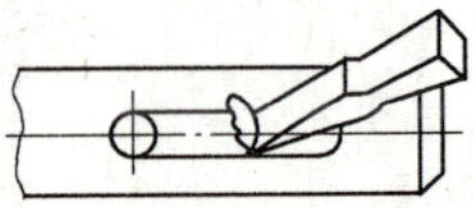	对于带圆弧的键槽，应先在键槽两端钻出与槽宽相同的两个盲孔，再用狭錾錾削
錾削油槽		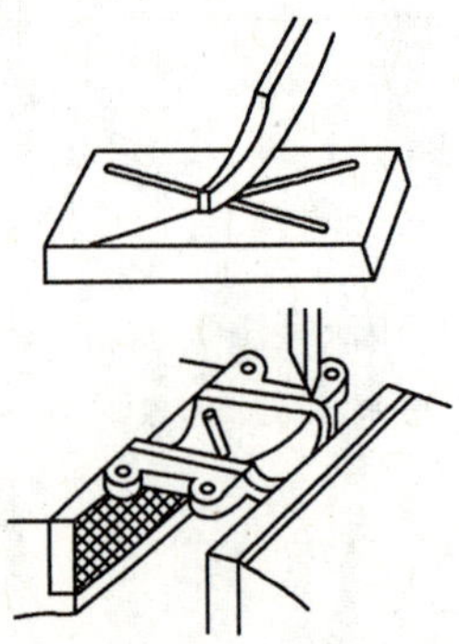	选用宽度等于油槽的油槽錾，在平面上錾油槽，方法与錾削平面相同；在曲面上錾削油槽，錾子的倾斜角度要随曲面变动，以保证正常的切削角度

任务五 钻 孔

1. 麻花钻的刃磨

麻花钻的刃磨方法如下。

（1）刃磨前先对砂轮进行修整。

（2）将钻头放置于砂轮中心平面以上，摆正钻头与砂轮的相对位置（使钻头中心线与砂轮外圆素线在水平面内的夹角等于顶角的1/2，即为59°），同时钻尾向下倾斜，如图2-91所示。

（3）刃磨时，将切削刃逐渐靠向砂轮，见火花后，给钻头加一个向前的较小压力，并以钻头前端支点为圆心，缓慢使钻头做上下摆动并略带转动，如图2-92所示，同时磨出主切削刃和后面。但要注意摆动与转动的幅度和范围不能过大，以免磨出负后角或将另一条主切削刃磨坏。重复上述刃磨动作 4 ~5 次，即可刃磨好。

（4）双手握钻头的位置转动 180°刃磨另一个主切削刃，方法相同。

2. 麻花钻的安装

（1）用钻夹头安装。对于直柄麻花钻，钻孔时采用钻夹头安装，如图 2-93 所示。安装时将钻夹头松开至适当的开度，然后把麻花钻柄部插入钻夹头三个卡爪内。再用钻夹头钥匙旋转外套，使螺母带动三个卡爪移动，直至夹紧。

（2）锥柄麻花钻的安装。锥柄麻花钻直接采用过渡套安装，安装时，先擦干净过渡套，并将过渡套插入钻床主轴锥孔中，再将选好的麻花钻利用加速冲击力装入过渡套中，如图 2-94 所示。

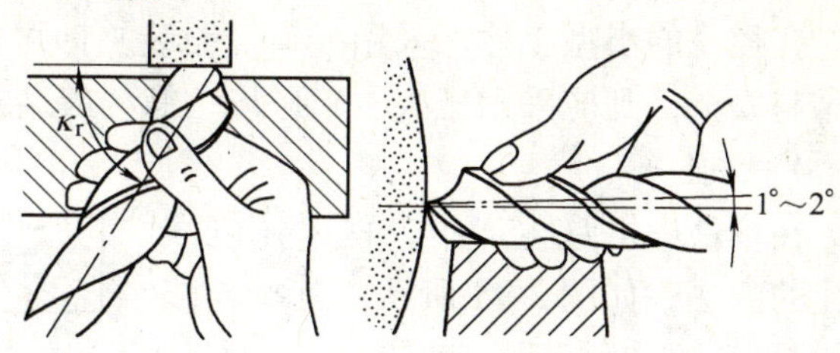

图 2-91 麻花钻刃磨时与砂轮的相对位置

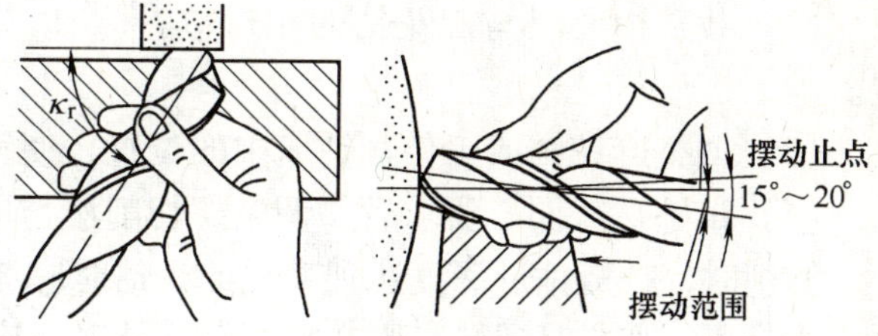

图 2-92 麻花钻的刃磨方法

图 2-93 直柄麻花钻的安装

图 2-94 锥柄麻花钻的安装

钻削完毕后，对于直柄麻花钻利用钥匙往相反的方向旋转钻夹头外套，则可取下麻花钻，如图 2-95 所示；对于锥柄麻花钻，则将楔铁插入钻床主轴的腰形孔内（使楔铁带圆弧的一边放在上面），用锤子敲击楔铁即可卸下麻花钻，如图 2-96 所示。

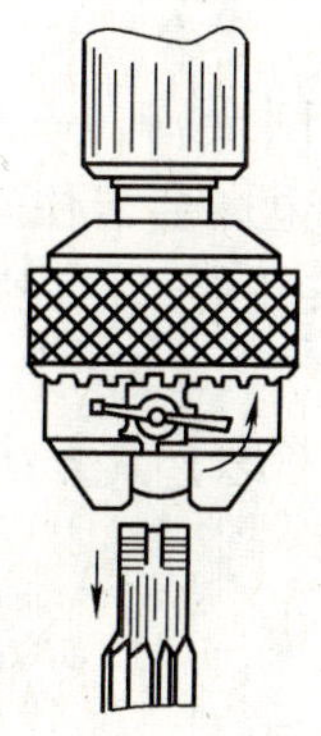
图 2-95 直柄麻花钻的拆卸

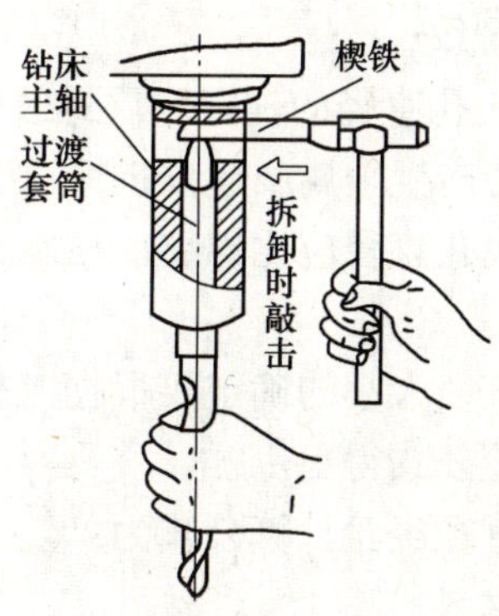

图 2-96 锥柄麻花钻的拆卸

3. 工件的装夹

孔径小的小型工件，采用平口虎钳装夹即可进行钻削；当工件孔径较大时，为保证装夹可靠与安全，则应采用压板、V形块、螺栓等装夹工件，如图2-97所示。

4. 钻孔

在单件小批量生产中，常采用划线钻孔的方法，如图2-98所示。其操作步骤如下。

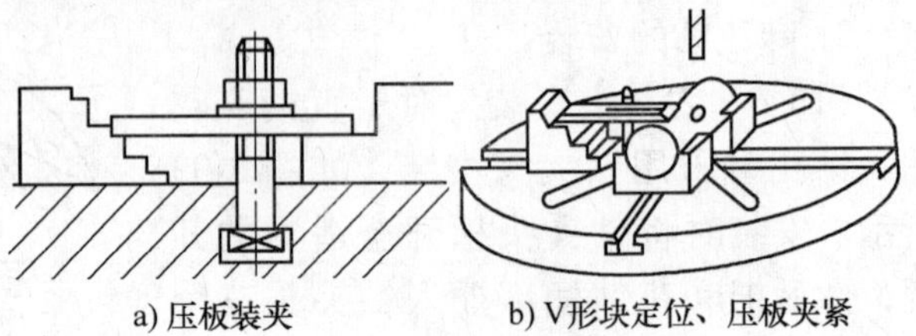

图2-97 工件的装夹

(1) 划线，用样冲定中心眼。

(2) 找正中心眼与麻花钻的相对位置。

(3) 调整麻花钻或工件在钻床中的位置，使钻尖对准钻孔中心，并进行试钻。

(4) 试钻达至同心要求后，调整好切削液与进给速度，正常钻削至所需深度。

钻削时，一般钻进深度达到直径的3倍时麻花钻要退出排屑，以后每钻进一定深度都要再退出排屑。如果是通孔，则在将要钻穿孔时，应将自动进给变换为手动进给，并减小手动进给量的大小，钻穿通孔。当钻孔直径超过30mm时，应分两次钻削。第一次钻削时所选钻头的直径约为5mm，然后用所要求的钻头进行扩孔。

如果生产批量较大或孔的位置精度要求较高时，则需要采用钻模来保证孔的正确位置，如图2-99所示。

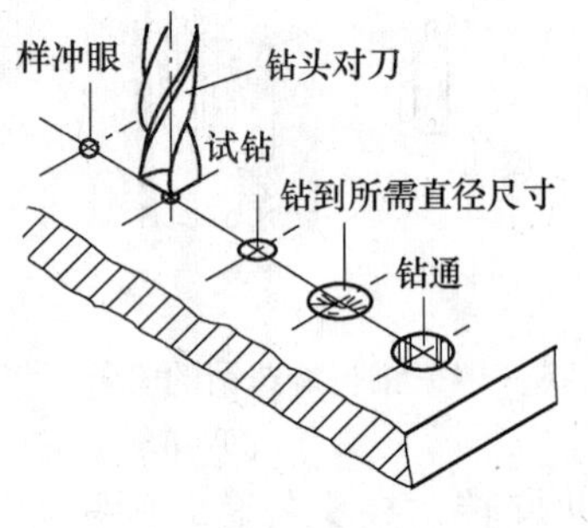

图2-98 钻孔的步骤

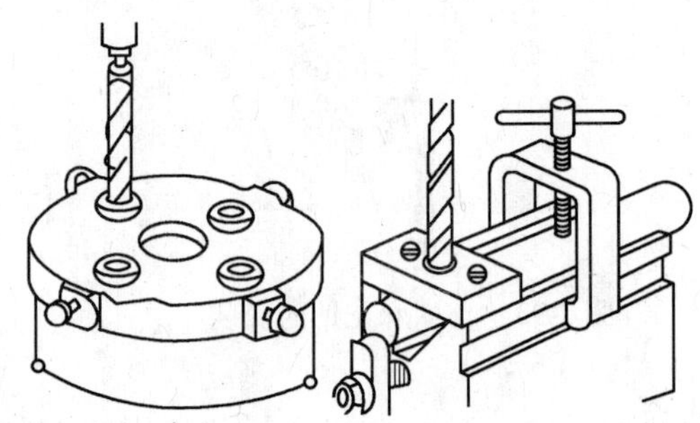
图2-99 用钻模定位钻孔

任务六 攻、套螺纹

1. 攻螺纹

(1) 底孔直径的确定。攻螺纹时，每个切削刃一方面在切削金属，一方面也在挤压金属，因而会产生金属凸起并向牙尖流动的现象，被丝锥挤出的金属会卡住丝锥甚至将其折断，因此底孔直径应比螺纹小径略大，这样挤出的金属流向牙尖正好形成完整螺纹，又不卡住丝锥。

底孔直径大小的确定要根据工件的材料、螺纹直径大小来考虑，其方法可查表2-16或用下列经验公式得出。

底孔直径经验计算公式为：

脆性材料 $$D_0 = D - 1.05P$$

塑性材料 $$D_0 = D - P$$

表2-16 攻普通螺纹钻底孔的钻头直径 （单位：mm）

螺纹大径 D	螺距 P	钻头直径 D_0	
		铸铁、青铜、黄铜	钢、可锻铸铁、纯铜、层压板
5	0.8 0.5	4.1 4.5	4.2 4.5
6	1 0.75	4.9 5.2	5 5.2
8	1.25 1 0.75	6.6 6.9 7.1	6.7 7 7.2
10	1.5 1.25 1 0.75	8.4 8.6 8.9 9.1	8.6 8.7 9 9.2
12	1.75 1.5 1.25 1	10.1 10.4 10.6 10.9	10.2 10.5 10.7 11
14	2 1.5 1	11.8 12.4 12.9	12 12.5 13
16	2 1.5 1	13.8 14.4 14.9	14 14.5 15
18	2.5 2 1.5 1	15.3 15.8 16.4 16.9	15.5 16 16.5 17
20	2.5 2 1.5 1	17.3 17.8 18.4 18.9	17.5 18 18.5 19

式中 D_0——底孔直径（mm）；

D——螺纹大径（mm）；

P——螺距（mm）。

（2）钻孔深度的确定。当攻盲孔的螺纹时，由于丝锥不能攻到底，因此孔的深度往往要钻得比螺纹的长度长一些。盲孔的深度可按下列公式计算：

$$钻孔深度 = 所需螺纹的深度 + 0.7D$$

式中　D——螺纹大径（mm）。

（3）切削用量的分配。为了减少攻螺纹时手用丝锥的切削力和提高丝锥的使用寿命，将攻螺纹时的整个切削量分配给几支丝锥来担负，所以 M6 ~ M24 的丝锥一套有两支，M6 以下及 M24 以上的丝锥一套有三支。M6 以下因丝锥小容易折断，所以备有三支；大的丝锥切削负荷很大，需分几支逐步切削，所以也备有三支一套。细牙丝锥不论大小均为两支一套。

在成套丝锥中，切削量的分配有两种形式，即锥形分配和柱形分配，如图 2-100 所示。

1）锥形分配。如图 2-100a 所示，每套中丝锥的大径、中径、小径都相等，只是切削部分的长度及锥角不同。头锥的切削部分长度为 5 ~7 个螺距，二锥切削部分长度为 2. 5 ~4 个螺距，三锥切削部分长度为 1. 5 ~2 个螺距。

2）柱形分配。如图 2-100b 所示，柱形分配其头锥、二锥的大径、中径、小径都比三锥小。头锥、二锥的中径一样，大径不一样，头锥的大径小，二锥的大径大。柱形分配的丝锥，其切削量分配比较合理，使每支丝锥磨损均匀，使用寿命长，攻螺纹时较省力。同时，因末锥的两侧刃也参加切削，所以螺纹表面粗糙度数值较低。在攻螺纹时丝锥的使用顺序不能弄错。

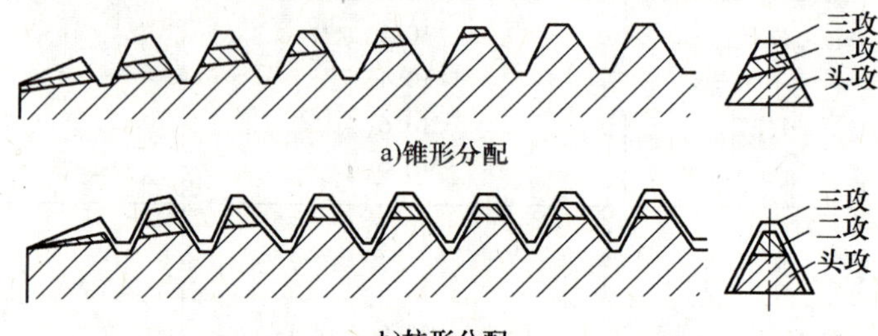

a)锥形分配

b)柱形分配

图 2-100　丝锥切削量分配

M12 以上的手用丝锥采用柱形分配；小于 M12 的采用锥形分配。所以攻制 M12 或 M12 以上的通孔螺纹时，最后一定要用末锥攻过才能得到正确的螺纹直径。

机用丝锥一套有两支。攻通孔螺纹时，一般都是用切削部分较长的头锥一次攻完，只有攻盲孔螺纹时，才用二锥再攻一次，以增加螺纹的有效长度。

（4）攻螺纹的操作步骤方法见表 2-17。

表 2-17　攻螺纹的操作步骤方法

步骤	操作说明	图示
钻底孔	选用合适的麻花钻，进行钻孔	
孔口倒角	攻螺纹前要在钻孔的孔口进行倒角，以利于丝锥的定位和切入	

（续）

步骤	操作说明	图示
起攻	用右手掌按住铰杠中部，沿丝锥轴线用力加压，左手配合做顺时针旋转	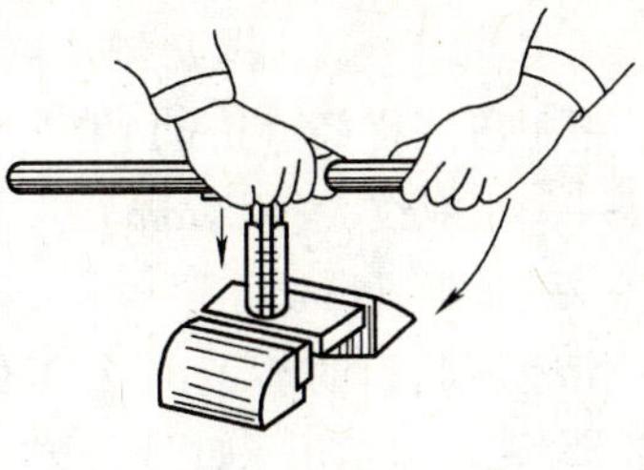
检查	当旋入1~2圈后，用90°角尺检查丝锥与孔端面的垂直度，若不垂直应立即校至垂直	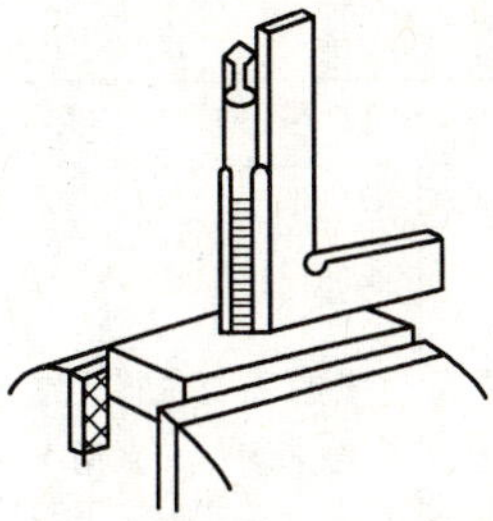
正常攻螺纹	当切削部分已切入工件后，每转1~2圈后应反转1/4圈，以便于切屑碎断和排出；同时不能再施加压力，以防丝锥崩牙	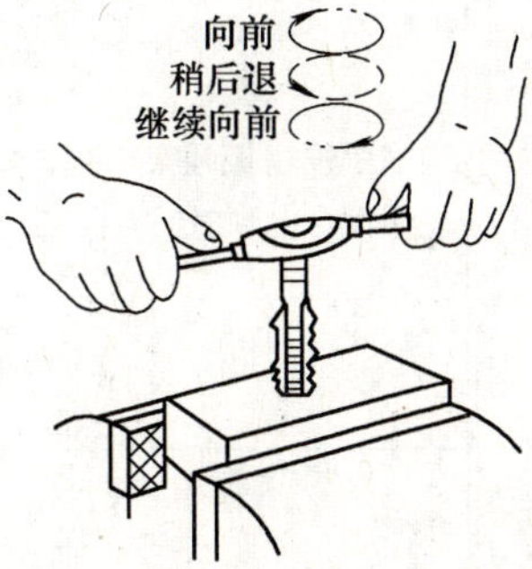 向前 稍后退 继续向前
排屑	对于攻盲孔螺纹时，除了要在丝锥上做出深度记号外，还应经常退出丝锥，采用小管子清除切屑	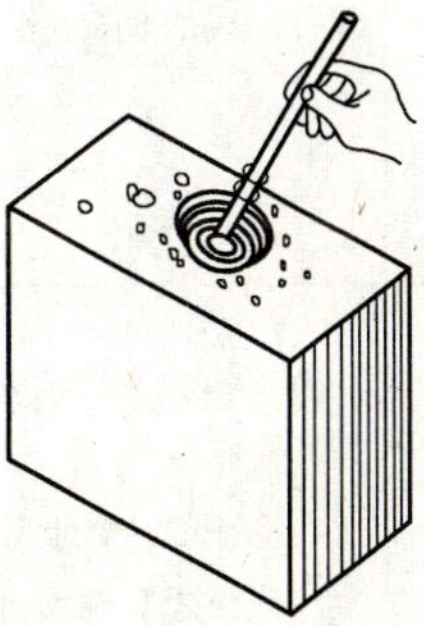
二锥（或三锥）攻螺纹	攻螺纹时，应按头攻、二攻（或三攻）顺序将螺纹攻至标准尺寸	

2. 套螺纹

（1）圆杆直径的确定。与攻螺纹一样，套螺纹的切削过程中也有挤压作用，因而，工件圆杆直径就要小于螺纹大径，可用下式计算：

$$d_0 = d - 0.13P$$

式中　d_0——圆杆直径（mm）；

d——外螺纹大径（mm）；

P——螺距（mm）。

为了使板牙起套时容易切入工件并作正确的引导，圆杆端部要倒一个为15°～20°的角，如图2-101所示。

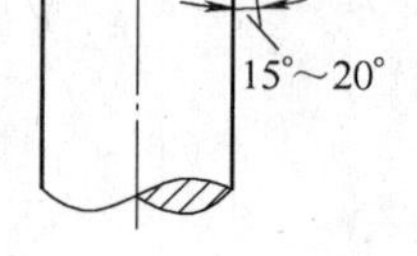

图2-101　圆杆倒角

（2）套螺纹的操作步骤方法见表2-18。

表2-18　套螺纹的操作步骤方法

方法	操作说明	示意图
圆杆的选用与装夹	根据需要选择（或加工）合适的圆杆直径，且在端部倒角，采用V形块将圆杆装夹在虎钳中	
起套	右手按住板牙架中部，沿圆杆轴向施加压力，左手配合向顺时针方向切进。动作要慢，压力要大	
检查垂直度	在板牙套出2～3牙时，用90°角尺检查板牙与圆杆轴线的垂直度，如有误差，应及时校正	
正常套螺纹	在套出3～4牙后，可只转动板牙架，而不加力，让板牙靠螺纹自然切入（在套螺纹过程中应经常反转1/4～1/2圈，以便断屑）	

【项目评价】

一、思考题

1. 钳工工作场地有什么要求?
2. 台虎钳的适宜高度怎样确定?
3. 常用钻床有几类，其应用特点是什么?
4. 划线有几种类型? 划线基准一般有几种选择类型?
5. 锯齿的粗细如何表示? 选择锯齿的粗细主要应考虑哪几个因素?
6. 起锯角一般不应大于多少度? 为什么?
7. 锉刀一般有哪几种类型? 不同锉刀的规格分别是什么?
8. 锉刀的齿纹有哪几种，各有什么特点?
9. 锉削平面的三种方法各有什么优缺点? 应如何正确选用?
10. 常用錾子有哪几种，其结构特点各是什么?
11. 錾子的热处理包括哪两个步骤?
12. 錾削的步骤是什么，各有什么特点?
13. 麻花钻的前角、后角是怎样变化的? 它对钻削工作有何影响?
14. 麻花钻顶角的大小对钻削工作有何影响?
15. 试述攻螺纹的操作要点。攻螺纹时的底径如何确定?
16. 套螺纹时圆杆上端倒角有何作用? 套螺纹前圆杆直径是否等于螺纹大径，为什么?

二、技能训练

1. 训练图样

制作如图 2-102 所示的零件。

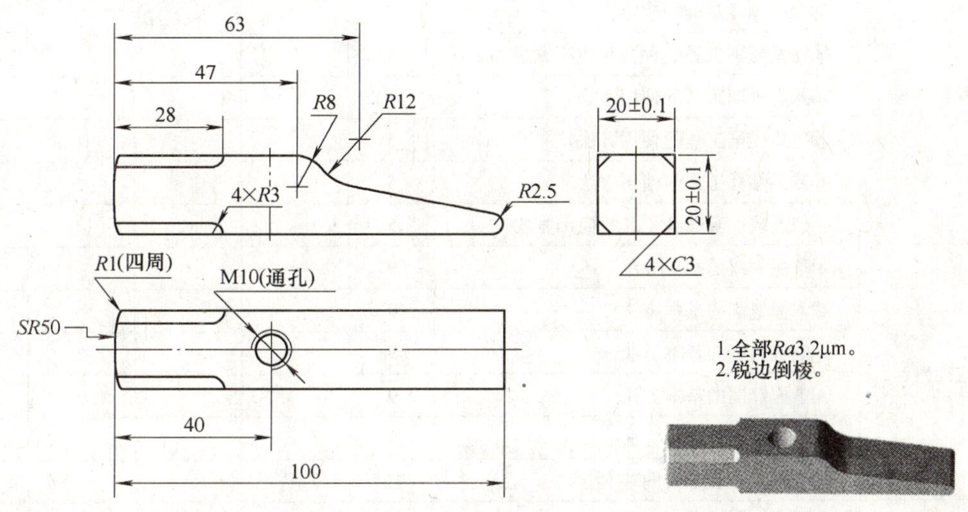

训练内容	材料	材料来源	转下次训练	件数
錾口锤	45 钢	下料 22mm×22mm×120mm		3~5 件

图 2-102 钳工制作训练图样

2. 训练考核准备要求

训练考核准备要求见表2-19。

表2-19　钳工制作训练考核准备要求

<table>
<tr><th colspan="2">项目内容</th><th>说　明</th></tr>
<tr><td colspan="2">准备要求</td><td>1. 考件材料为45圆钢，毛坯尺寸为22mm×22mm×120mm
2. 相关工、量、刃具与辅具（划线平台、划针、锯弓、平锉刀、圆锉刀、半圆锉刀、90°角尺、游标卡尺、半径样板等）</td></tr>
<tr><td rowspan="3">考核内容</td><td>考核要求</td><td>1. 考件的各尺寸精度、几何精度、表面粗糙度达到图样规定的要求。錾口锤头外形平面平行度0.08mm、外形平面垂直度0.05mm、斜面平面度0.1mm、螺纹对中偏差0.2mm
2. 锐边用锉刀去毛刺
3. 考件加工后不得与图样严重不相符</td></tr>
<tr><td>定额时间</td><td>本考件考核用时4h，提前完成不加分，超时10min扣5分，超25min取消考核资格</td></tr>
<tr><td>安全文明生产</td><td>1. 正确执行安全技术操作规程
2. 按企业有关文明生产规定，做到工件场地的整洁，工、量、刃具摆放整齐
3. 操作动作规范、协调、安全</td></tr>
</table>

三、项目评价评分表

1. 个人知识和技能评价表

班级：　　　　姓名：　　　　成绩：

评价方面	评价内容及要求	分值	自我评价	小组评价	教师评价	得分
项目知识内容	①熟悉划线所用工具的使用	5				
	②掌握划线基准的确定	5				
	③熟悉錾削工具的种类和使用方法	5				
	④熟悉锯削工具的使用方法	5				
	⑤熟悉锉削工具的使用方法	5				
	⑥熟悉钻孔工具的使用方法	5				
	⑦熟悉攻、套螺纹工具的使用方法	5				
项目技能内容	①掌握划线的基本方法	9				
	②掌握錾削的基本方法	9				
	③掌握锯削的基本方法	9				
	④掌握锉削的基本方法	9				
	⑤掌握钻孔的基本方法	9				
	⑥掌握攻、套螺纹的基本方法	10				
安全文明生产和职业素质培养	①安全、规范操作	5				
	②文明操作，不迟到早退，操作工位卫生良好，按时按要求完成实训任务	5				

2. 小组学习活动评价表

班级：　　　小组编号：　　　成绩：

评价项目	评价内容及评价分值			自评	互评	教师评分
	优秀（12~15分）	良好（9~11分）	继续努力（9分以下）			
分工合作	小组成员分工明确，任务分配合理，有小组分工职责明细表	小组成员分工较明确，任务分配较合理，有小组分工职责明细表	小组成员分工不明确，任务分配不合理，无小组分工职责明细表			
获取与项目有关质量、市场、环保等内容的信息	优秀（12~15分）	良好（9~11分）	继续努力（9分以下）			
	能使用适当的搜索引擎从网络等多种渠道获取信息，并合理地选择信息、使用信息	能从网络获取信息，并较合理地选择信息、使用信息	能从网络或其他渠道获取信息，但信息选择不正确，信息使用不恰当			
实操技能操作	优秀（16~20分）	良好（12~15分）	继续努力（12分以下）			
	能按技能目标要求规范完成每项实操任务	能按技能目标要求规范基本完成每项实操任务	能按技能目标要求基本完成每项实操任务，但规范性不够			
基本知识分析讨论	优秀（16~20分）	良好（12~15分）	继续努力（12分以下）			
	讨论热烈、各抒己见，概念准确、理解透彻，逻辑性强，并有自己的见解	讨论没有间断、各抒己见，分析有理有据，思路基本清晰	讨论能够展开，分析有间断，思路不清晰，理解不透彻			
成果展示	优秀（24~30分）	良好（18~23分）	继续努力（18分以下）			
	能很好地理解项目的任务要求，熟练运用多媒体进行成果展示	能较好地理解项目的任务要求，较熟练运用多媒体进行成果展示	基本理解项目的任务要求，不能熟练运用多媒体进行成果展示			
总分						

项目小结

本项目我们学习了如下内容。

❶钳工场地与工具设备。

❷划线前的准备与操作分类。

❸锯削、锉削与錾削基本工具的准备。

❹认识麻花钻与螺纹加工工具。

❺划线、锉、锯、錾、孔加工的基本操作。

项目三　铣削加工实训

【项目情境】

铣削是指在铣床（或铣镗床）上利用铣刀和镗刀等刀具进行切削加工，使工件获得图样所要求的精度（包括尺寸、形状和位置精度）和表面质量的一种加工方法。铣削的主要特点是用旋转的多刃刀具来进行切削，故效率较高，加工范围广，如铣平面、台阶、沟槽、成形面、特形沟槽、齿轮、螺旋槽、牙嵌式离合器，以及切断和镗孔等（图 3-1）。另外，铣削的加工精度也较高，其经济加工精度一般为 IT9 ~ IT8 级、表面粗糙度为 *Ra*12.5 ~ 1.6μm。精细加工时精度可高达 IT5 级，表面粗糙度可达 *Ra*0.2μm。因此铣工是机械制造业中的主要工种之一。

图 3-1　铣削加工

【项目学习目标】

	学习内容	学习方式	学时
知识目标	①理解铣床的结构、型号 ②认识铣工用刀具与工具	①实训（观摩）+理论 ②教师讲授、启发、引导、互动式教学	6 课时
技能目标	①掌握铣床的操作 ②掌握铣刀的装夹 ③掌握平面的铣削 ④掌握沟槽的铣削 ⑤了解万能分度头分度	教师演示，学生实训，教师巡回指导	34 课时
情感目标	激发学生对铣工技术的兴趣，培养胆大心细的素养以及团队合作意识	小组讨论、取长补短、相互协作	

【项目基本功】

3.1　项目基础知识

知识点一　常 用 铣 床

在铣床上可以加工平面（水平面、垂直面、斜面）、台阶、沟槽（直角沟槽和V形槽、T形槽、燕尾槽等特形沟槽）、特形面和切断材料等，如图3-2所示。

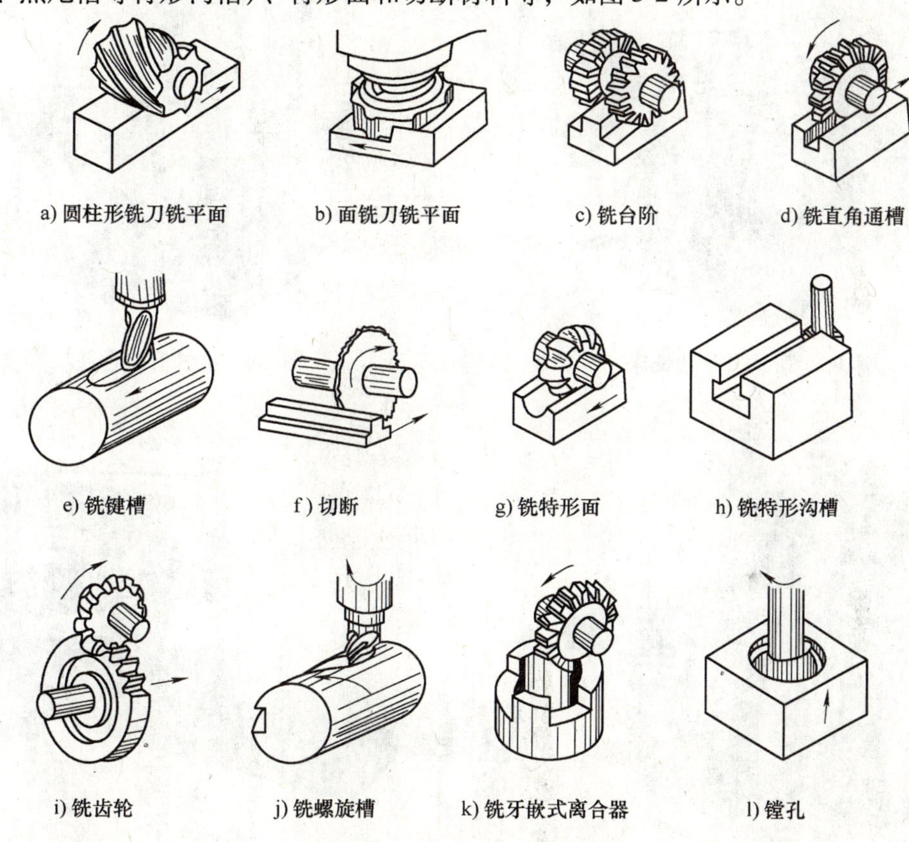

图3-2　铣削加工的基本内容

1. 认识铣床

铣床是一种用途很广泛的机床，其类型很多，常见的有立式升降台铣床、卧式升降台铣床、工具铣床及仿形铣床等。

（1）卧式升降台铣床如图3-3所示，这种铣床主轴与工作台台面平行，有沿床身垂直运动的升降台，工作台可随升降台上下垂直运动，并在升降台上做纵、横向运动。其使用灵活，适合于加工中、小型工件。

（2）立式升降台铣床如图3-4所示，铣床主轴与工作台面垂直，其工作台可做纵向、横向和垂向进给。它适用于加工中、小型工件的平面、沟槽、螺旋槽或成形面等。

（3）万能工具铣床如图3-5所示，这种铣床有水平主轴和垂直主轴，工作台可做纵向和垂向运动，横向运动由主轴实现。它能完成多种铣削，用途广泛，特别适合于加工各种夹具、刀具、工具、模具和小型复杂工件。

(4) 龙门铣床如图 3-6 所示，它属于大型铣床，其铣削动力安装在龙门导轨上，有垂直主轴箱和水平主轴箱，可做横向和升降运动，工作台直接安置在床身上。它主要用于加工重型工件。

图 3-3　卧式升降台铣床

图 3-4　立式升降台铣床

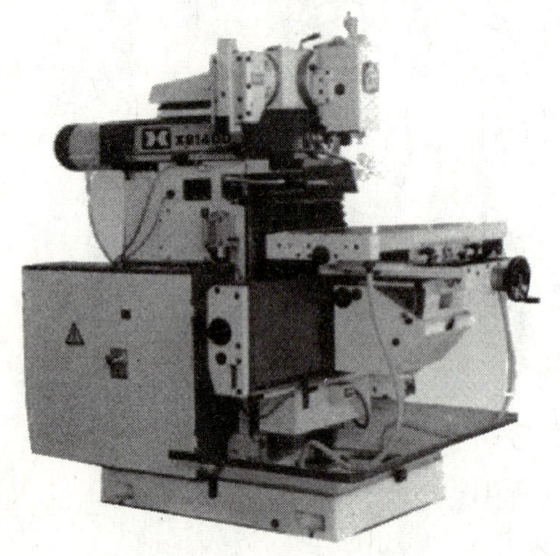

图 3-5　万能工具铣床

图 3-6　龙门铣床

(5) 仿形铣床如图 3-7 所示，这种铣床适用于加工各种复杂型面的工件。

(6) 专门化铣床又叫专能铣床，是专门用途的铣床，如螺纹铣床（图 3-8 所示）、齿条铣床等，适用于各种专业化生产。

2. 铣床的结构组成

现以 X6132 型卧式万能升降台铣床为例，介绍其组成部分名称与作用。

(1) 铣床的结构。X6132 型卧式万能升降台铣床外形如图 3-9 所示。

1）床身。床身支承并连接各部件，顶面水平导轨支承悬梁，前侧导轨供升降台移动之用。床身内装有主轴和主运动变速系统及润滑系统。

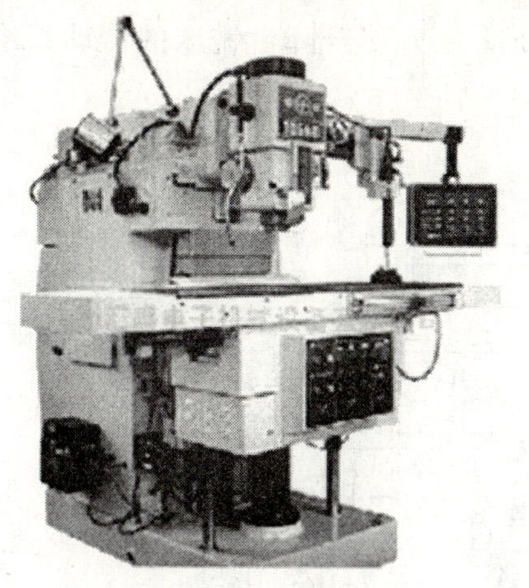

图 3-7　仿形铣床

图 3-8　螺纹铣床

图 3-9　X6132 型卧式万能升降台铣床

2）悬梁。它可在床身顶部导轨前后移动，刀杆支架安装其上，用来支承铣刀杆。

3）主轴。主轴是空心的，前端有锥孔，用以安装铣刀杆和刀具。

4）刀杆支架。支承刀架的外端，增加刀杆刚性。

5）工作台。用来安装所需用的铣床夹具和工件，带动工件实现纵向进给运动。

6）横向溜板。用来带动工件实现横向进给运动。横向溜板与工作台之间设有回转盘，可以使工作台在水平面内作 ±45°范围内的扳转。

7）升降台。升降台可沿床身导轨做垂直移动，调整工作台至铣刀的距离。

8）进给变速机构。用来调整和变换工作台进给速度，以适应铣削的需要。

9）主轴变速机构。该机构安装在床身内，其功用是将主电动机的额定转速通过齿轮变速。主轴变速机构共有 18 种不同转速，可根据需要选择。

10）底座。用来支持床身，承受铣床全部重量，盛贮切削液。

（2）铣床的进给传动路线如图 3-10 所示，是 X6132 型万能升降台铣床的传动系统图。它由主运动传动系统和进给运动传动系统部分组成。

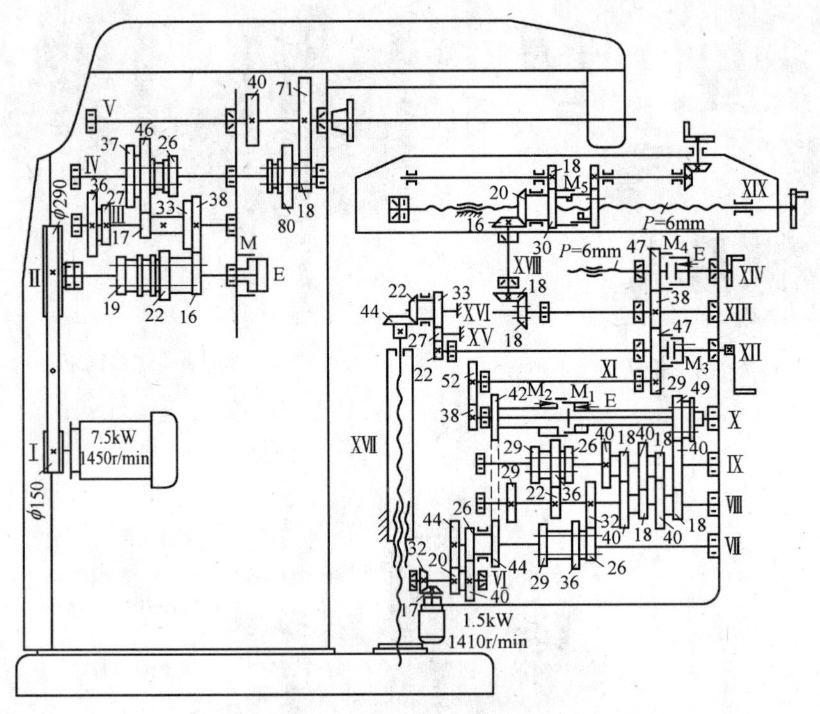

图 3-10 X6132 型卧式万能升降台铣床的传动系统

铣床的传动分为主运动和进给运动。主运动由主电动机（7.5kW、1450r/min）开始，通过 ϕ150mm、ϕ290mm 的带轮传动至轴Ⅱ，再由轴Ⅱ—Ⅲ间和轴Ⅲ—Ⅳ间两组三联滑移齿轮变速组以及轴Ⅳ—Ⅴ间双联滑移齿轮变速组，使主轴获得 18 级转速。主轴的旋转方向由电动机改变正、反转而得以变向。主轴的制动由安装在轴Ⅱ上的电磁制动器 M 控制。进给运动由电动机（1.5kW、1410r/min）开始。该机床的工作台可做纵向、横向和垂直三个方向的进给运动，以及快速移动。

进给电动机的运动经一对锥齿轮 17/32 传至轴Ⅵ，然后根据轴Ⅹ上的电磁离合器 M1、M2 的结合情况分两条路线传动。如果轴Ⅹ上离合器 M1 脱开、M2 结合，轴Ⅵ的运动经齿轮副 40/26、44/42 及离合器 M2 传至轴Ⅹ，这条路线可使工作台做快速移动。如果轴Ⅹ上的离合器 M2 脱开，M1 结合，轴Ⅵ的运动经齿轮副 20/44 传至轴Ⅶ，再经轴Ⅶ—Ⅷ间和轴Ⅷ—Ⅸ间两组三联滑移齿轮变速组以及轴Ⅷ—Ⅸ间的曲回机构，经离合器 M1 将运动传至轴Ⅹ。这是一条使工作台正常进给的传动路线。

知识点二　铣床的型号

铣床型号不仅是一个代号，而且能表示出机床的名称、主要技术参数、性能和结构特点。X6132 型铣床型号中各代号的含义如下：

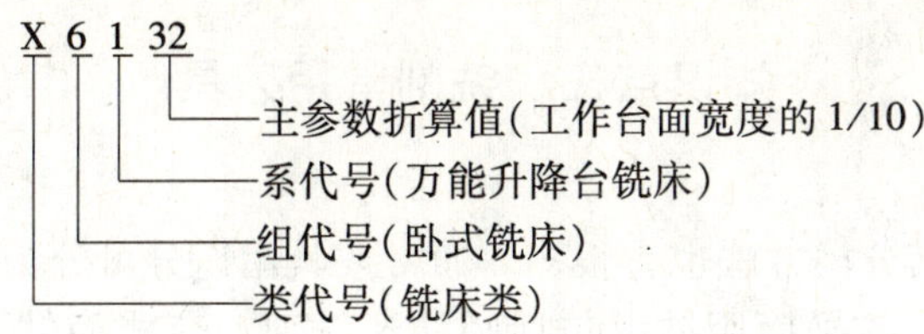

1. 理解“X”

X6132 中的“X“叫机床类别代号。类别代号是以机床名称第一个字的汉语拼音的第一个字母的大写来表示，如“Z”代表钻床（Zuan）等。

2. 理解“6”和“1”

X6132 中的“6”和“1”分别为机床组、系别代号。机床的组、系别代号用数字表示，每类机床按用途、性能、结构或有派生关系分为若干组。每类机床分为 10 个组，每组分为 10 个系。常用铣床的“组”“系”代号和名称见表 3-1。

表 3-1　常用铣床的“组”“系”代号和名称（部分）

组		系		组		系	
代号	名称	代号	名称	代号	名称	代号	名称
2	龙门铣床	0	龙门铣床	6	卧式升降台铣床	0	卧式升降台铣床
		1	龙门镗铣床			1	万能升降台铣床
		2	龙门磨铣床			2	万能回转头铣床
		3	定梁龙门铣床			3	万能摇臂铣床
		4	定梁龙门镗铣床			4	卧式回转头铣床
		5	高架式横梁移动龙门镗铣床			5	
		6	龙门移动铣床			6	卧式滑枕升降台铣床
		7	定梁龙门移动铣床			7	
		8	龙门移动镗铣床			8	
		9				9	
5	立式升降台铣床	0	立式升降台铣床	8	工具铣床	0	
		1	立式升降台镗铣床			1	万能工具铣床
		2	摇臂铣床			2	
		3	万能摇臂铣床			3	钻床铣床
		4	摇臂镗铣床			4	
		5	转塔升降台铣床			5	立铣刀槽铣床
		6	立式滑枕升降台铣床			6	
		7	万能滑枕升降台铣床			7	
		8	圆弧铣床			8	
		9				9	

3. 理解“32”

32 是铣床主参数折算值，位于系代号之后。当折算值大于 1 时，则取整数，前面不加“0”；当折算值小于 1 时，则取小数点后第一位数，并在前面加“0”。

知识点三　铣削常用刀具

1. 铣刀的分类

铣刀的种类很多，其分类方法也有很多。通常按其用途分可分为四类。

（1）铣平面用铣刀。铣平面用铣刀包括圆柱形铣刀、套式面铣刀和机夹面铣刀，如图3-11所示，主要用于粗铣及半精铣平面。

a) 圆柱形铣刀　b) 套式面铣刀　c) 机夹面铣刀

图3-11　铣平面用铣刀

（2）铣槽用铣刀。铣槽用铣刀包括键槽铣刀、盘形槽铣刀、立铣刀、三面刃铣刀、锯片铣刀等，如图3-12所示，用于铣削各种槽、台阶平面和各种型材的切断。

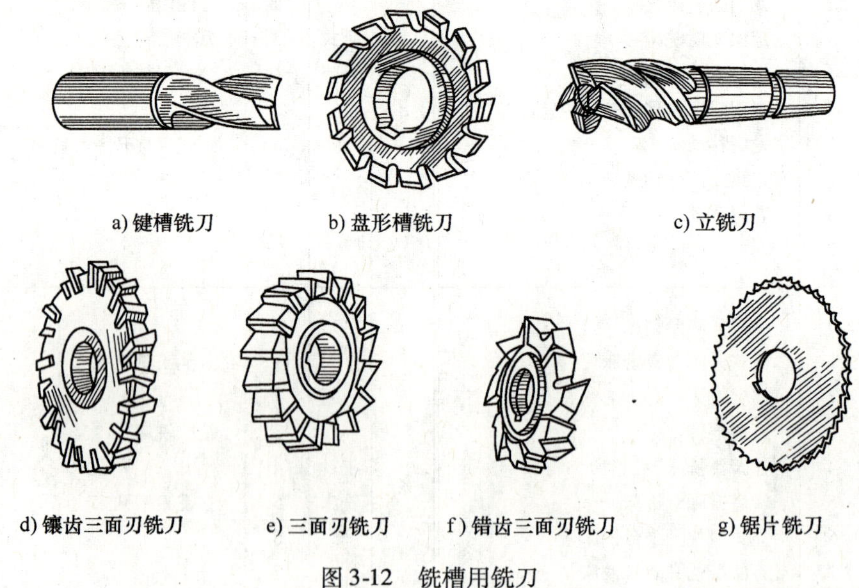

a) 键槽铣刀　b) 盘形槽铣刀　c) 立铣刀

d) 镶齿三面刃铣刀　e) 三面刃铣刀　f) 错齿三面刃铣刀　g) 锯片铣刀

图3-12　铣槽用铣刀

（3）铣特形面铣刀。铣特形面铣刀包括凸、凹半圆铣刀，齿轮铣刀，特形铣刀等，如图3-13所示，用于铣削成形面、渐开线齿轮和涡轮叶片的叶盆内弧形表面等。

（4）铣特形沟槽用铣刀。铣特形沟槽用铣刀包括T形槽铣刀、燕尾槽铣刀、半圆键槽铣刀、单角铣刀、双角铣刀等，如图3-14所示，用于铣削T形槽、燕尾槽、V形槽、尖槽、斜齿和螺旋齿的开齿等。

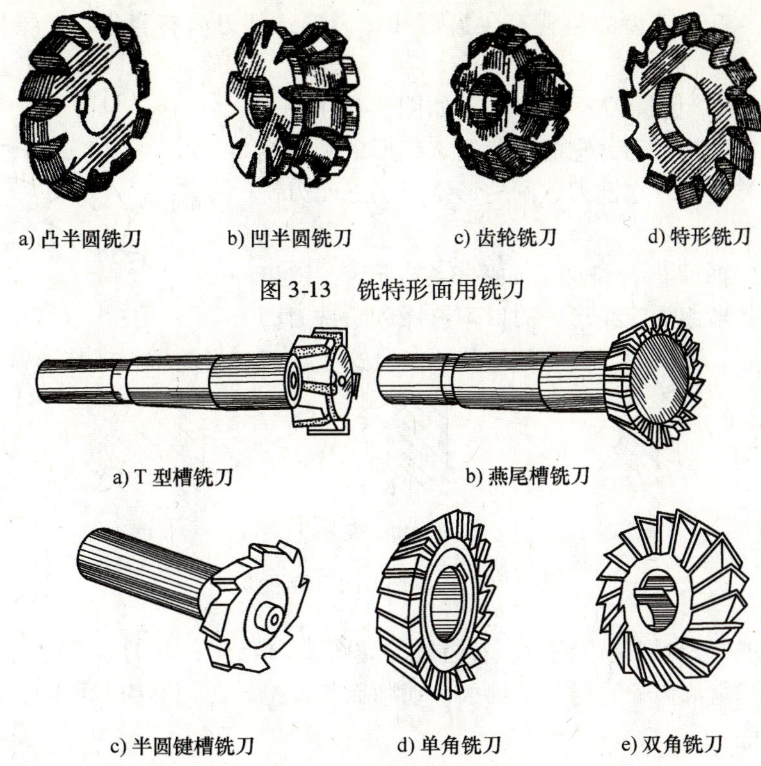

a) 凸半圆铣刀　b) 凹半圆铣刀　c) 齿轮铣刀　d) 特形铣刀

图 3-13　铣特形面用铣刀

a) T 型槽铣刀　b) 燕尾槽铣刀

c) 半圆键槽铣刀　d) 单角铣刀　e) 双角铣刀

图 3-14　铣特形沟槽用铣刀

2. 铣刀的规格

铣刀的规格也很多，具体内容见表 3-2。

表 3-2　铣刀的规格尺寸标注

铣刀类型	规格表示	示　例
圆柱形铣刀、三面刃铣刀、锯片铣刀等带孔铣刀	外径×宽度×孔径	如 75×60×27 的圆柱形铣刀，则表示外径 75mm、宽度 60mm、孔径 27mm
立铣刀、键槽铣刀	以外径尺寸表示	如 ϕ30mm 的立铣刀，表示直径为 30mm
角度铣刀	外径×宽度×孔径×角度	如 60×18×22×60°的角度铣刀表示外径 60mm、宽度 18mm、孔径 22mm、角度 60°的单角铣刀
凸、凹半圆铣刀	以刀具的圆弧半径表示	如 $R8$ 的凸半圆铣刀，表示铣刀的圆弧半径为 8mm

注：铣刀标记中的尺寸均为基本尺寸，但铣刀在使用和刃磨后都有会产生变化，因而在使用时应加以注意。

3. 铣刀刀齿的形状

（1）铣刀的组成。如图 3-15 所示，铣刀由刀体、刀槽角、前刀面和后刀面等部分组成。

铣削时，刀刃切入工件金属层形成切屑，切屑从刀齿上流出的那个面就是前刀面；与已加工表面相对的那个面就是后刀面；前刀面与后刀面相交线处为切削刃。

（2）铣刀的刀齿。铣刀的工作范围很广，种类也很多，因此，铣刀的齿背形状和刀齿形状都各不相同。铣刀刀齿的齿背有尖齿形和铲齿形；其刀齿有直齿、交错齿和螺旋齿形状。

1）尖齿铣刀和铲齿铣刀。尖齿铣刀如图 3-16 所示，其刀齿类似锯齿，很是锋利，它的齿背有直线形、抛物线形和折线形。这类铣刀有立铣刀、圆柱形铣刀、三面刃铣刀等。

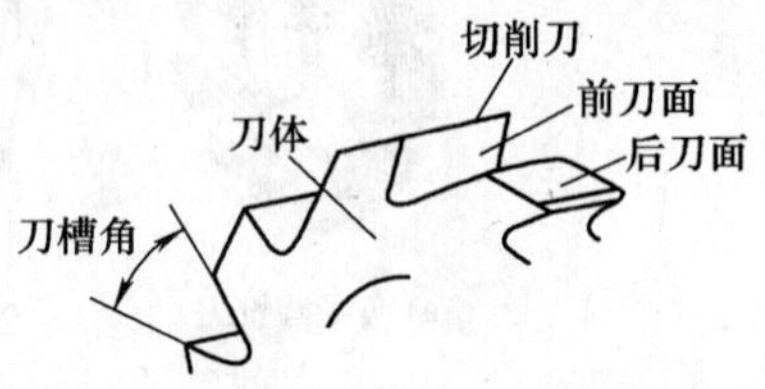

图 3-15　铣刀的组成

铲齿铣刀也叫曲线齿背铣刀。如图 3-17 所示，铲齿铣刀的齿背是阿基米德螺旋线形，刃口不够锋利，铣刀磨损后要刃磨前刀面，刃磨后刀齿几何形状不变。这类铣刀有齿轮铣刀、特形铣刀等。

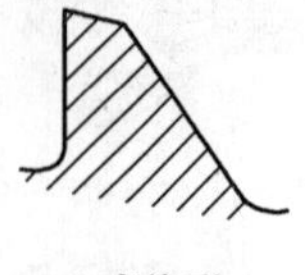
a) 直线形

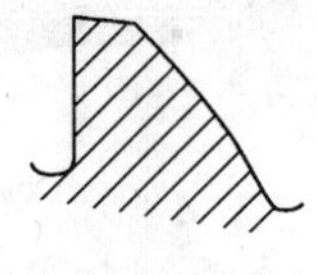
b) 抛物线形

c) 折线形

图 3-16　尖齿铣刀的刀齿形状

2）直齿、交错齿和螺旋齿铣刀。直齿铣刀如图 3-18 所示，其刀齿呈直线形。这种铣刀在切削过程中，其全部齿长同时与工件的被切削面相接触，因而会引起振动，所以要求其宽度尺寸尽量小一些。

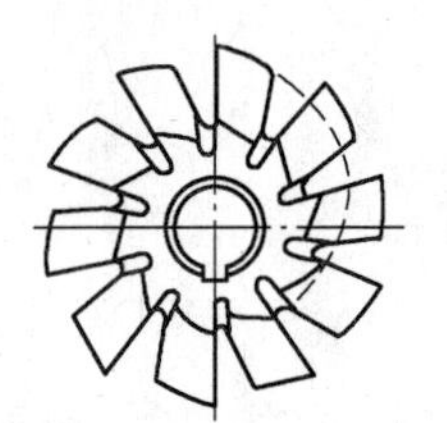
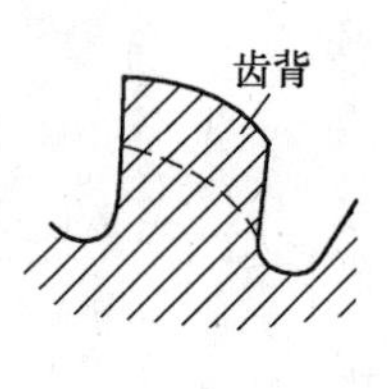

图 3-17　铲齿铣刀及其刀齿形状

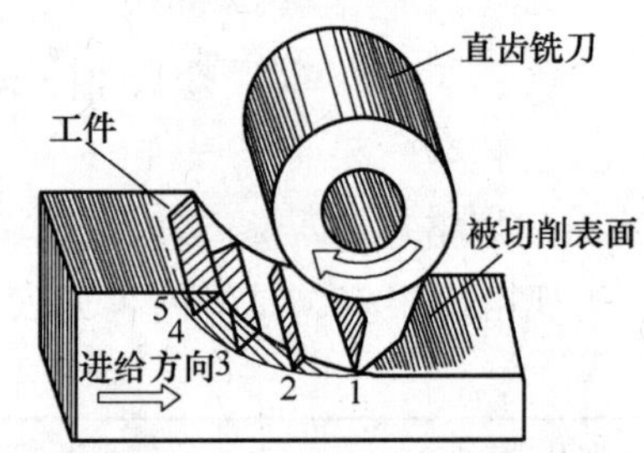

图 3-18　直齿铣刀刀齿形状及其切削情况

交错齿铣刀如图 3-19 所示，它是将相邻的刀齿做成只有一侧的刃（一个向左斜、一个向右斜）。这种铣刀改善了直齿铣刀的切削情况，提高了铣削速度和进给量。

螺旋齿铣刀如图 3-20 所示，其刀齿是斜绕在铣刀刀体上的，切削加工时，前一刀齿未全部离开工件，后一刀齿已经开始切入，没有了冲击并降低了振动，提高了铣刀的使用寿命。

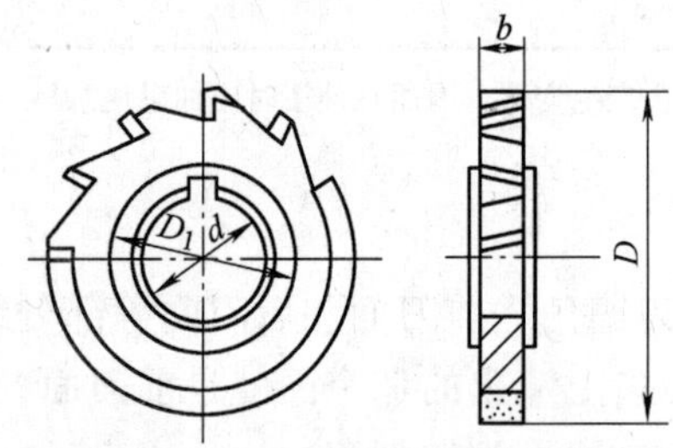

图 3-19　交错齿铣刀刀齿

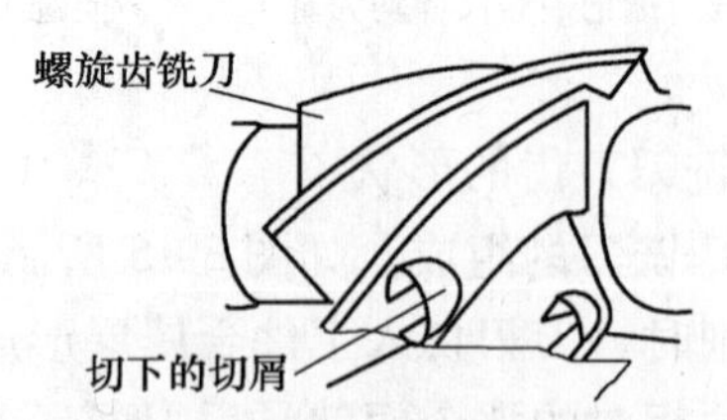

图 3-20　螺旋齿铣刀及其切削情况

4. 铣刀的选择

选择铣刀应先确定好铣刀的种类、规格尺寸和铣刀的齿数与直径的大小，同时，也要考虑铣刀的螺旋方向。

（1）铣刀齿数的选择。铣刀齿数应根据工件材料、加工精度要求来选择。如图 3-21 所示的尖齿铣刀，根据齿数的多少做成粗齿和细齿两种，粗齿铣刀在刀体上的刀齿稀，齿槽角大，排屑方便；细齿铣刀的刀齿较密，加工时能获得较好的表面质量。

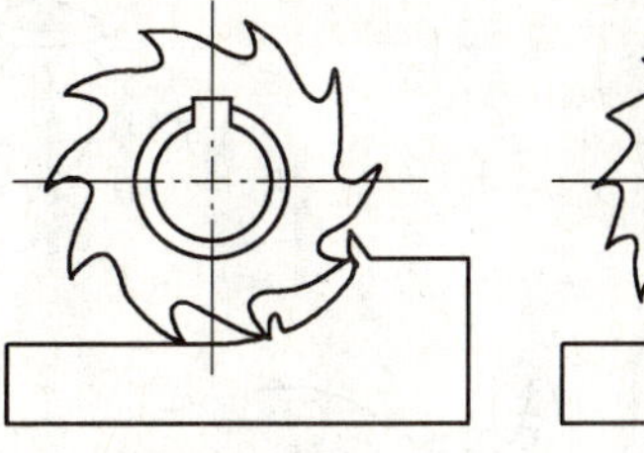

a) 粗齿铣刀

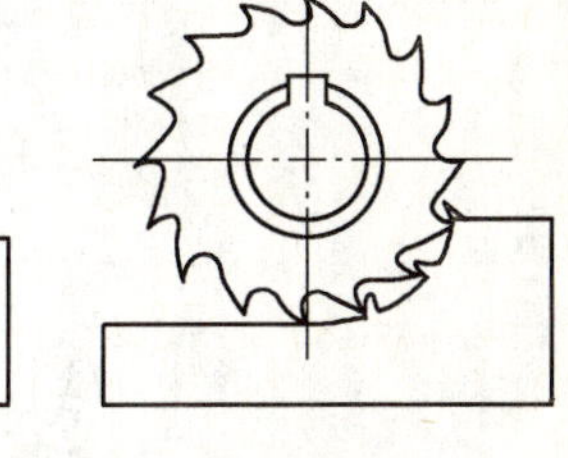

b) 细齿铣刀

图 3-21　铣刀的齿数情况

（2）铣刀直径的选择。铣刀直径的选择取决于铣削时的背吃刀量。背吃刀量越大，铣刀直径就应选得大些，但铣刀的直径过大，又会加大铣刀的行程距离，降低生产率。因此，应根据加工的具体情况来确定。

（3）螺旋方向的选择。螺旋齿铣刀有两种方向。在铣削加工时，会产生很大的轴向推力。因此，在铣削宽平面时，应选择螺旋方向相反的铣刀，并采用如图 3-22a 所示的安装方法，使两把铣刀的轴向力互相靠拢。如果采用图 3-22b 所示的安装方法，铣削时两把铣刀互相推离，铣出的工件表面就会出现一条凸印。

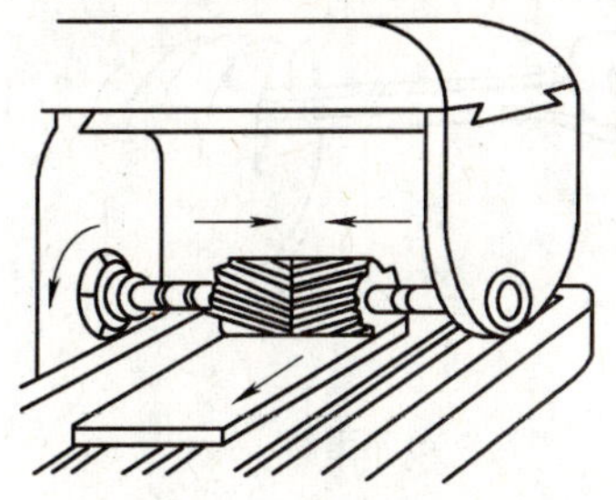

a) 轴向力互相靠拢

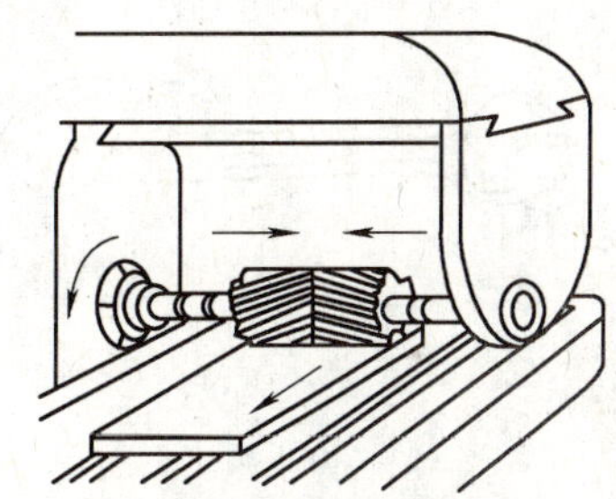

b) 轴向力互相推离

图 3-22　铣刀螺旋方向的选择

知识点四　铣削常用工具

1. 活扳手

如图 3-23 所示，活扳手由活钳口、固定钳口、螺杆和扳手体组成，是用于扳紧六角、四方形螺钉和螺母的工具，其规格是根据扳手长度（mm）和扳口张开尺寸（mm）表示的，如 300 × 36 等。使用时转动螺杆来调整活钳口张开尺寸的大小，使其与所紧固的螺母对边尺寸相适应。紧固螺母时，手握扳手柄部，使扳手体与螺母端部处于平行状态，用力向活钳口的方向将螺母旋紧。

2. 呆扳手

如图 3-24 所示，这类扳手的钳口尺寸是固定的，不能调节。使用时根据螺母、螺钉六角对边尺寸选用相对应的扳手，伸入六角螺母后扳紧。

常用的呆扳手两端钳口的规格尺寸有 5 × 7、8 × 10、9 × 11、12 × 14、14 × 17、17 × 19、19 × 22、22 × 24、24 × 27、27 × 30、30 × 32 等。

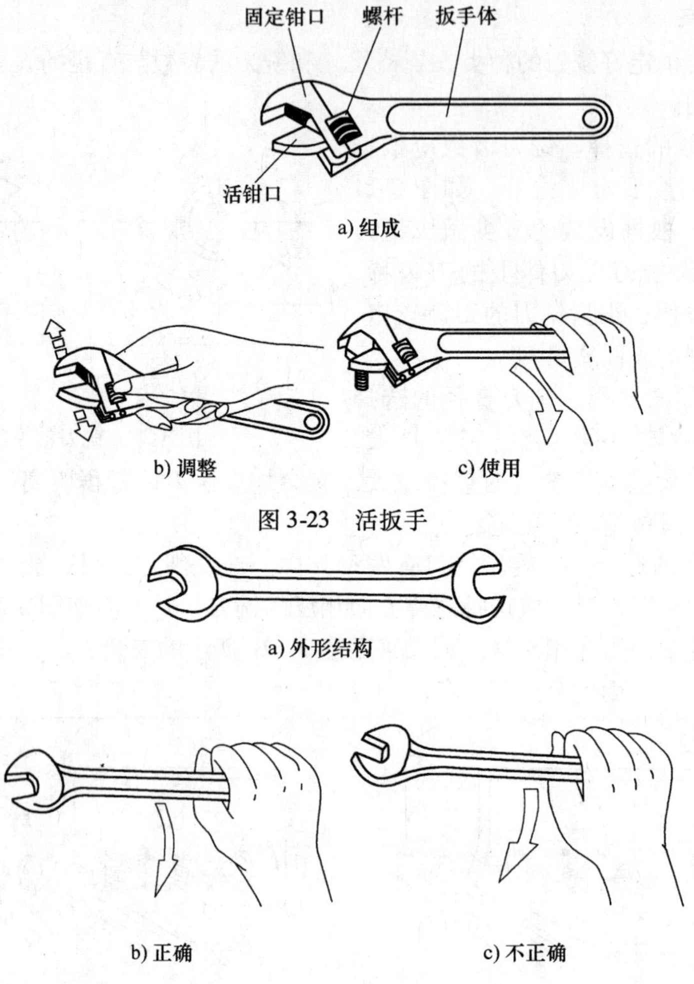

a) 组成

b) 调整　　c) 使用

图 3-23　活扳手

a) 外形结构

b) 正确　　c) 不正确

图 3-24　呆扳手

3. 内六角扳手

如图 3-25 所示，它用于紧固内六角螺钉，其规格以内六角对边尺寸表示，常用有 3mm、4mm、5mm、6mm、8mm、10mm、12mm、14mm、17mm 等。使用时选用相应的内六角扳手，手握扳手长的一端，将扳手短的一端插入内六角孔中，用力将螺钉旋紧或松开。

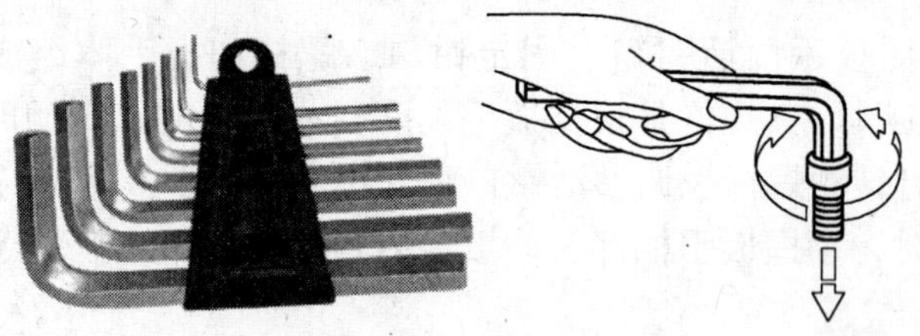

图 3-25　内六角扳手及其使用

4. 钩形扳手

如图 3-26 所示，钩形扳手用来紧固或松开带槽螺母。其规格以所紧固的带槽圆螺母的直径表示。如规格为 34 ~ 36mm 的带槽圆螺母扳手，用来旋紧外径为 34 ~ 36mm 的带槽圆螺母。使用时，先按螺母外径尺寸选择相应的扳手，然后手握扳手柄部，让扳手的舌部伸入螺母槽中，扳手的内圆弧卡在圆螺母的外圆上，用力将螺母旋紧。不准选用与螺母外径尺寸不相适应的扳手，以免损坏螺母或紧固时扳手滑脱伤手。

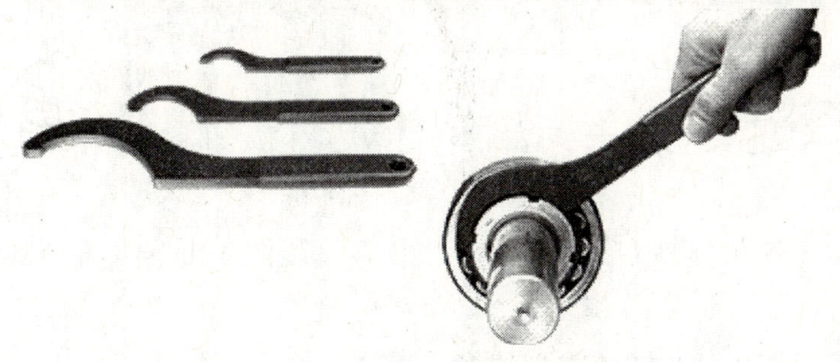

图 3-26　钩形扳手及其使用

5. 螺丝刀

螺丝刀又名起子，由刀体和手柄组成，刀体的头部成刀口形或十字形，其规格以刀体部分的长度表示，有 100mm、150mm、200mm、300mm 等，如图 3-27 所示。使用时，按螺钉沟槽的宽度选择相适应的螺丝刀，右手握住螺丝刀的柄部，左手扶住刀体的前端，使刀体伸入螺钉沟槽内，刀口顶部顶在螺钉沟槽的底部，右手用力转动手柄，将螺钉旋紧。

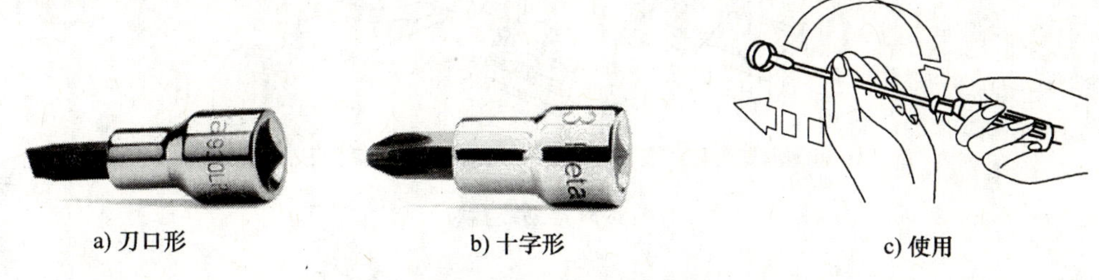

a) 刀口形　b) 十字形　c) 使用

图 3-27　螺丝刀及其使用

6. 锤子

如图 3-28 所示，锤子有钢锤和铜锤（或铜棒），其规格用锤头的质量来表示，有 500g、1000g、1500g 等几种。钢锤是装夹工件和拆卸刀具时敲击用；铜锤用于敲击已加工面。

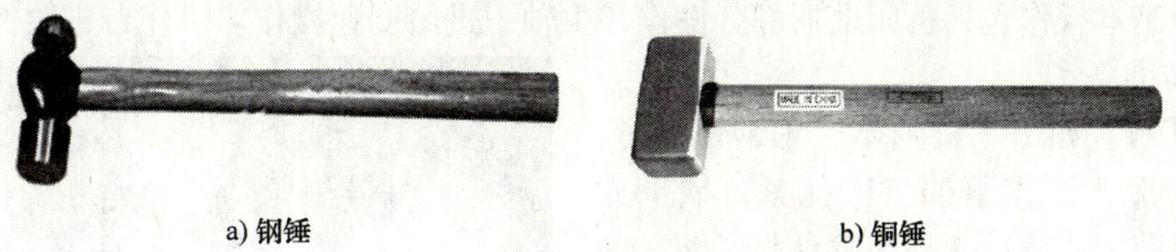

a) 钢锤　b) 铜锤

图 3-28　锤子

7. 锉刀

锉刀的种类很多，铣床上一般采用平锉，主要用来修去工件上的毛刺，其规格以锉刀长度而定，有 150mm、200mm、250mm 等，如图 3-29 所示。使用时右手握住锉刀柄部，接触工件锐边后从左至右斜线锉削，修去工件毛刺。

8. 平行垫块

如图 3-30 所示，平行垫块是装夹工件时用来支持工件。垫块的上、下平面应平行，表面应平整，具有一定的硬度。使用时根据工件的尺寸和装夹要求选择合适的垫块。

图 3-29 锉刀及其使用

图 3-30 平行垫块及其使用

9. 划线盘

划线盘分为普通划线盘和调节式划线盘，普通划线盘一般用于在工件上划线，如图 3-31a 所示；调节式划线盘用于找正工件，如图 3-31b 所示。

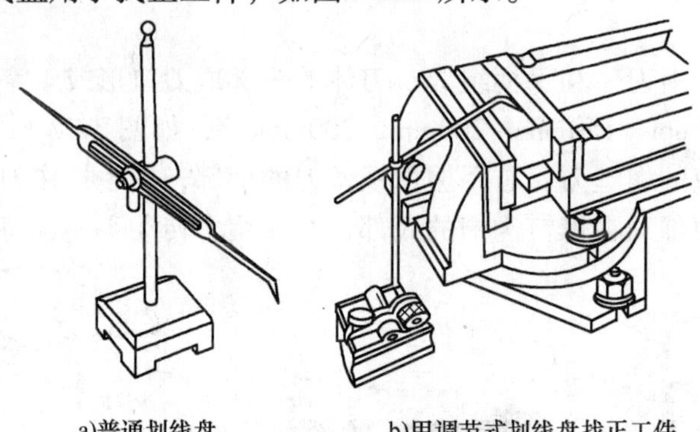

a)普通划线盘　b)用调节式划线盘找正工件

图 3-31 划线盘

3.2 项目基本技能

任务一 铣床的操作

铣床的基本操作包括机床电器部分操作，主轴，进给变速操作，工作台进给操作等。

1. 操作准备

（1）穿戴。如图 3-32 所示，正常铣削时，应穿好工作服，工作服袖口应扎紧，戴平光镜，女生应戴工作帽，并将头发盘起，塞入帽中，操作时不应戴手套或其他手部饰品。

（2）铣工工作场地的布置。合理地布置工作场地将直接影响到辅助时间的长短和加工生产的顺利性。表 3-3 是两种较好的工作场地的布置情况，可供参考。

2. 机床电器部分操作

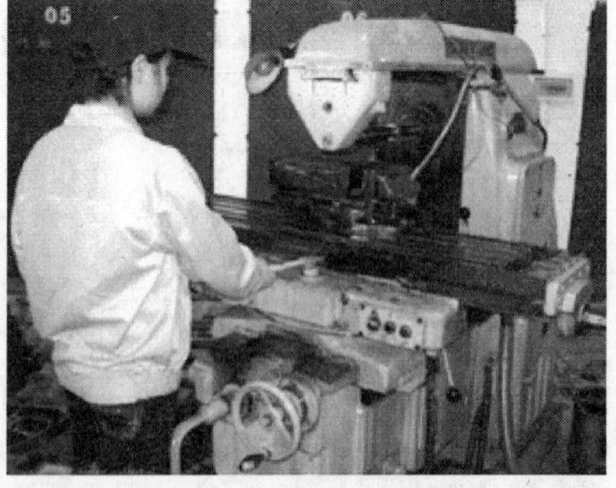

图 3-32 铣削时的穿戴

表 3-3 工作场地的布置

序号	情况说明	场地布置图解
1	在铣床右侧设置一个工具台，把所有的铣刀、量具、工具及辅具按操作顺序放置在离自己很近的地方，以便于自己使用时不用四处乱找；并且很明确地划分出毛坯、半成品的存放区域，缩短了搬运时间	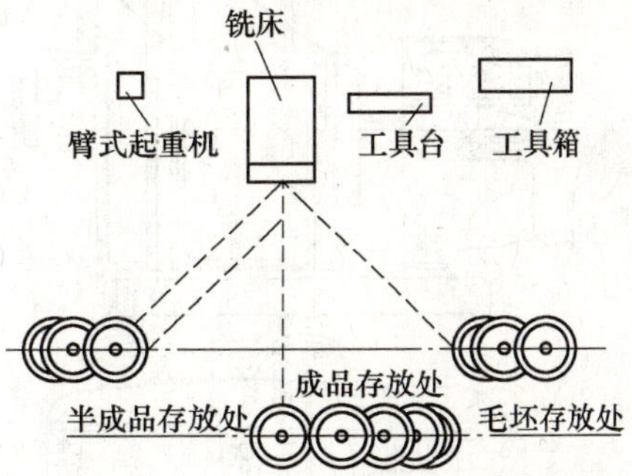 铣床 臂式起重机 工具台 工具箱 成品存放处 半成品存放处 毛坯存放处
2	将工、卡具箱和工、卡具存放台放在自己的身边，加工需要时能方便地拿到并使用；并且毛坯和成品的存放位置离运输通道近，便于搬运输出	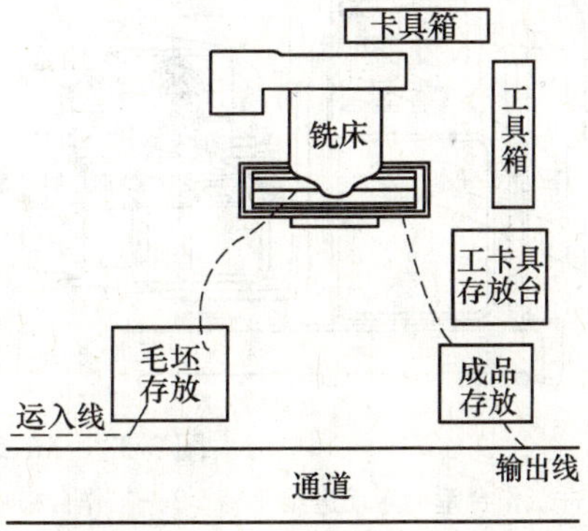 卡具箱 铣床 工具箱 工卡具存放台 毛坯存放 成品存放 运入线 通道 输出线

铣床的型号很多，现重点介绍 X6132 型卧式万能升降台铣床，它的各个操作位置及方法如图 3-33 所示。

（1）电源转换开关。电源转换开关在床身左侧下部，操作机床时，先将转换开关顺时针方向转换至接通位置，操作结束时，逆时针方向转换至断开位置。

（2）主轴换向转换开关。主轴换向转换开关在电源转换开关右边，处于中间位置时主轴停止，将换向开关顺时针方向转换至右转位置时，主轴右向旋转，逆时针方向转换至左转位置时，则主轴左向旋转。

（3）冷却泵转换开关。冷却泵转换开关在床身右侧下部，操作中使用切削液时，将冷却泵转换开关转换至接通位置。

（4）圆工作台转换开关。圆工作台转换开关在冷却泵转换开关右边，在铣床上安装和使用机动回转工作台时，将转换开关转换至接通位置。一般情况放在停止位置，否则机动进给全部停止。

（5）主轴及工作台起动按钮。主轴及工作台起动按钮在床身左侧中部及横向工作台右上方，两边为连动按钮。起动时，用手指按动按钮，主轴或工作台丝杠即起动。

（6）主轴及工作台停止按钮。主轴及工作台停止按钮在起动按钮右面，要使主轴停止转动时，按动按钮，主轴或工作台丝杠即停止转动。

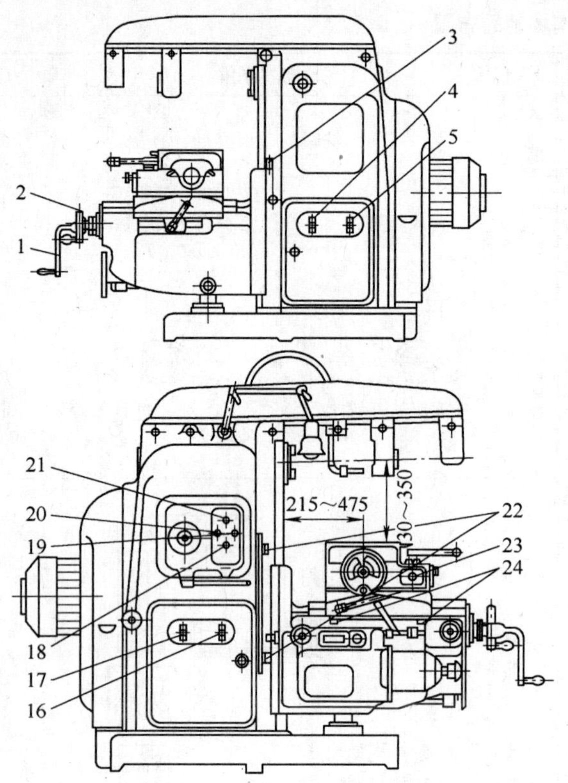

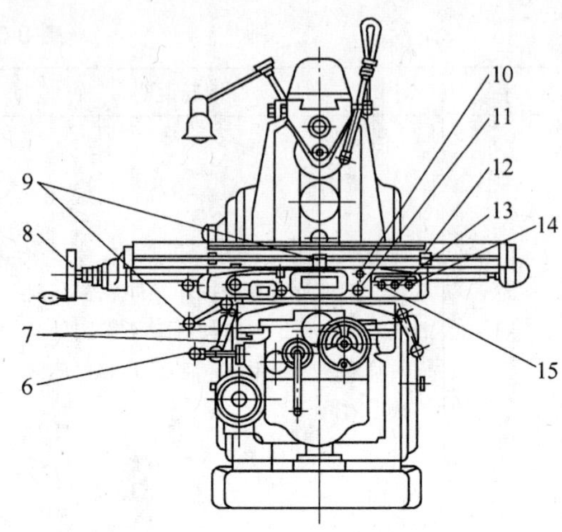

图 3-33　X6132 型卧式万能铣床操纵位置图

1—工作台垂向手动进给手柄　2—工作台横向手动进给手柄　3—垂向工作台紧固手柄　4—冷却泵转换开关　5—圆工作台转换开关　6—工作台横向及垂向机动进给手柄　7—横向工作台紧固手柄　8—工作台纵向手动进给手柄　9—工作台纵向机动进给手柄　10—纵向工作台紧固螺钉　11—回转盘紧固螺钉　12—纵向机动进给停止挡铁　13、20—主轴及工作台起动按钮　14、19—主轴及工作台停止按钮　15、21—工作台快速移动按钮　16—主轴换向转换开关　17—电源开关　18—主轴上刀制动开关　22—垂向机动进给停止挡铁　23—手动油泵手柄　24—横向机动进给停止挡铁

(7) 工作台快速移动按钮。工作台快速移动按钮在起动、停止按钮上方及横向工作台右上方左边一个按钮。要使工作台快速移动时，先开动进给手柄，再按着按钮，工作台即按原运动方向做快速移动；放开快速按钮，快速进给立即停止，仍以原进给速度继续进给。

(8) 主轴上刀制动开关。主轴上刀制动开关在床身左侧中部，起动、停止按钮下方。当上刀或换刀时，先将转换开关转换到接通位置，再上刀或换刀，此时主轴不旋转，上刀完毕，再将转换开关转换到断开位置。

3. 主轴、进给变速操作

(1) 主轴变速操作。主轴变速箱装在床身左侧窗口上，变换主轴转速由手柄和转数盘来实现，如图 3-34 所示。主轴转速有 30～1500r/min 共 18 种。变速时，操作步骤如下。

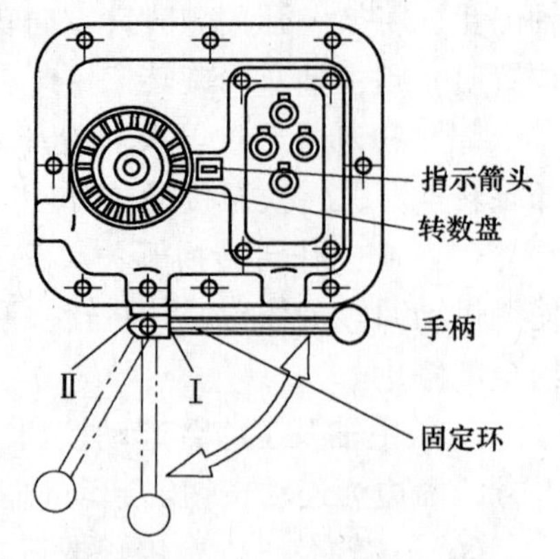

图 3-34　主轴变速操作

1）手握变速手柄，把手柄向下压，使手柄的榫块自固定环的槽Ⅰ中脱出，再将手柄外拉，使手柄的榫块落入固定环的槽Ⅱ内。

2）转动转数盘，把所需的转速数字对准指示箭头。

3）把手柄向下压后推回原来位置，使榫块落进固定环槽Ⅰ，并使之嵌入槽中。

变速时，扳动手柄时要求推动速度快一些，在接近最终位置时，推动速度减慢，以利齿轮啮合。变速时若发现齿轮相碰声，应待主轴停稳后再变速。为了避免损坏齿轮，主轴转动时严禁变速。

（2）进给变速操作。进给变速箱是一个独立部件，装在垂向工作台的左边，有18种进给速度，范围是23.5～1180mm/min。速度的变换由进给操作箱来控制，操作箱装在进给变速箱的前面，如图3-35所示。变换进给速度的操作步骤如下。

1）双手把蘑菇形手柄向外拉出。

2）转动手柄，把转数盘上所需的进给速度对准指示箭头。

3）将蘑菇形手柄再推回原始位置。

变换进给速度时，如发现手柄无法推回原始位置时，可再转动转数盘或将机动进给手柄开动一下。允许在机床开动情况下进行进给变速，但机动进给时，不允许变换进给速度。

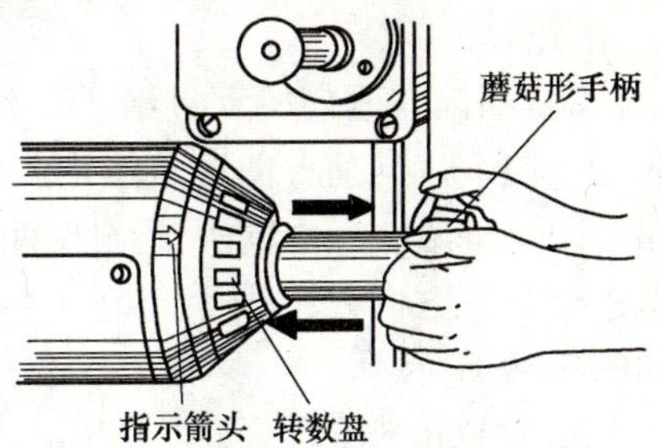

图3-35 进给变速操作

4. 工作台进给操作

（1）工作台手动进给操作。

1）纵向手动进给。工作台纵向手动进给手柄在工作台左端。当手动进给时，将手柄与纵向丝杠接通，右手握手柄并略加力向里推，左手扶轮子做旋转摇动，如图3-36所示。摇动时速度要均匀适当，顺时针摇动时，工作台向右移动做进给运动，反之则向左移动。纵向刻度盘圆周刻线120格，每摇一转，工作台移动6mm，每摇动一格，工作台移动0.05mm。

2）横向手动进给。工作台横向手动进给手柄在垂向工作台前面。手动进给时，将手柄与横向丝杠接通，右手握手柄，左手扶轮子做旋转摇动。顺时针方向摇动时，工作台向前移动，反之向后移动。每摇一转，工作台移动6mm，每摇动一格，工作台移动0.05mm。

3）垂向手动进给。工作台垂向手动进给手柄在垂向工作台前面左侧。手动进给时，使手柄离合器接通，手握手柄，顺时针方向摇动时，工作台向上移动，反之向下移动，如图3-37所示。

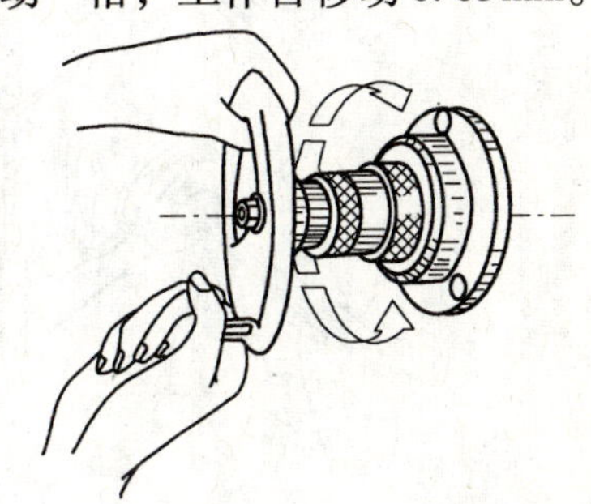

图3-36 纵向手动进给操作姿势

垂向刻度盘上刻有40格，每摇一转时，工作台移动2mm，每摇动一格，工作台移动0.05mm。由于丝杠和螺母间的配合存在间隙，滑板会产生空行程（丝杠带动滑板已转动，而滑板并没立即移动）。当手柄摇过头时，不能直接退回至所需的刻线处，应将手柄退回一转后，再重新摇至所需刻线处。

（2）工作台机动进给操作。

1）纵向机动进给。工作台纵向机动进给手柄为复式，手柄有三个位置，向右、向左及停止，如图 3-38 所示。当手柄向右扳动时，工作台向右进给；中间为停止位置；手柄向左扳动时，工作台向右进给。

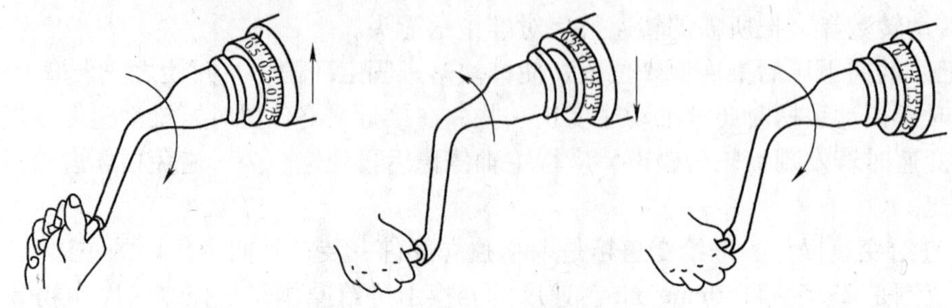

图 3-37　垂向手动进给操作姿势

2）横向、垂向机动进给。工作台横向、垂向机动进给手柄为复式，手柄有五个位置，向上、向下、向前、向后及停止。当手柄向上扳时，工作台向上进给，反之向下；当手柄向前扳时，工作台向里进给，反之向外；当手柄处于中间位置，进给停止，如图 3-39 所示。

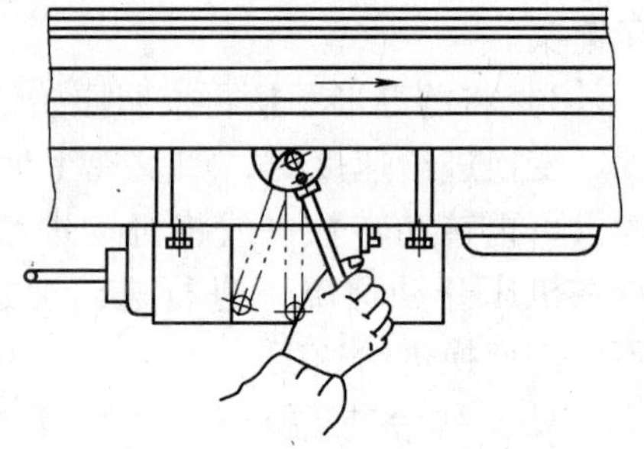

图 3-38　工作台纵向机动进给操作

5. 铣床的调整

（1）万能铣床工作台零位的调整。如果铣床工作台零位不准，则纵向工作台的进给方向与主轴轴线不垂直。加工时，如用三面刃铣刀铣直角槽，则粗糙度较粗，槽形上宽下窄，并为凹圆弧形，如图 3-40 所示；如用锯片铣刀铣槽或切断，会造成切口不平，产生啸叫，甚至打刀；如果铣削直齿柱齿轮，会产生齿形畸变。

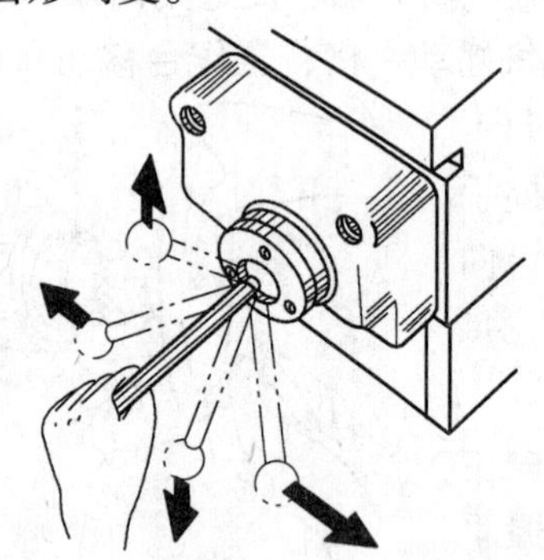

图 3-39　工作台横向、垂向机动进给操作

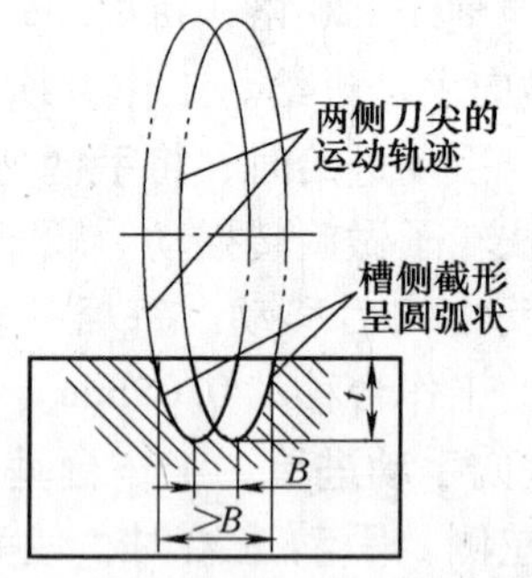

图 3-40　工作台零位误差对铣槽的影响

调整方法：使工作台位于纵向、横向和中间位置，固紧升降台，放松回转台的紧固螺钉，如图 3-41 所示。将百分表固定在插入主轴锥孔的角形表架上，使触头顶在紧靠中央 T 形槽侧面 a 处的专用滑块上。转动主轴，并将滑块移动距 a 为 300mm 的 b 处检验。应按百分表两次读数将工作台调整到 a、b 两处 300mm 的间距允差不大于 0.02mm。

（2）卧式铣床万能立铣头零位的调整。如果立铣头零位不准，则主轴轴线与工作台不垂直，加工时，将发生类似万能铣床工作台零位不准所发生的质量问题。例如用面铣刀铣平面，横向进给铣削会使铣削平面和工作台面倾斜，纵向进给铣削会铣出一个凹面，如图3-42所示，其刀痕为单向的弧形纹路。如果镗孔，当升降台垂直进给时，会镗出椭圆孔；当主轴套筒进给时，会产生孔的轴线歪斜。

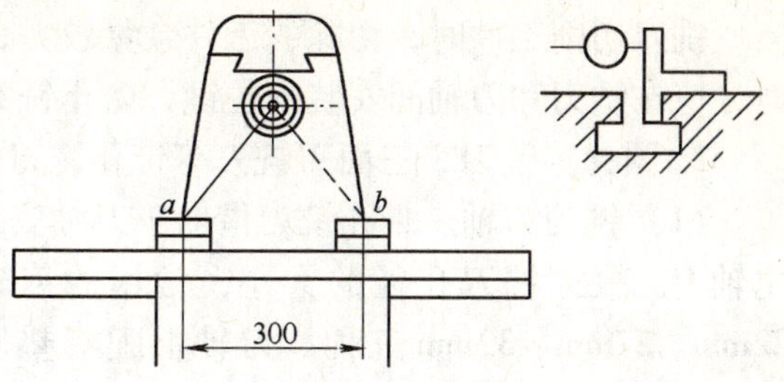

图3-41　万能铣床工作台零位的调整

调整方法：如图3-43所示，在主轴孔中安装锥柄检验棒，并在工作台上固定百分表座，使表触头与检验棒外圆纵向素线接触，然后升降工作台，看表针读数变化情况，再调整转动铣头。因该立铣头能在两个方向转动，所以在检验棒圆周上（横向外素线）间隔90°处再校验调整一次。

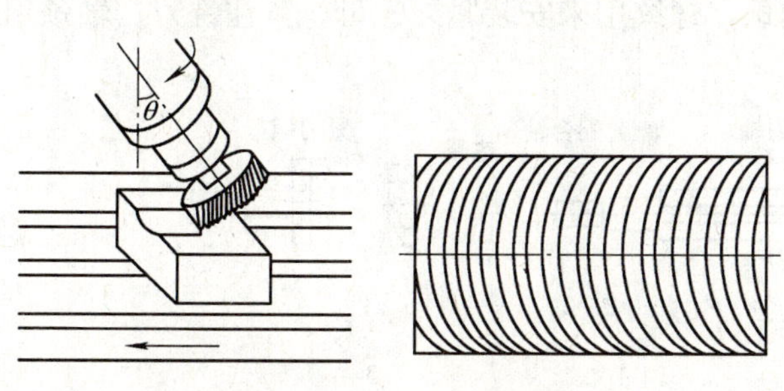

图3-42　立铣头零位不准铣出凹面

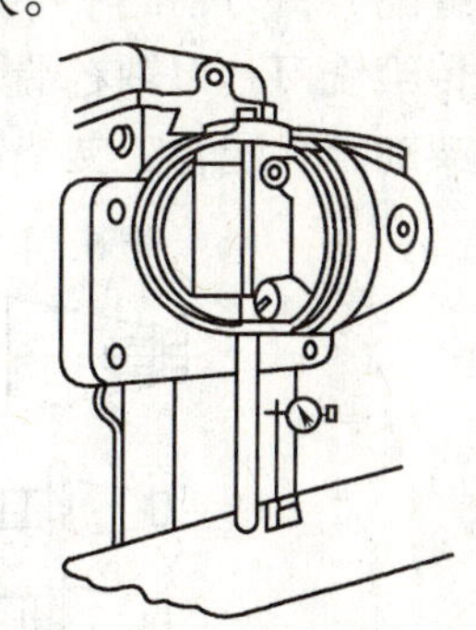
图3-43　万能立铣头零位调整

任务二　铣刀的安装

1. 铣刀的安装要求

为了增加铣刀切削时的刚性，铣刀应尽量靠近床身安装，刀杆支架尽量靠近铣刀安装。由于铣刀的前刀面形成切削，铣刀应向着前刀面的方向旋转切削工件，否则会因刀具不能正常切削而崩刀齿。

铣刀切削一般的钢材或铸铁件时，切除的工件余量或切削的表面宽度不大时，铣刀的旋转方向应与刀轴紧刀螺母的旋紧方向相反，即从刀杆支架一端观察，使用左旋铣刀或右旋铣刀，都使铣刀按逆时针方向旋转切削工件，如图3-44所示。使用右旋铣刀时，应使铣刀按顺时针方向旋转切削工件；使用左旋铣刀时，应使铣刀按逆时针方向旋转切削工件，使轴向力指向铣床主轴，增加铣削工作的平稳性。

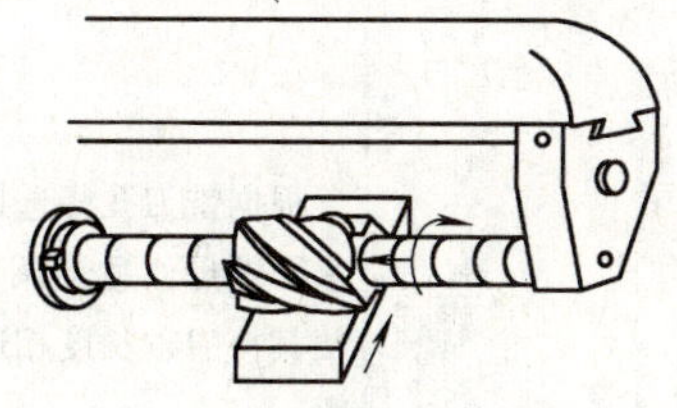
a) 右旋铣刀顺时针旋转

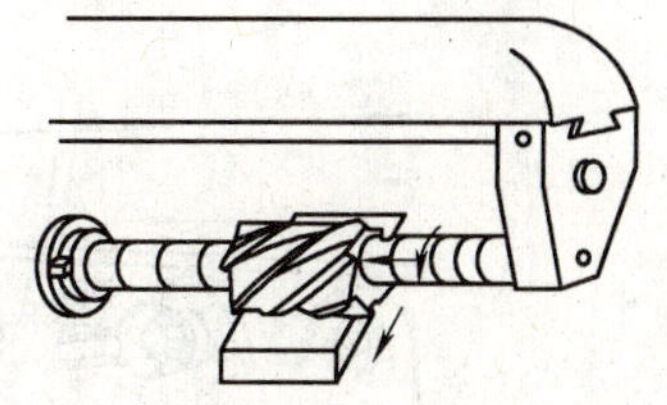
b) 左旋铣刀逆时针旋转

图3-44　轴向力指向铣床主轴

铣刀切削工件时，切除的工件余量较大，切削的表面较宽，或切削的工件材料硬度较高时，应在铣刀和刀轴间安装定位键，防止铣刀切削中产生松动现象，如图 3-45 所示。

2. 圆柱形铣刀、三面刃铣刀等带孔铣刀的安装

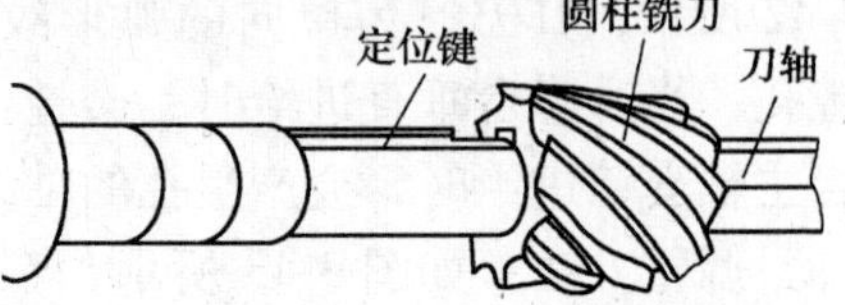

图 3-45　在铣刀和刀轴间安装定位键

（1）铣刀刀轴。带孔铣刀借助于刀轴安装在铣床主轴上。根据铣刀孔径的大小，常用的刀轴直径有 22mm、27mm、32mm 三种，刀轴上配有垫圈和紧刀螺母，如图 3-46 所示。刀轴左端是 7∶24 的锥度，与铣床主轴锥孔配合，锥度的尾端有内螺纹孔，通过拉紧螺杆，将刀轴拉紧在主轴锥孔内；刀轴锥度的前端有一凸缘，凸缘上有两个缺口，与主轴端的凸缝配合；刀轴的中部是光轴，安装铣刀和垫圈，轴上还带有键槽，用来安装定位键，将扭矩传给铣刀；刀轴右端是螺纹和轴颈，螺纹用来安装紧刀螺母，紧住铣刀，轴颈用来与刀杆支架轴承孔配合，支持铣刀刀轴。

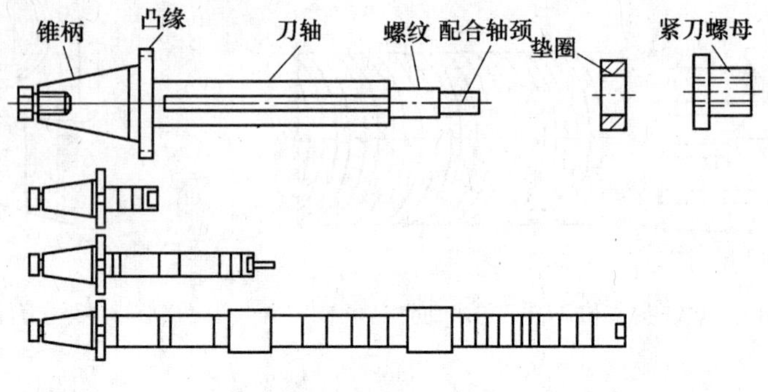

图 3-46　铣刀刀轴

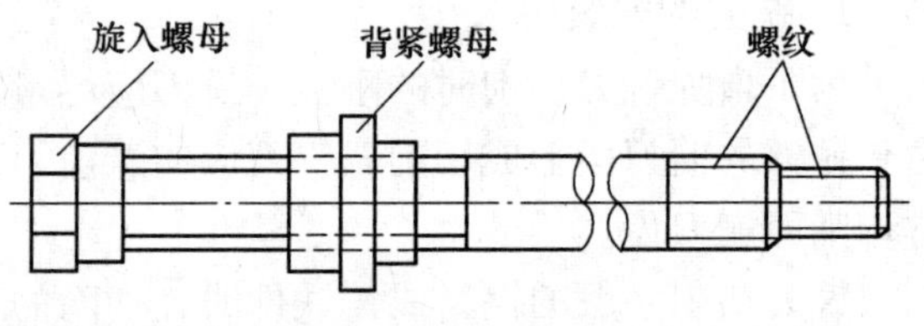

图 3-47　刀轴拉紧螺杆

（2）刀轴拉紧螺杆。如图 3-47 所示，拉紧螺杆用来将刀轴拉紧在铣床主轴锥孔内，左端旋入螺母与杆固定在一起，用来将螺纹部分旋入铣刀或刀轴的螺纹孔中，背紧螺母用来将铣刀或刀轴拉紧在铣床主轴锥孔内。

（3）圆柱形铣刀的安装步骤见表 3-4。

表 3-4　圆柱形铣刀的安装步骤

操作步骤	图　示	说　明
调整悬梁伸出长度		根据铣刀孔径选择刀轴。松开悬梁紧固螺母，适当调整悬梁伸出长度，使其与刀轴长度相适应，然后紧固悬梁

（续）

操作步骤	图　示	说　明
擦净主轴锥孔和刀轴锥柄		安装刀轴前应擦净主轴锥孔和刀轴锥柄，以免因脏物影响刀轴的安装精度
安装刀轴	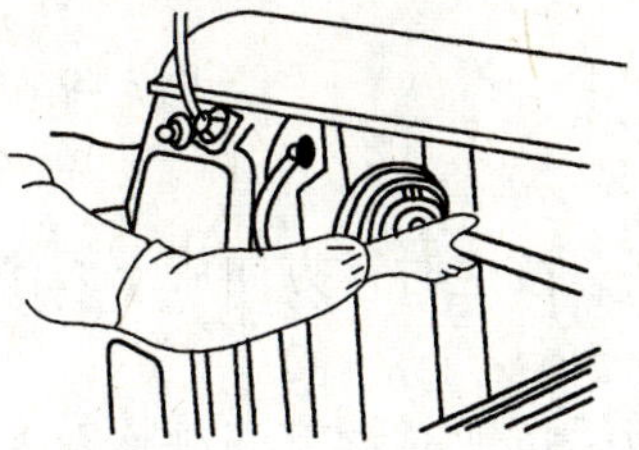	将主轴转速调至最低（30r/min）或锁紧主轴。右手拿刀轴，将刀轴的锥柄装入主轴锥孔（装刀时刀轴凸缘上的槽应对准主轴端部的凸键），再用扳手旋紧拉紧螺杆的背紧螺母，将刀轴拉紧在主轴锥孔内
安装垫圈和铣刀		擦净刀轴、垫圈和铣刀，再确定铣刀在刀轴上的位置，装上垫圈和铣刀，用手顺时针旋紧刀螺母。安装时，注意刀轴配合轴颈与刀杆支架轴承孔应有足够的配合长度
安装并紧固刀杆支架		擦净刀杆支架轴承孔和刀轴配合轴颈，适当注入润滑油，调整刀杆支架轴承，双手将刀杆支架装在悬梁导轨上，适当调整刀杆支架轴承孔和刀轴配合轴颈的配合间隙，再用双头扳手紧固刀杆支架
紧固刀杆支架和铣刀	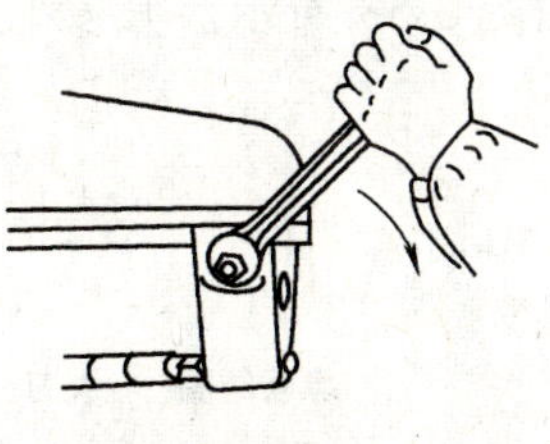 紧固刀杆支架 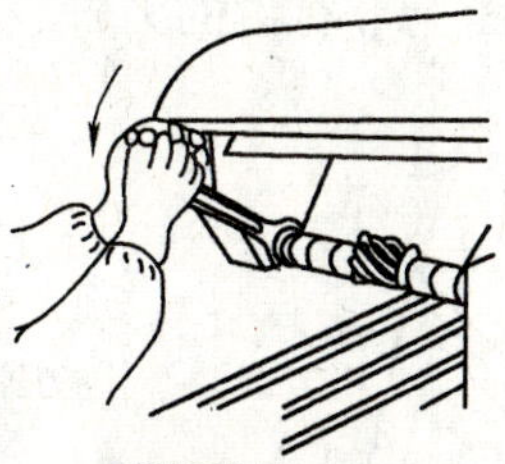　　紧固铣刀	紧固刀杆支架后再紧固铣刀。紧固铣刀时，由刀杆支架前面观察，用扳手按顺时针方向旋紧刀轴紧刀螺母，通过垫圈将铣刀夹紧在刀轴上

（4）铣刀的拆卸。

1）松开铣刀。卸下铣刀时，先将主轴转速调到最低（30r/min）或锁紧主轴。从刀杆支架前面观察，用扳手按逆时针方向旋转刀轴紧刀螺母，松开铣刀，如图 3-48 所示。

2）松开并卸下刀杆支架。松开铣刀后，调节刀杆支架轴承，再松开刀杆支架，如图 3-49 所示，然后取下刀杆支架。

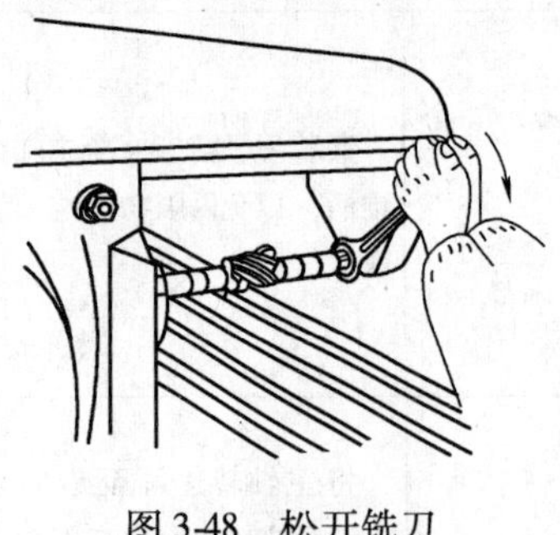
图 3-48　松开铣刀

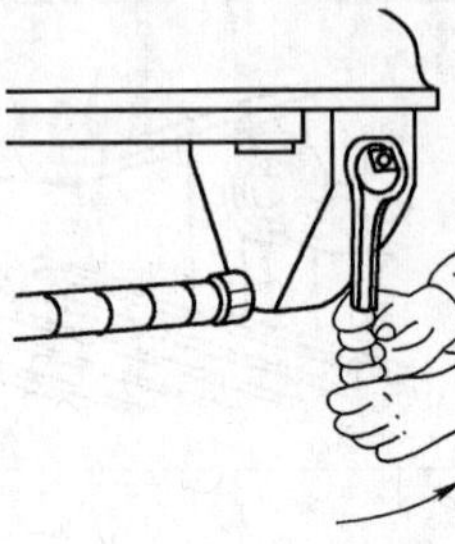

图 3-49　松开刀杆支架

3）取下垫圈和铣刀。卸下刀杆支架后，按逆时针方向旋下刀轴紧刀螺母，取下垫圈和铣刀。

4）卸下刀轴。从主轴后端观察，用扳手按逆时针方向旋松拉紧螺杆的背紧螺母，如图 3-50 所示。然后用锤子轻击拉紧螺杆的端部，如图 3-51 所示。再用左手旋出拉紧螺杆，右手握刀轴，取下刀轴。

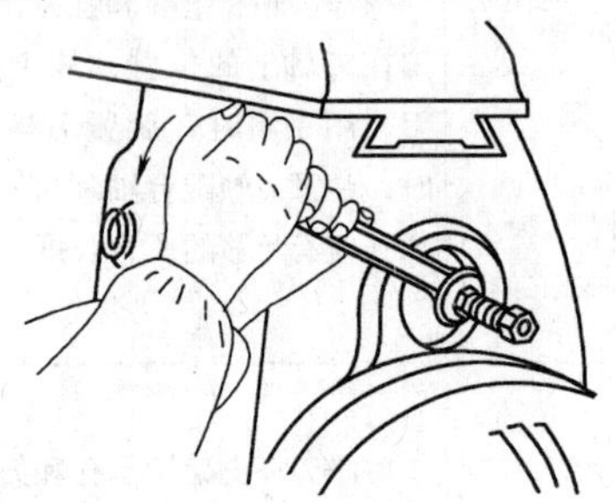
图 3-50　松开拉紧螺杆的背紧螺母

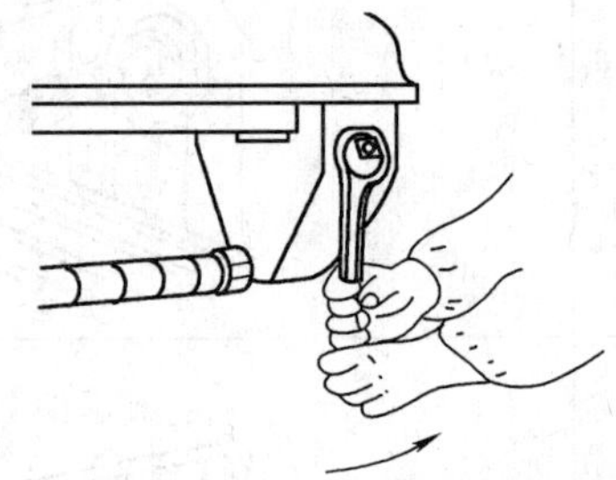
图 3-51　用锤子轻击拉紧螺杆端部

5）铣刀刀轴的放置。刀轴卸下后，应垂直放置在专用的支架上，如图 3-52 所示，以免因放置不当而引起刀轴弯曲变形。

3. 套式铣刀的安装

套式面铣刀一般选用凸缘端面上带有键的刀杆，如图 3-53 所示。其安装和拆卸步骤如下。

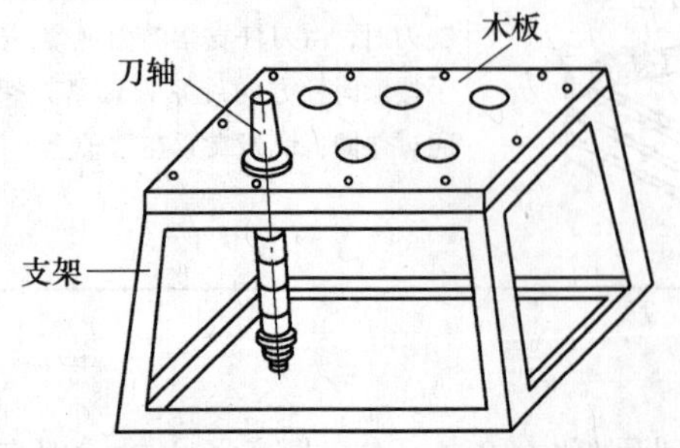

图 3-52　放置刀轴的支架

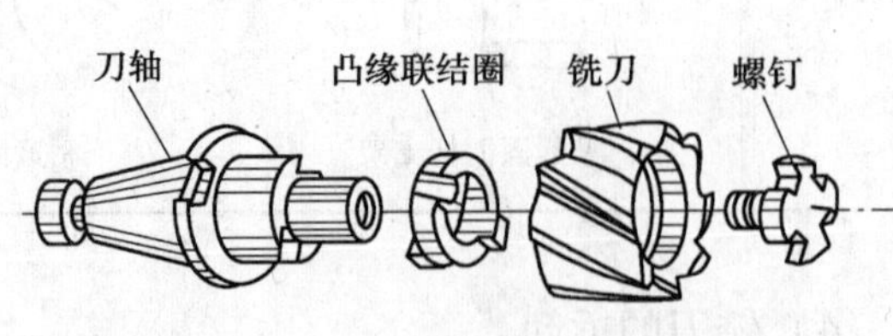

图 3-53　套式面铣刀的安装

（1）擦干净铣床主轴锥孔和铣刀杆锥柄部分。

（2）将铣刀杆锥柄装入锥孔，凸缘联结圈上的缺口对准主轴端面键块后用拉紧螺杆紧固刀杆。

（3）装上凸缘联结圈，并使联结圈上的键对准刀轴上的槽。

（4）安装铣刀，将铣刀端面及孔径擦净，使铣刀端面上的槽对准凸缘联结圈上的键，然后旋入螺钉，用十字扳手扳紧。

（5）套式面铣刀拆卸时，先松开螺钉，然后依次拆下铣刀、联结圈、刀轴。拆卸和安装时都必须注意安全操作，以免被锋利的刀尖刀刃划伤。特别是在用十字扳手扳紧螺钉时，应注意自我保护。

（6）安装铣刀后，注意检查立铣头与工作台面的垂直度。

4. 带柄立铣刀的安装

直柄立铣刀用钻夹头装夹后安装在铣床主轴锥孔内；锥柄铣刀直接或用过渡套筒装夹后安装在铣床主轴内，如图 3-54 所示。

5. 可转位铣刀的安装

可转位铣刀如图 3-55 所示，安装刀体的方法与安装刀杆的方法相同。铣刀刀片的定位夹紧方式很多，这里采用楔块在刀片前面的螺栓楔块夹紧结构。

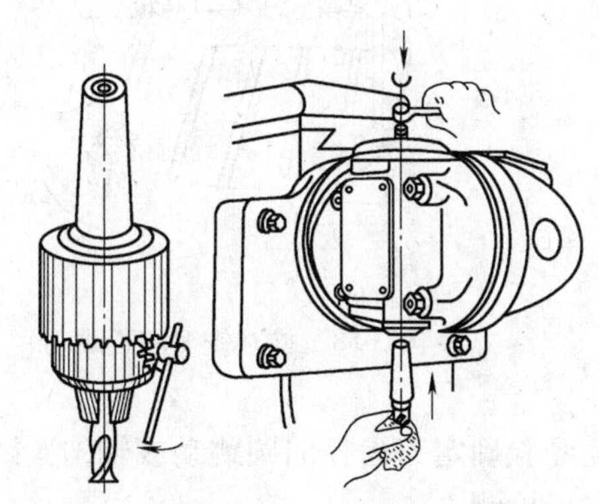

a) 直柄立铣刀的安装　b) 锥柄立铣刀的安装

图 3-54　带柄立铣刀的安装

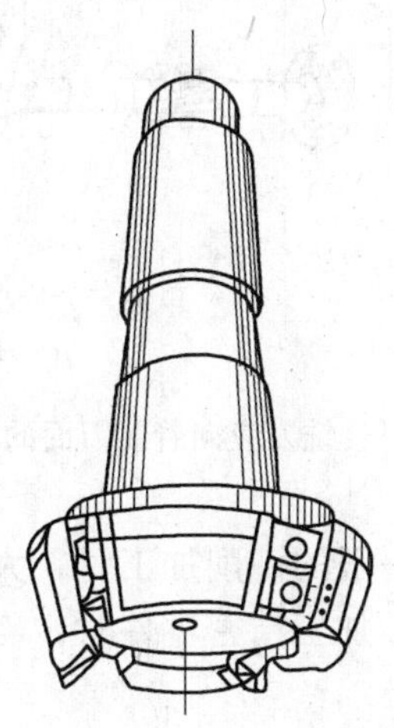

图 3-55　可转位铣刀

刀片安装的步骤（参见图 3-56）如下。

（1）在刀体上装刀垫，使刀垫紧贴刀体槽侧面。

（2）装楔块，将螺钉旋入螺孔内，用内六角扳手扳紧，使刀垫与刀体槽侧面压紧。

（3）装楔块，将螺钉旋入螺孔内。

（4）将刀片装入刀垫，使其与两定位面接触，然后用内六角扳手扳紧。

（5）安装铣刀和刀片后，应检查刀片的安装精度，检查时可用百分表测量各刀片最低点的显示值的波动范围，也可以试铣一个平面，然后观测刀片最低点与被切平面的间隙来判断刀片的安装精度。此外，为达到平面度要求，注意检查立铣头与工作台面的垂直度。

6. 铣刀安装后的检查

铣刀安装后，需检查以下内容。

（1）检查铣刀是否紧固。

（2）检查刀杆支架轴承孔与刀轴配合轴颈的配合间隙是否适当。一般以切削时不振动，刀杆支架轴承不发热为宜。

（3）检查刀齿的旋向是否正确。机床开动后，铣刀应向着前刀面的方向旋转，如图3-57所示。

（4）检查刀齿的径向圆跳动和轴向圆跳动。用百分表进行检测，检测时，将磁性表座吸在工作台面上，使表的测量触头触到铣刀的刃口部位，用扳手向着铣刀后刀面的方向旋转铣刀，观察表的指针在旋转一周内的变化情况，如图3-58所示。一般要求不超过0.05~0.08mm。

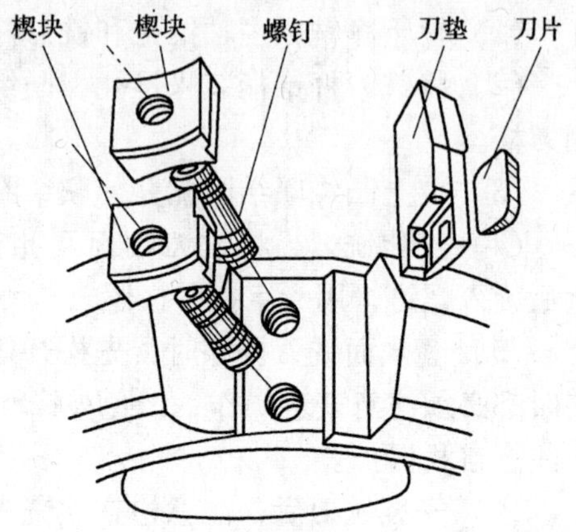

图3-56 可转位面铣刀的安装

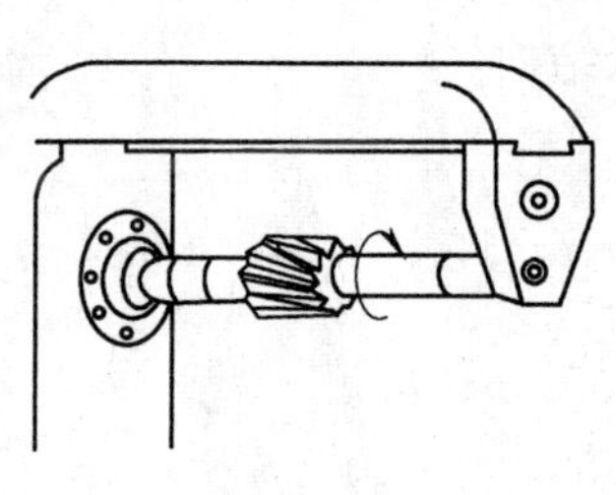
图3-57 铣刀应向着前刀面的方向旋转

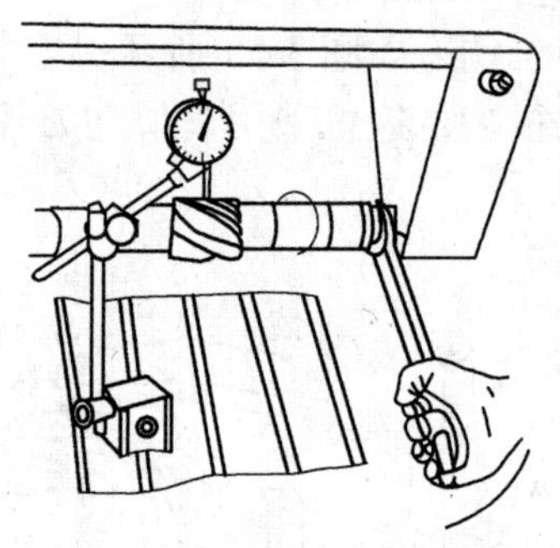
图3-58 检查铣刀的圆跳动

进行一般的铣削加工时，大都用目测法或凭经验确定刀齿径向圆跳动或轴向圆跳动是否符合要求。加工精密零件时，需采用以上方法进行检测。

任务三 平面的铣削

1. 平面铣削的基本形式

（1）周边铣削与端面铣削。

1）周边铣削。周边铣削如图3-59所示，简称周铣，是指用铣刀的圆周切削刃进行的铣削。铣削平面利用的是分布在圆柱面上的切削刃，用周铣法加工而成的平面，其平面度和表面粗糙度主要取决于铣刀的圆柱度和铣刀刃口的修磨质量。

2）端面铣削。端面铣削如图3-60所示，简称端铣，是指用铣刀端面上的切削刃进行的铣削。铣削平面利用的是铣刀端面上的刀尖（或端面修光切削刃），用端铣法加工而成的平面，其平面度和表面粗糙度主要取决于铣床主轴的轴线与进给方向的垂直度和铣刀刀尖部分的刃磨质量。

3）周铣和端铣的对比。表3-5对周边铣削和端面铣削的特点进行了对比分析。

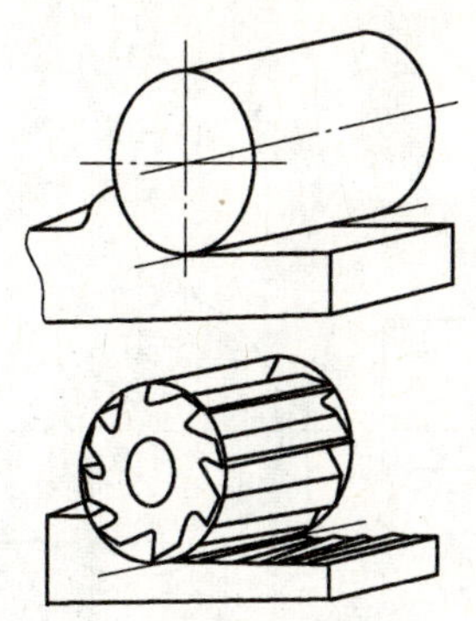

图 3-59　周边铣削

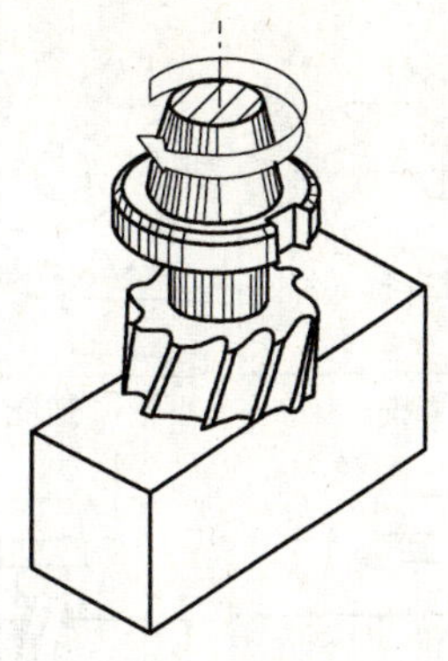

图 3-60　端面铣削

表 3-5　周边铣削和端面铣削的对比

比较内容	周边铣削	端面铣削
铣削层深度	可很大，必要时可超过 20mm	由于受切削刃长度的限制，不能很深，一般在 20mm 以内
铣削层宽度	圆柱形铣刀的长度不太长（最长为 160mm），铣削层宽度一般小于 160mm	面铣刀的直径可做得很大，铣削层宽度可很宽（目前有直径大于 600mm 的面铣刀）
进给量	同时参加切削的齿数少，刀轴刚性差，进给量较小	同时参加切削的齿数多，进给量较大
铣削速度	刚性差，铣削速度较低	刀轴短，刚性好，铣削平稳，铣削速度较高，尤其适于高速切削
平面度	主要决定于铣刀的圆柱度，可能产生凹，也可能产生凸，对大平面还产生接刀痕	主要决定于铣床主轴与进给方向的垂直度，在整个铣刀通过时铣出的平面只可能凹，不可能凸，适宜于加工大平面
表面粗糙度	要减小表面粗糙度值，只能减少每齿进给量和每转进给量，但这样会降低生产率。增大铣刀直径也能减小表面粗糙度，但增大铣刀直径会受到一定的限制。表面粗糙度可达 *Ra*1.6μm	在每齿进给量相同的条件下，铣出的表面粗糙度值要比周铣时大。但在适当减小副偏角和主偏角，以及采用修光刀刃时，则表面粗糙度会显著减小。一般比 *Ra*1.6μm 大，但调整后可小于 *Ra*0.8μm

（2）顺铣和逆铣。按铣刀旋转方向和工作台进给方向配合形式的不同，铣削可以分为顺铣和逆铣两种基本形式。

1）周铣法的顺铣和逆铣。用铣刀的圆周刀刃进行铣削叫作周铣。当铣刀旋转方向和工作台进给方向相同时的铣削叫顺铣，反之叫逆铣，如图 3-61a 所示。

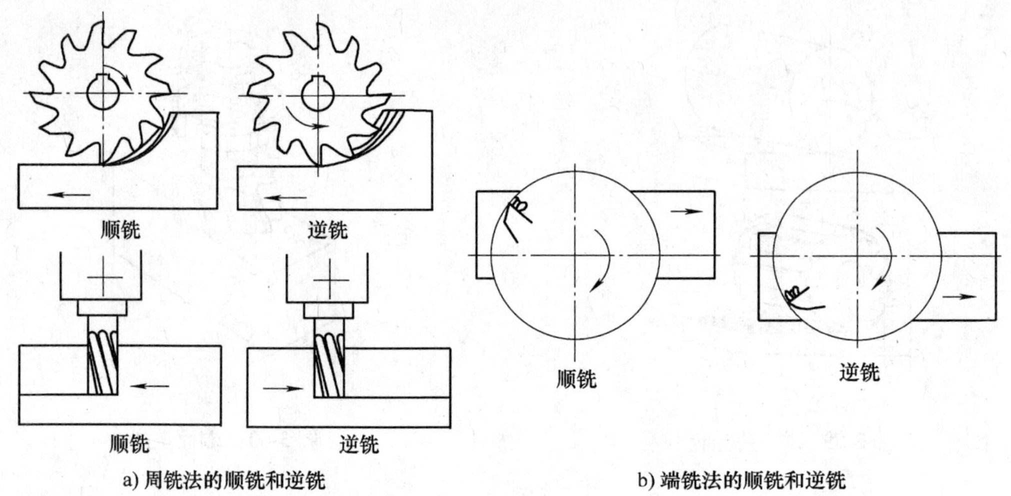

图 3-61　顺铣和逆铣

周铣法的顺铣和逆铣的比较见表 3-6。

表 3-6　周铣法的顺铣和逆铣的比较

内　　容	顺　　铣	逆　　铣
刀具寿命	切削厚度由最厚逐步减到最薄，开始切削时刀齿不会滑动，易切削金属，刀具寿命较高	切削厚度由零逐渐增至最厚，刀齿必须在加工表面滑动一小段距离才能切入工件，这时产生强烈摩擦，加工表面硬化，切削温度升高，加快铣刀磨损
夹紧力	加工时工件受到的垂直分力指向工作台，有稳定工件作用，夹紧力可用得较小	加工时工件受到的垂直分力指向上方，使工件掀起，因此，所用的夹紧力必须加大
动力消耗	较小	较大
加工表面粗糙度	刀齿和工件没有滑动摩擦，亦没有向上切削分力引起的振动，表面粗糙度较小	刀齿和工件有滑动摩擦，加工面形成硬化层，工件受向上分力引起的周期性振动，表面粗糙度较大
对机床的要求	切削时受水平方向切削分力影响，丝杠会产生窜动，造成加工表面深啃、打刀，甚至损害机床。对机床特别是配合间隙要求较高	铣削中不会改变丝杠间隙方向，铣削平稳
对工件的要求	表面有硬皮的毛坯工件不宜采用，预防刀齿突然切削硬皮而崩刀	表面有硬皮的工件可以加工

2）端铣法的顺铣和逆铣。用铣刀的端面刀刃进行铣削叫做端铣。端铣中，铣刀轴线和工件宽度中线重合的叫对称铣削，不重合的叫不对称铣削。端铣时，顺铣和逆铣同时存在，切出部分为顺铣，切入部分为逆铣。如果切出部分大于切入部分的不对称铣削叫做顺铣，反之称为逆铣，如图 3-61b 所示。端铣法的顺铣和逆铣的比较如下。

①端铣法作不对称逆铣时，切削厚度从薄到厚，刀齿不会在工件加工表面滑移，不存在

周铣法逆铣时的问题。

②端铣法作不对称顺铣时，丝杠亦会发生窜动，并拉动工件台，因此一般不予应用。

③端铣法作对称铣削时，作用在工作台横向进给方向上的分力较大，会把工作台横向拉动。所以，在铣削前应紧固横向工作台，并且最好用于加工短而宽或较厚的工件，不宜加工狭长或较薄工件。

用端铣法作顺铣时的优点是：切屑在切离工件时较薄，所以切屑容易去掉，切削刃切入时切屑较厚，不致在冷硬层中挤刮，尤其对容易产生冷硬现象的材料，如不锈钢，则更为明显。

2. 平面铣削时工件的装夹

（1）用机用虎钳装夹。用机用虎钳装夹工件可铣削平面、平行面、垂直面和斜面，其加工示意图见图3-62。由于受到钳口定位、夹紧面尺寸和活动钳口可移动距离的限制，这种装夹方法适用于外形尺寸不大的工件。加工斜面时，还可以使用可倾斜虎钳装夹工件。

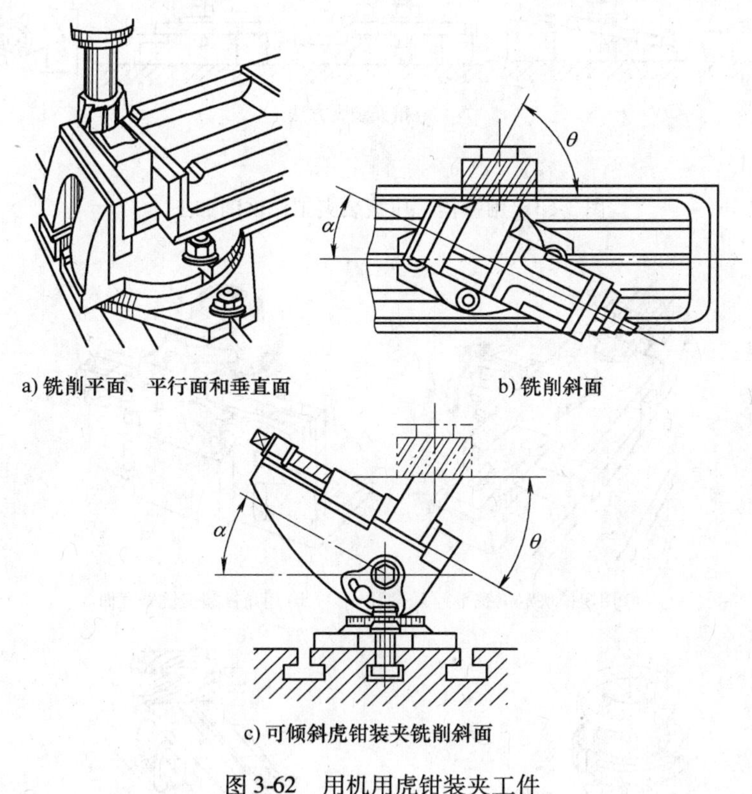

a) 铣削平面、平行面和垂直面　　b) 铣削斜面

c) 可倾斜虎钳装夹铣削斜面

图3-62　用机用虎钳装夹工件

（2）用螺栓、压板装夹。较大的工件通常采用这种方法装夹，图3-63是用螺栓、压板装夹工件，铣削平行面、垂直面和斜面的示意。

（3）用专用夹具或辅助定位装置装夹。在批量生产中，常采用辅助定位装置或专用夹具装夹工件，如图3-64所示。如铣削平行面可利用工作台的梯形槽直槽安装定位块；铣削垂直面常利用角铁装夹工件；铣削斜面可利用倾斜垫块定位；批量生产中铣削斜面用专用夹具装夹工件。

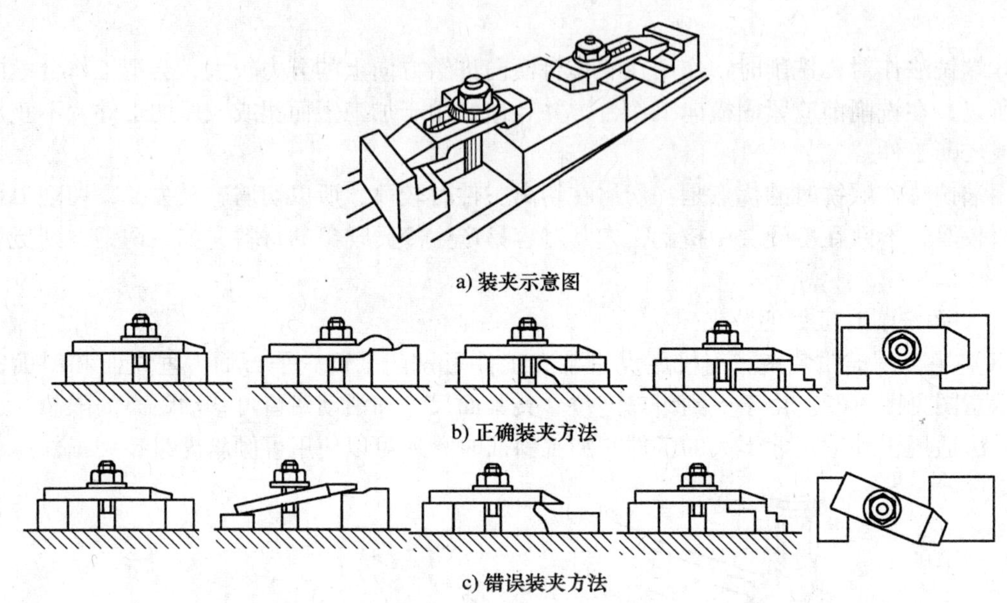

a) 装夹示意图

b) 正确装夹方法

c) 错误装夹方法

图 3-63　用螺栓、压板装夹工件铣削加工

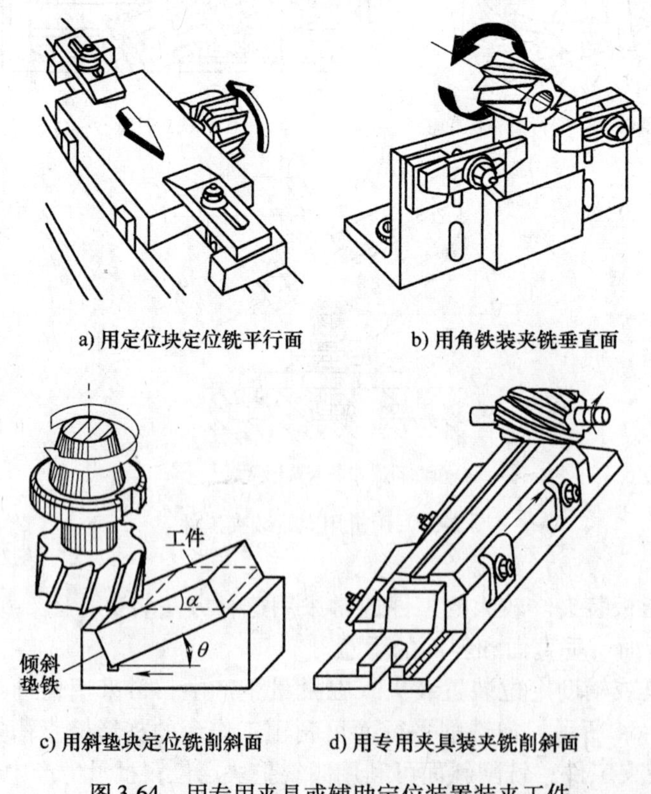

a) 用定位块定位铣平行面　b) 用角铁装夹铣垂直面

c) 用斜垫块定位铣削斜面　d) 用专用夹具装夹铣削斜面

图 3-64　用专用夹具或辅助定位装置装夹工件

任务四　台阶、沟槽的铣削和切断

1. 台阶的铣削

台阶是由两个互相垂直的平面构成的，常用的铣削方法有以下几种。

（1）用三面刃铣刀铣台阶。三面刃铣刀的直径和刀齿尺寸都很大，容屑槽也大，因此其刀齿强度高，排屑和冷却较好。铣削台阶时一般采用一把三面刃铣刀在卧式铣床上进行；如果工件上有对称台阶，则采用两把直径相同的三面刃铣刀组合铣削，如图 3-65 所示。

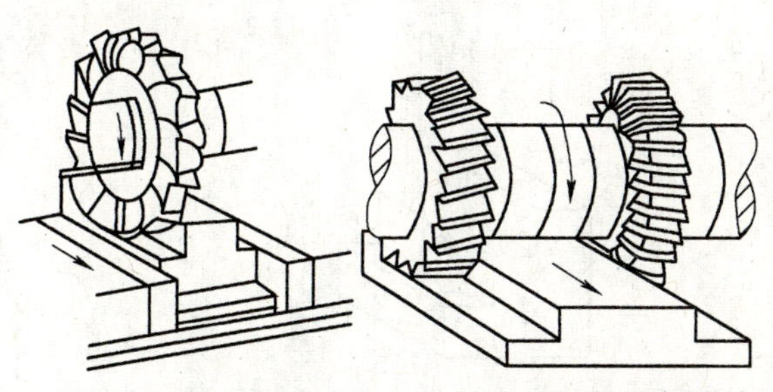

a) 用一把三面刃铣刀铣台阶　b) 两把三面刃铣刀组合铣台阶

图 3-65　用三面刃铣刀铣台阶

在铣台阶时（图 3-66 所示）主要考虑三面刃铣刀的宽度和直径。所选三面刃铣刀的宽度应大于所铣台阶面的宽度，以便能在一次铣削中铣出台阶宽度。同时，为保证铣削时台阶上平面能够通过铣刀，铣刀的直径应按下式计算：

$$D > d + 2t$$

式中　D——铣刀直径（mm）；

d——铣刀杆直径（mm）；

t——台阶深度（mm）。

在用两把组合三面刃铣刀铣台阶时，要选择两把直径相同的三面刃铣刀，并用薄垫圈适当调整两把三面刃铣刀的内端刃间距，用卡尺测量，如图 3-67 所示，使其等于台阶凸台的宽度。铣削开始前应进行试铣，以保证凸台宽度符合图样要求。

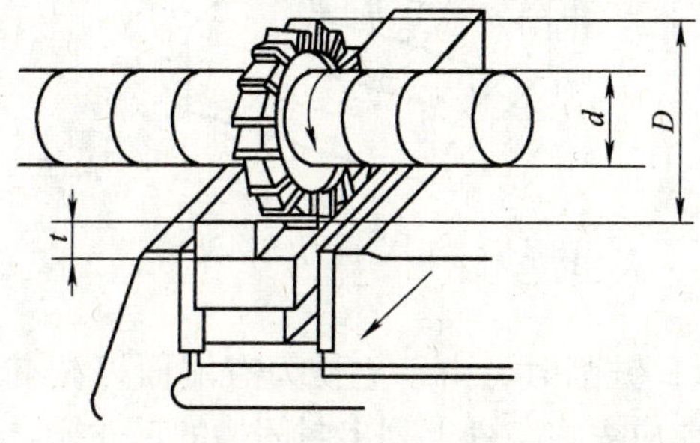

图 3-66　三面刃铣刀铣台阶时尺寸的确定

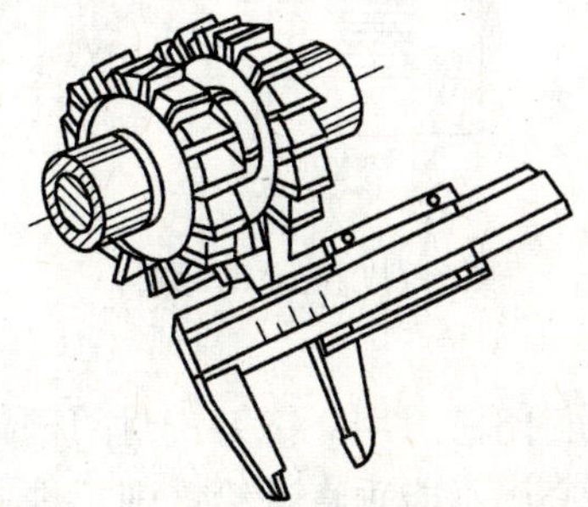

图 3-67　用卡尺检测铣刀间距

（2）用面铣刀铣台阶。对于宽度大但高度不大的台阶，常采用面铣刀进行铣削，如图 3-68 所示。由于铣刀直径过大，刀杆刚度较好，铣削时切屑厚度变化小。

（3）用立铣刀铣台阶。对于高度较大的台阶，一般采用立铣刀进行铣削，如图 3-69 所示。这种铣削方法尤其适用于铣削内台阶。

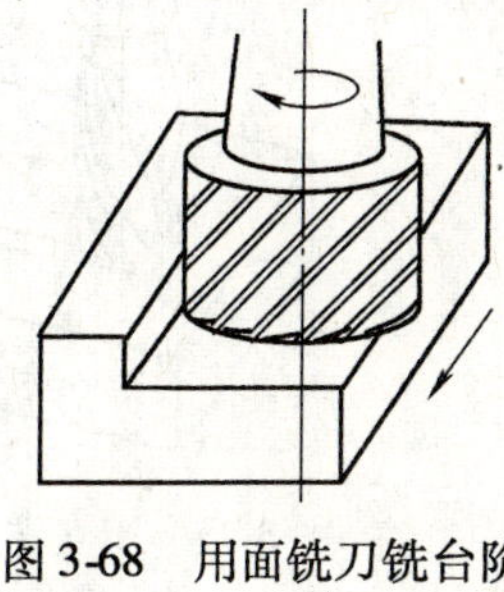

图 3-68　用面铣刀铣台阶

2. 沟槽的铣削

（1）直角沟槽的铣削。直角沟槽有通槽、半通槽、封闭槽三种形式。

1）直角沟槽的铣削方法。用三面刃铣刀铣直角通槽的方法如图 3-70 所示。所选用三面刃铣刀的宽度应等于或小于所加工的槽宽，铣刀直径应大于铣刀杆垫圈直径加两倍的槽深，如图 3-71 所示。

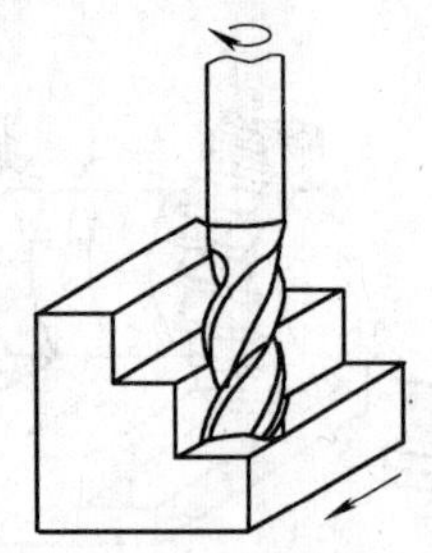

图 3-69 用立铣刀铣台阶

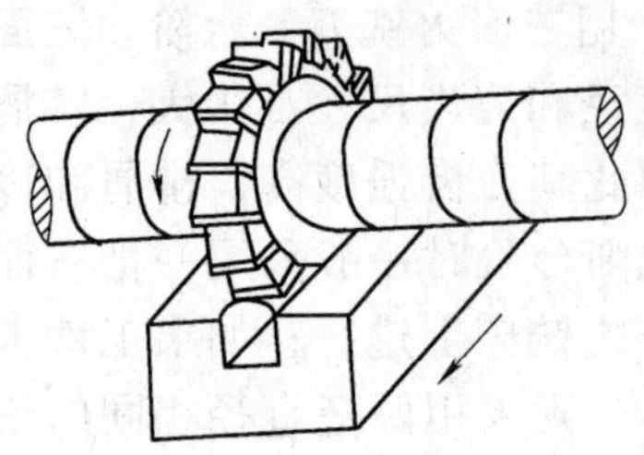

图 3-70 用三面刃铣刀铣通槽

2）用立铣刀铣半通槽和封闭槽。

①铣半通槽。用立铣刀铣半通槽如图 3-72 所示，铣削时所选用的立铣刀的直径应等于或小于槽的宽度。另外，由于立铣刀刚性较差，铣削时易产生“偏让”现象，因此，在铣削较深的槽时，为避免因受力过大而使铣刀折断，应分多次铣削完成。对于精度要求较高的槽，也应先铣好深度，再扩铣两侧。扩铣削时，特别要注意避免顺铣，以防铣刀损坏或将工件啃伤。

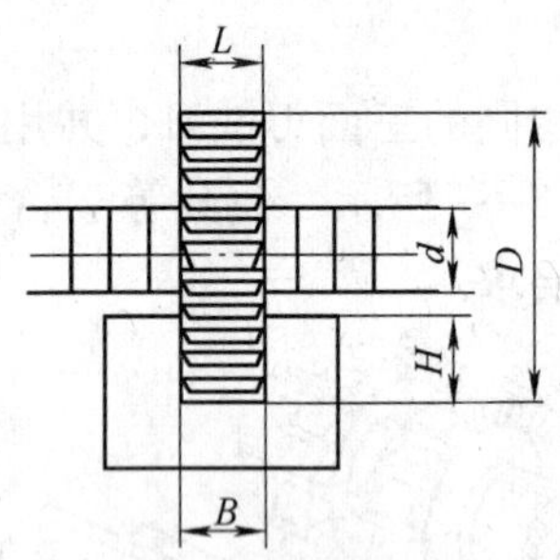

图 3-71 铣刀的选用

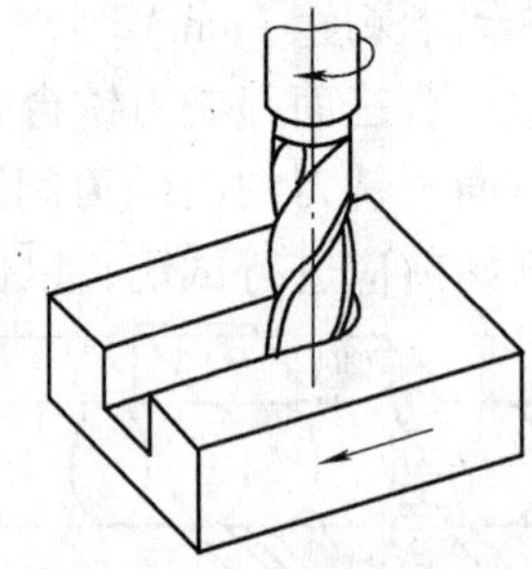

图 3-72 用立铣刀铣半通槽

②铣封闭槽。用立铣刀铣封闭槽如图 3-73 所示，铣削时，由于立铣刀有端面刃没有通过刀具中心，不能垂直进给铣削工件，因此在铣削前应先在工件上划出封闭槽的尺寸线，然后按线在槽的一端预钻一个小于槽宽尺寸的落刀孔，如图 3-74 所示，以便由此孔落刀铣削。

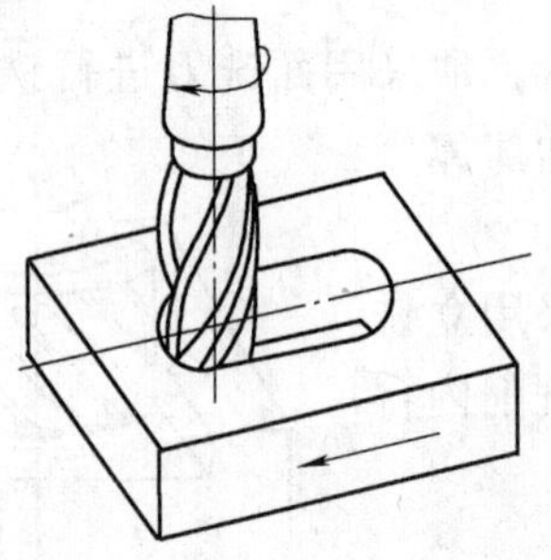

图 3-73 用立铣刀铣封闭槽

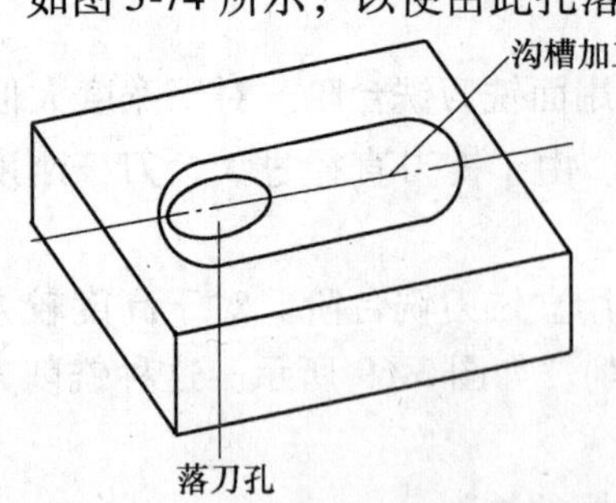

图 3-74 封闭槽落刀孔

铣削时，应分多次进给，每次进给均由落刀孔一端铣向槽的另一端，槽铣好后再铣两侧。

3）用键槽铣刀铣半通槽和封闭槽。对于精度要求较高、槽深较浅的半通槽和封闭槽，可用键槽铣刀铣削完成。其铣削方法与用立铣刀铣削大致相同，只是在铣削封闭槽时，由于键槽铣刀的端面刃能在垂直进刀时铣出工件，因此铣削前不需要钻落刀孔。

（2）特殊沟槽的铣削。特殊沟槽是指 V 形槽、T 形槽和燕尾槽。

1）V 形槽的铣削。V 形槽由对称的两个斜面组成，斜面间的夹角有 90°、60°，其中以 90°V 形槽为最常用。铣削 V 形槽时，首先要用锯片铣刀铣削底部窄槽，再用角度铣刀直接铣削出 V 形槽来，如图 3-75 所示。另外，V 形槽的铣削也可用立铣刀进行铣削，铣削时应将立铣头主轴倾斜 45°，由横向溜板带动工件实现横向进给，如图 3-76 所示。

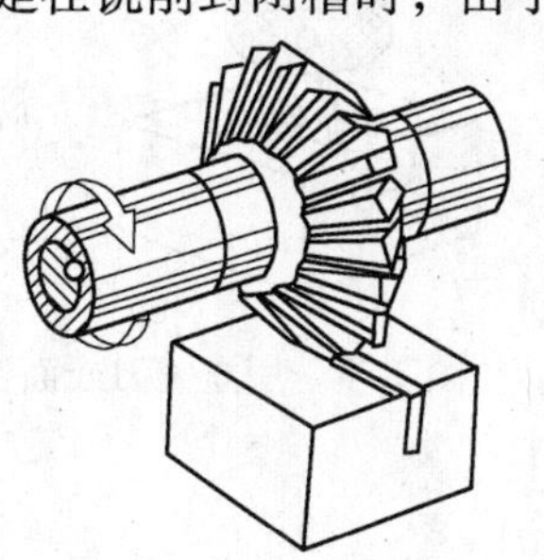

图 3-75　用角度铣刀铣 V 形槽

2）T 形槽的铣削。T 形槽由直角槽和底槽组成，T 形槽的铣削分铣直角槽、铣底槽、槽口倒角三个步骤来完成，如图 3-77 所示。

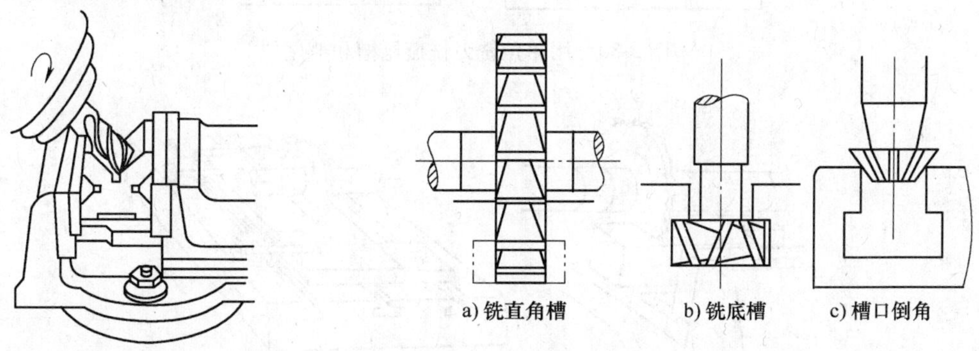

a) 铣直角槽　b) 铣底槽　c) 槽口倒角

图 3-76　用立铣刀铣 V 形槽

图 3-77　T 形槽的铣削方法

3）燕尾槽的铣削。燕尾槽多用于机床导轨或其他导向零件，它是与燕尾块配合使用的。燕尾槽的燕尾角度一般为 55°或 60°。燕尾槽铣刀切削部分的形状与单角铣刀相似，选择时应根据燕尾槽的角度选择相同角度的铣刀，且铣刀的锥面宽度应大于燕尾槽斜面的宽度。燕尾槽的铣削分两个步骤进行，即先铣直角沟槽和台阶，再铣燕尾槽或燕尾块。

①铣直角槽。先在立式铣床上用立铣刀或面铣刀铣直角槽和台阶，如图 3-78 所示。

②直角槽铣削完成后，卸下立铣刀，换装燕尾槽铣刀，铣燕尾槽，如图 3-79 所示。

燕尾槽或燕尾块还可用单角铣刀进行铣削，如图 3-80 所示。铣削时，立铣头应倾斜一个燕尾角度。另外，因铣刀偏转角度较大，安装铣刀的铣刀杆长度也应适当增加。

3. 工件的切断

在铣床上切断时用锯片铣刀，如图 3-81 所示。选择锯片铣刀时，主要是选择锯片铣刀的直径和厚度。在能够把工件切断的情况下，应尽量选择直径较小的锯片铣刀。一般情况下铣刀厚度取 2 ~ 5mm，铣刀直径大时取较厚的铣刀，铣刀直径小时取较薄的铣刀。

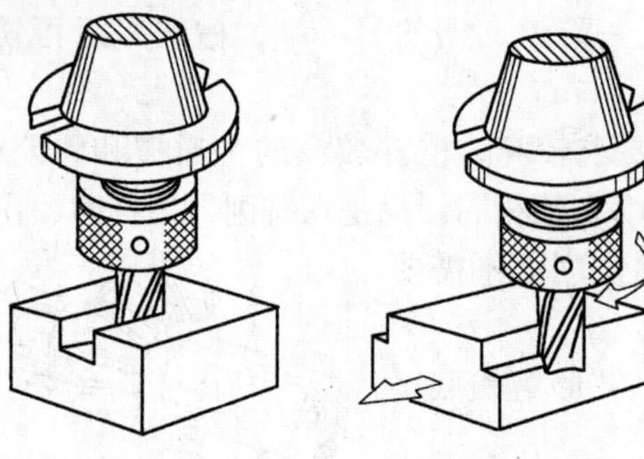

图 3-78 用立铣刀或面铣刀铣直角槽和台阶

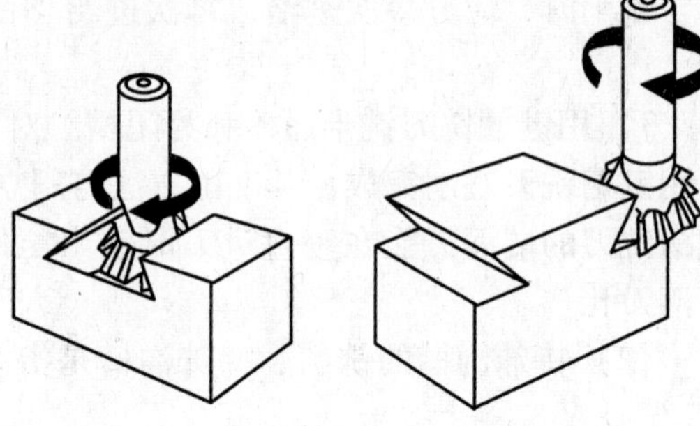

图 3-79 用燕尾槽铣刀铣燕尾槽

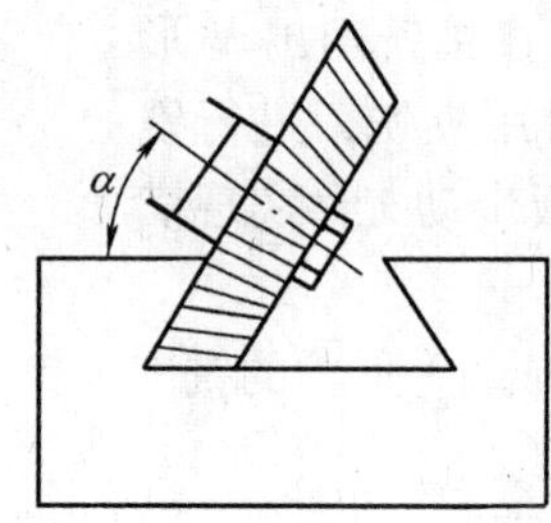

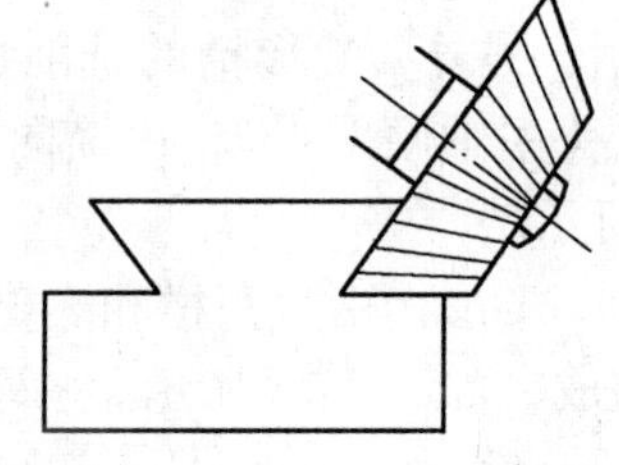

图 3-80 用单角铣刀铣燕尾槽和燕尾块

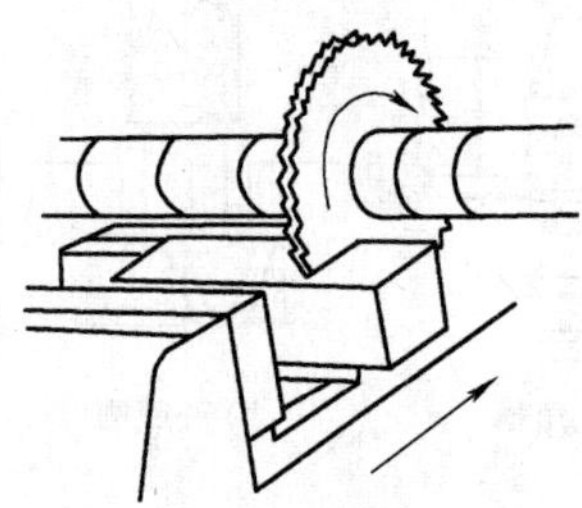

a) 工件用虎钳装夹切断

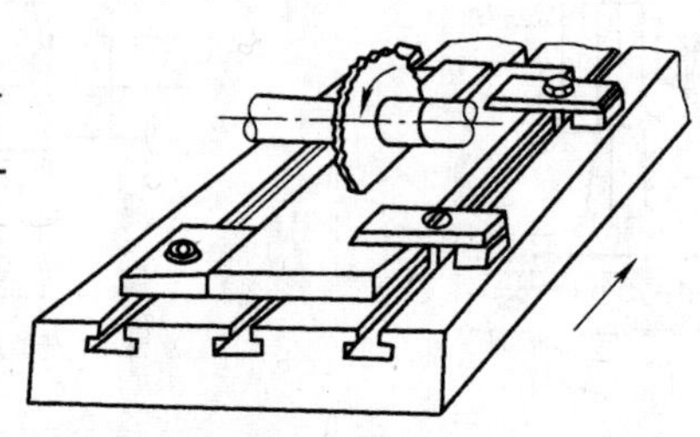

b) 工件用压板装夹切断

图 3-81 切断

图 3-82 分度头

任务五　用万能分度头分度

在铣床上铣削六角、八角等正多边形柱体，以及均等分布或互成一定夹角的沟槽和齿槽时，一般都利用分度头进行分度。分度头在铣床上较常使用，其外形如图 3-82 所示。

万能分度头除能将工件做任意的圆周分度外，还可做直线移距分度；可把工件轴线放置成水平、垂直或倾斜的位置；通过交换齿轮，可使分度头主轴随工作台的进给运动做连续旋转，以加工螺旋面。

1. 万能分度头的规格和功用

（1）型号。万能分度头的型号由大写的汉语拼音字母和数字两部分组成，如：

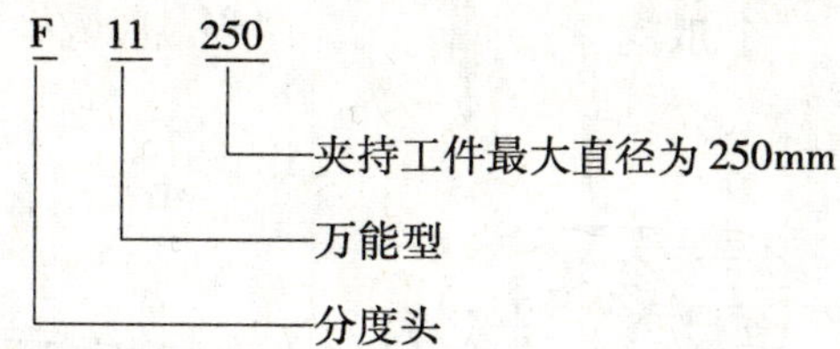

（2）规格。按夹持工件最大直径，万能分度头常用的规格有：160mm、200mm、250mm、320mm 等。其中，F11250 型万能分度头是铣床上常用的一种。

（3）功用。万能分度头的主要功用如下。

1）能够将工件做任意的圆周等分或直线移动分度。

2）可把工件的轴线放置成水平、垂直或任意角度的倾斜位置。

3）通过交换齿轮，可使分度头主轴随铣床工作台的纵向进给运动做连续旋转，实现工件的复合进给运动。

2. 万能分度的附件

（1）孔盘。F11125 型万能分度头备有两块孔盘，正、反面都有数圈均布的孔圈。使用孔盘可以解决分度手柄不是整转数的分度，进行一般的分度操作。常用孔盘孔圈数见表 3-7。

表 3-7　孔盘的孔圈数

盘面块	孔盘的孔圈数
第一块盘	正面：24、25、28、30、34、37、38、39、41、42、43 反面：46、47、49、51、53、54、57、58、59、62、66
带两块盘	第一块正面：24、25、28、30、34、37 反面：38、39、41、42、43 第二块正面：46、47、49、51、53、54 反面：57、58、59、62、66

（2）分度叉。在分度时，为了避免每分度一次都要计数孔数，可利用分度叉来计数，如图 3-83 所示。

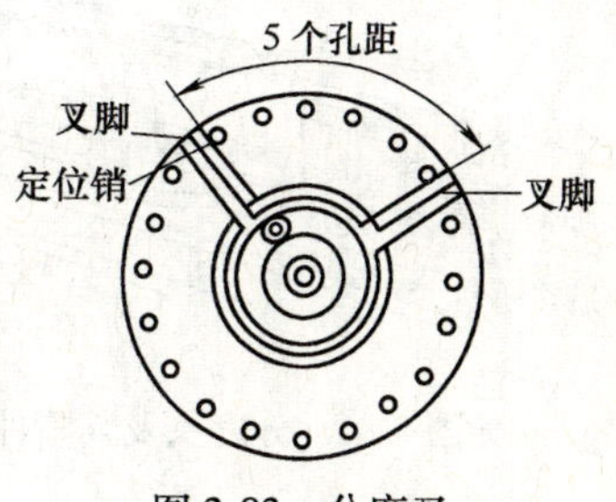

图 3-83　分度叉

松开分度叉紧固螺钉，可任意调整两叉之间的孔数，为了防止分度手柄带动分度叉转动，用弹簧片将它压紧在孔盘上。分度叉两叉之间的实际孔数，应比所需的孔距数多一个孔，因为第一个孔是作起始孔而不计数的。

（3）前顶尖、拨盘和鸡心夹头。前顶尖、拨盘和鸡心夹头如图 3-84 所示，是用作支承和装夹较长工件的。使用时，先卸下自定心卡盘，将带有拨盘的前顶尖插入分度头主轴锥孔中，拨盘用来带动鸡心夹头和工件随分度头主轴一起转动。

（4）自定心卡盘的结构。自定心卡盘如图 3-85 所示，它通过连接盘安装在分度头主轴上，用来装夹工件，当扳手方榫插入小锥齿轮的方孔内转动时，小锥齿轮就带动大锥齿轮转动。大锥齿轮的背面有平面螺纹，与三个卡爪上的牙齿啮合，因此当平面螺纹转动时，三个爪就能同步进行移动。

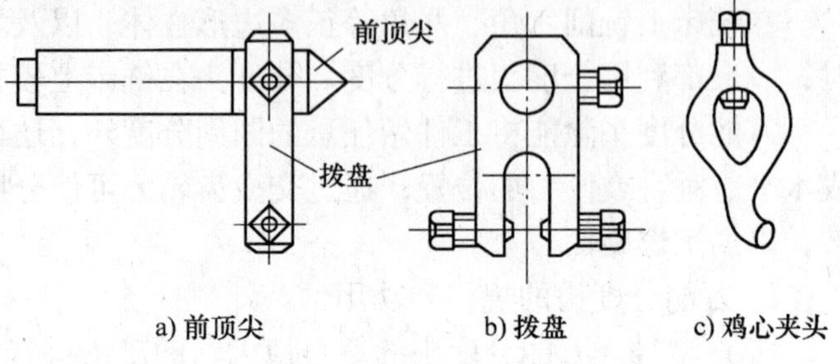

图 3-84　前顶尖、拨盘和鸡心夹头

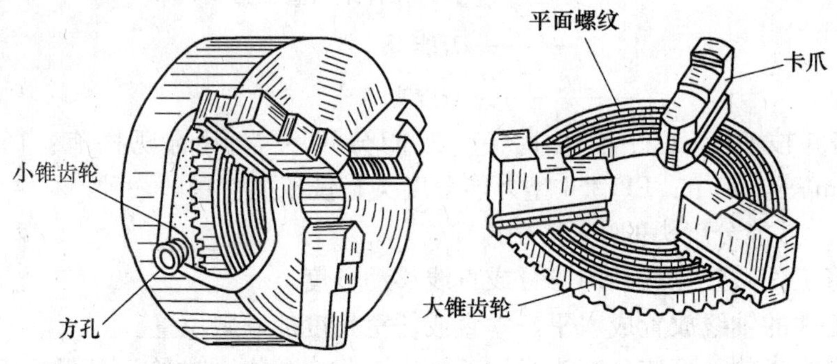

图 3-85　自定心卡盘

（5）尾座。尾座与分度头联合使用，一般用来支承较长的工件，如图 3-86 所示。在尾座上有一个顶尖，和装在分度头上前顶尖或自定心卡盘一起支承工件或心轴。转动尾座手轮，可使后顶尖进出移动，以便装卸工件。后顶尖可以倾斜一个不大的角度，同时顶尖的高低也可以调整。尾座下有两个定位键，用来保持后顶尖轴线与纵向进给方向一致，并和分度头轴线在同一直线上。

（6）千斤顶。为了使细长轴在加工时不发生弯曲、颤动，在工件下面可以支承千斤顶，千斤顶的结构如图 3-87 所示。转动螺母可使螺杆上下移动。锁紧螺钉是用来紧固螺杆的。千斤顶座具有较大的支承底面，以保持千斤顶的稳定性。

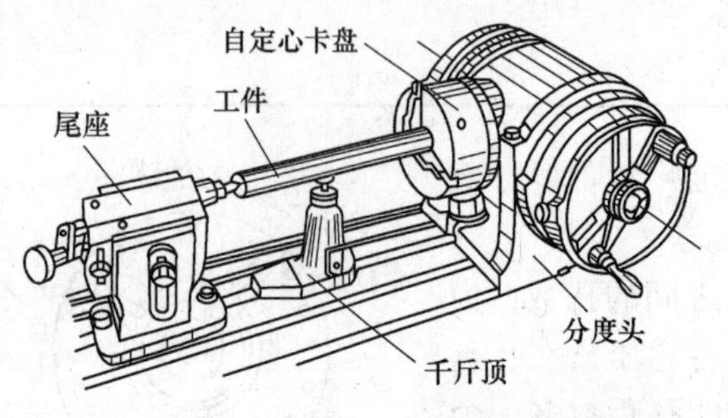

图 3-86　分度头及其附件装夹工件的方法

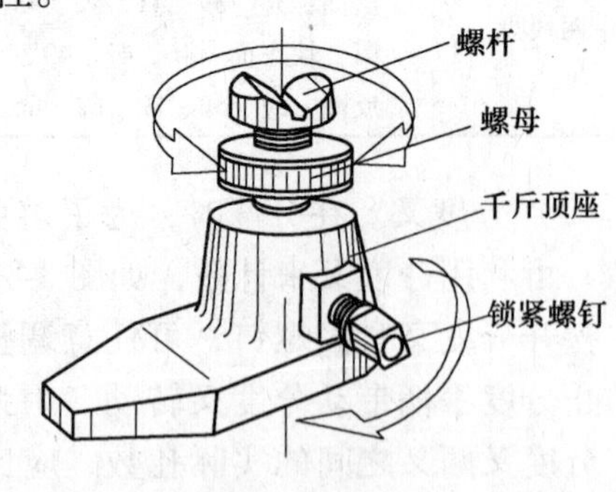

图 3-87　千斤顶

（7）交换齿轮轴、交换齿轮架和交换齿轮。

1）交换齿轮轴。装入分度头主轴孔内的交换齿轮轴如图 3-88a 所示，装在交换齿轮架上的齿轮轴如图 3-88b 所示。

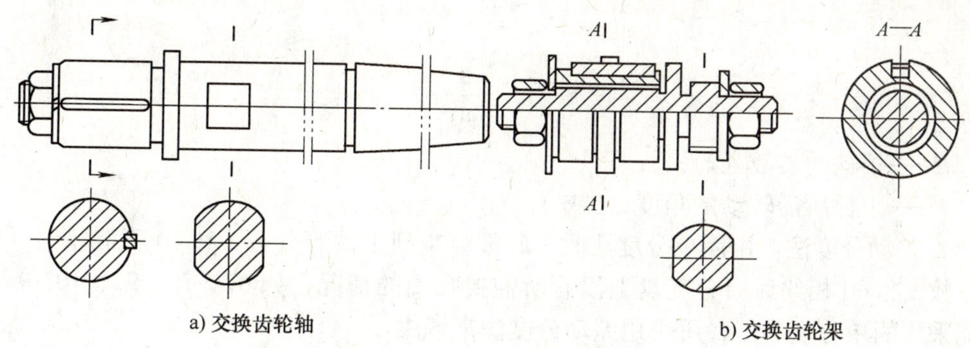

图 3-88 分度头交换齿轮轴

2）交换齿轮架。安装于分度头侧轴上，用于安装交换齿轮轴及交换齿轮，如图 3-89 所示。

3）交换齿轮。分度头上的交换齿轮，用来做直线移距、差动分度及铣削螺旋槽等工作。F11125 型万能分度头有一套 5 的倍数的交换齿轮，即齿数分别为 20、25、30、35、40、50、55、60、70、80、90、100，共 12 只齿轮。

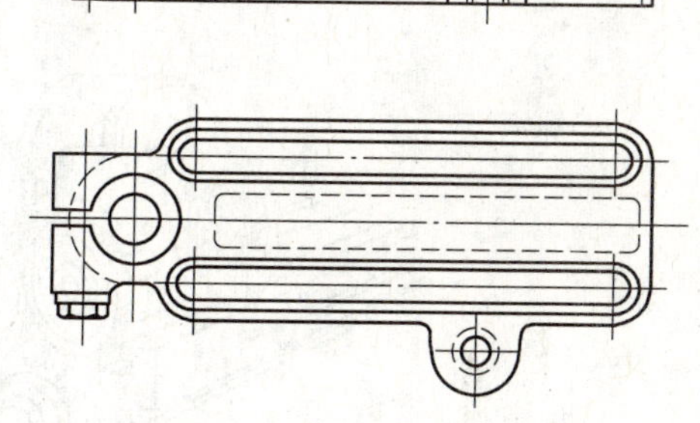

图 3-89 分度头交换齿轮架

3. 分度方法与计算

（1）简单分度。简单分度法是最常用的分度方法，也叫单式分度法。分度时先把分度盘固定，转动手柄使蜗杆带动蜗轮旋转，从而带动主轴和工件转过所需的等分或度数。

手柄的转数与工件圆周等分数的关系为：

$$n = \frac{40}{z}$$

式中 n——分度手柄转数（r）；

40——分度头定数；

z——工件等分数。

如在 F11125 型分度盘上铣削 $z=56$ 的直齿轮，则每铣完一齿后分度手柄应摇转的转数 $n = \frac{40}{56}\text{r} = \frac{5}{7}\text{r}$。显然，F11125 型分度头是没有 7 的孔圈的。因此，当计算所得分度手柄转数为分数时，可使分子和分母同时缩小或扩大一个整数倍，使最后得到的分母值为分度盘上所具有的孔圈数。即 $n = \frac{40}{56}\text{r} = \frac{5}{7}\text{r} = \frac{5\times7}{7\times7}\text{r} = \frac{35}{49}\text{r}$。由此算出每铣完一个齿后，分度手柄需在 49 的孔圈上转过 35 个孔距。

（2）角度分度法。以工件所需要的角度 θ 为计算的依据来分度的方法叫角度分度法。万能分度头的传动比是 1∶40，因此，摇柄转 1 转，工件转动 1/40 转，也就是转动了 9°

(360°/40)，故而得：

$$1:n=9°:\theta$$

$$n=\frac{\theta}{9^0}\text{r}$$

或

$$n=\frac{\theta}{540'}\text{r}$$

式中　n——摇柄的转数（r）；

θ——工件所需转动的角度（°或′）。

（3）差动分度法。用简单分度法时，时常会碰到工件等分数 z 和 40 不能相约，或是工件等分数 z 和 40 相约后而分度盘上没有所需要孔圈的情况，如 67、71、91、103 等，这时就不能采用简单分度法了，可采用差动分度法来解决。

1）差动分度原理。差动分度就是在分度中手柄和分度盘同时顺时针或是逆时针转动时，通过它们之间的转数差来进行分度的。如图 3-90 所示，为使分度手柄和分度盘同时转动，就需要在分度头主轴后锥孔处和侧轴都安装交换齿轮 z_1、z_2、z_3、z_4。这时，手柄实际转数并不是所摇的孔距数。若分度盘与手柄转动的方向相同时，则实际转数就比摇过的转数多；如果转动方向相反，则实际转数就比摇过的转数少。

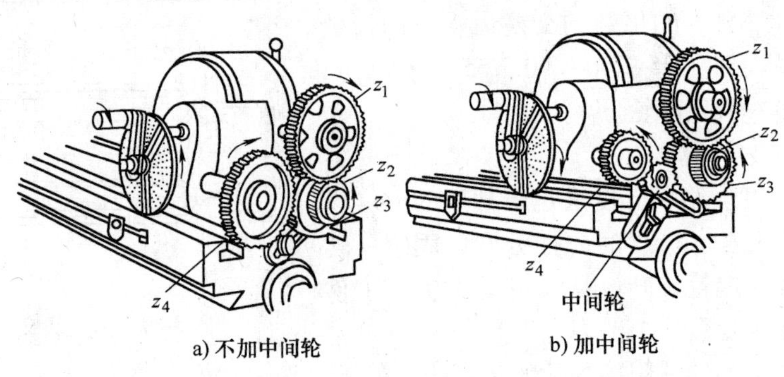

图 3-90　差动分度交换齿轮

图 3-91a 中，在不加中间轮时，$X=X_1+Y$ 转（转动方向相同）；图 3-91b 中，加入中间轮时，$X=X_1-Y$ 转（转动方向相反）。这说明，分度盘转动的多少和转动方向是由交换齿轮来决定的。

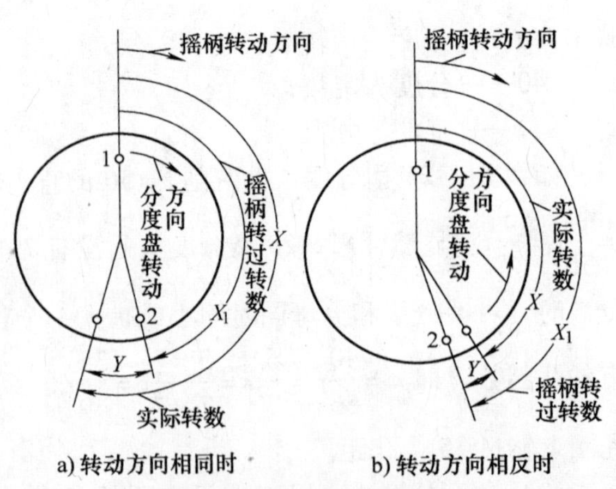

图 3-91　差动分度原理

2）差动分度的计算。差动分度的实质就是选取假定的齿数 z'后，计算出交换齿轮的齿数。其操作步骤如下。

①假定等分数（选取假定齿数 z'）。z'的选定原则一是能进行简单分度，二是与实际等分度接近。一般情况下，假定等分数应小于实际等分数。

②用假定齿数计算出摇柄应转过的圈数 n'（$n'=40/z'$），并确定所选用的孔圈。

③按式$\frac{z_1z_3}{z_2z_4}=\frac{40(z'-z)}{z'}$来计算交换齿轮的传动比，然后根据这个数来选择交换齿轮。

④如若计算结果与实际有差别，则应另选 z'后重新计算。

⑤传动比计算结果的符号，说明了分度盘与摇柄转动方向的关系。当 $z'<z$ 时为负值，则假定转角大于实际转角，分度盘与摇柄转动方向相反，也就是减去多转的角度。当 $z'>z$ 为正值时，则假定转角小于实际转角，分度盘与摇柄转动方向相同，也就是加上不足的角度。

在实际生产中，为了方便起见，可在表3-8中直接查取所需的数据。

表3-8　差动分度表（分度头传动定数为40）

工件等分数	假定等分数	整转孔数	转过的孔距数	交换齿轮			
				z_1	z_2	z_3	z_4
61	60	30	20	40			60
63	60	30	20	60			30
67	64	21	15	90	40	50	60
69	66	66	40	100			55
71	70	49	28	40			70
73	70	49	26	60			35
77	75	30	16	80	40	40	50
79	75	30	16	80	50	40	30
81	80	30	15	25			50
83	80	30	15	60			40
87	84	42	20	50			35
89	88	66	30	25			55
91	90	54	24	40			90
93	90	54	24	40			30
97	96	24	10	25			60
99	96	24	10	50			40
101	100	30	12	40			100
103	100	30	12	60			50
107	100	30	12	70			25
109	105	42	16	80	30	40	70
111	105	42	16	80			35
113	110	66	24	60			55
117	110	66	24	700	55	50	25
119	110	66	24	90	55	60	30
121	120	54	18	30			90
122	120	54	18	40			60
123	120	54	18	25			25
126	120	54	18	50			25
127	120	54	18	70			30
128	120	54	18	80			30

（续）

工件等分数	假定等分数	整转孔数	转过的孔距数	交换齿轮			
				z_1	z_2	z_3	z_4
129	120	54	188	90			30
131	125	25	8	80	30	50	25
133	125	25	8	80	50	40	25
134	132	66	20	50	55	40	60
137	132	66	20	100	25	55	30
138	135	54	16	80			90
139	135	54	16	80	30	40	90
141	140	42	12	40			70
142	140	42	12	40	50	25	70
143	140	42	12	30			35
146	140	42	12	60			35
147	140	42	12	50			25
149	140	42	12	90	25	50	70
151	150	30	8	40	50	30	90
153	150	30	8	40			50
154	150	30	8	40	60	80	50
157	150	30	8	70	30	40	50
158	150	30	8	80	30	40	50
159	150	30	8	90	30	40	50
161	160	28	7	25			100
162	160	28	7	25			50
163	160	28	7	30			40
166	160	28	7	60			40
167	160	28	7	70			40
169	160	28	7	90			40
171	168	42	10	50			70
173	168	42	10	100	35	25	60
174	168	42	10	50			35
175	168	42	10	50			30
177	176	66	15	40	55	25	80
178	176	66	15	40	55	50	80
179	176	66	15	60	55	50	80
181	180	54	12	40	90	25	50
182	180	54	12	40			90
183	180	54	12	40			60
186	180	54	12	40			30
187	180	54	12	40	60	70	30
189	180	54	12	50			25
191	180	54	12	80	60	55	30
193	192	24	5	30	90	50	80

（续）

工件等分数	假定等分数	整转孔数	转过的孔距数	交换齿轮			
				z_1	z_2	z_3	z_4
194	192	24	5	25			60
197	192	24	5	100	30	25	80
198	192	24	5	50			40
199	192	24	5	70	30	50	80

注：此表数据均是以假定等分数小于实际等分数计算出来的，在选择交换齿轮的中间轮时，必须使分度盘与摇柄的转向相反。此表适用于定数为40的任何型号的万能分度头。

【项目评价】

一、思考题

1. 铣床由哪几个部分组成？各部分有何功能？
2. 铣刀按其用途可分成哪几类？
3. 如何装卸铣刀？装卸铣刀时应注意什么？
4. 什么是顺铣？什么是逆铣？它们有什么特点？
5. 立铣头的校正方法有哪些？
6. 平面的铣削内容有哪些，各适用什么铣削方法？
7. 台阶的铣削方法有哪几种，各有何特点？
8. 用三面刃铣刀和用立铣刀铣直角沟槽有哪些特点？
9. V形槽的铣削方法有哪几种？
10. 万能分度头的分度方法有哪些？使用分度头分度时应注意什么？

二、技能训练

1. 训练图样

铣削如图3-92所示的工件。

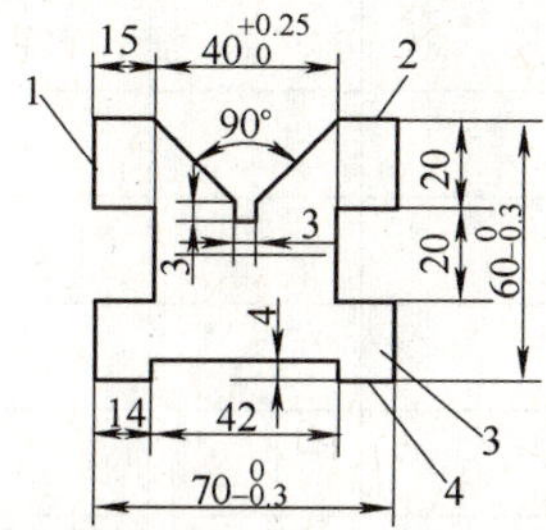

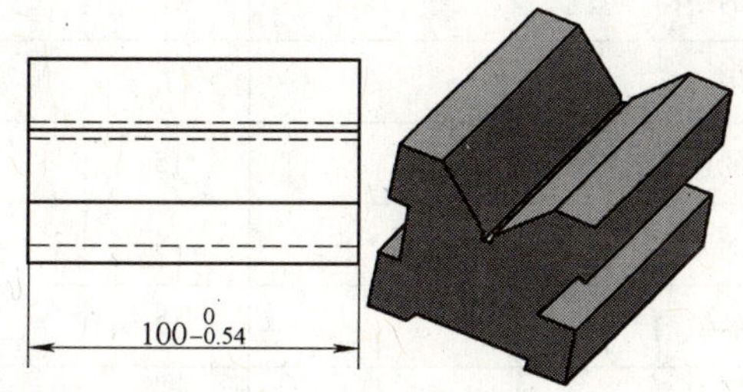

1. 全部 $Ra1.6\mu m$
2. 倒角 C1。
3. 锐边倒棱

训练内容	材料	材料来源	转下次训练	件数
V形铣的铣削	45钢	下料110mm×80mm×70mm		3～5件

图3-92 铣削技能训练图样

2. 训练考核准备要求

训练考核准备要求见表 3-9。

表 3-9 铣削技能训练考核准备要求

项目内容		说 明
准备要求		1. 考件材料为 45 热轧圆钢，毛坯尺寸为 110mm × 80mm × 70mm 2. 相关工、量、刃具与辅具（外径千分尺、游标卡尺、立铣刀、三面刃铣刀、锯片铣刀等）
考核内容	考核要求	1. 考件的各尺寸精度、几何精度、表面粗糙度达到图样规定的要求。V 形铣应达到装配图样规定尺寸（$100_{-0.54}^{\ 0}$ mm、$70_{-0.3}^{\ 0}$ mm、$60_{-0.3}^{\ 0}$ mm）以及 15mm、$40_{\ 0}^{+0.25}$ mm、20mm、14mm、42mm、3mm、4mm、90° 2. 角边用锉刀去毛刺 3. 未注公差尺寸的极限偏差按 IT14 加工 4. 考件加工后不得与图样严重不相符
	定额时间	本考件考核用时 4h，提前完成不加分，超时 10min 扣 5 分，超 25min 取消考核资格
	安全文明生产	1. 正确执行安全技术操作规程 2. 按企业有关文明生产规定，做到工件场地的整洁，工、量、刃具摆放整齐 3. 操作动作规范、协调、安全

三、项目评价评分表

1. 个人知识和技能评价表

班级：　　　　姓名：　　　　成绩：

评价方面	评价内容及要求	分值	自我评价	小组评价	教师评价	得分
项目知识内容	①铣床的结构、型号	10				
	②铣工用刀具与工具	7				
项目技能内容	①铣床的操作	15				
	②铣刀的装夹	15				
	③平面的铣削	12				
	④沟槽的铣削	12				
	⑤万能分度头分度	10				
安全文明生产和职业素质培养	①安全、规范操作	10				
	②文明操作，不迟到早退，操作工位卫生良好，按时按要求完成实训任务	9				

2. 小组学习活动评价表

班级：　　　　小组编号：　　　　成绩：

<table>
<tr><th>评价项目</th><th colspan="3">评价内容及评价分值</th><th>自评</th><th>互评</th><th>教师评分</th></tr>
<tr><td rowspan="2">分工合作</td><td>优秀（12～15分）</td><td>良好（9～11分）</td><td>继续努力（9分以下）</td><td></td><td></td><td></td></tr>
<tr><td>小组成员分工明确，任务分配合理，有小组分工职责明细表</td><td>小组成员分工较明确，任务分配较合理，有小组分工职责明细表</td><td>小组成员分工不明确，任务分配不合理，无小组分工职责明细表</td><td></td><td></td><td></td></tr>
<tr><td rowspan="2">获取与项目有关质量、市场、环保等内容的信息</td><td>优秀（12～15分）</td><td>良好（9～11分）</td><td>继续努力（9分以下）</td><td></td><td></td><td></td></tr>
<tr><td>能使用适当的搜索引擎从网络等多种渠道获取信息，并合理地选择信息、使用信息</td><td>能从网络获取信息，并较合理地选择信息、使用信息</td><td>能从网络或其他渠道获取信息，但信息选择不正确，信息使用不恰当</td><td></td><td></td><td></td></tr>
<tr><td rowspan="2">实操技能操作</td><td>优秀（16～20分）</td><td>良好（12～15分）</td><td>继续努力(12分以下)</td><td></td><td></td><td></td></tr>
<tr><td>能按技能目标要求规范完成每项实操任务</td><td>能按技能目标要求规范基本完成每项实操任务</td><td>能按技能目标要求基本完成每项实操任务，但规范性不够</td><td></td><td></td><td></td></tr>
<tr><td rowspan="2">基本知识分析讨论</td><td>优秀（16～20分）</td><td>良好（12～15分）</td><td>继续努力(12分以下)</td><td></td><td></td><td></td></tr>
<tr><td>讨论热烈、各抒己见，概念准确、理解透彻，逻辑性强，并有自己的见解</td><td>讨论没有间断、各抒己见，分析有理有据，思路基本清晰</td><td>讨论能够展开，分析有间断，思路不清晰，理解不透彻</td><td></td><td></td><td></td></tr>
<tr><td rowspan="2">成果展示</td><td>优秀（24～30分）</td><td>良好（18～23分）</td><td>继续努力(18分以下)</td><td></td><td></td><td></td></tr>
<tr><td>能很好地理解项目的任务要求，熟练运用多媒体进行成果展示</td><td>能较好地理解项目的任务要求，较熟练运用多媒体进行成果展示</td><td>基本理解项目的任务要求，不能熟练运用多媒体进行成果展示</td><td></td><td></td><td></td></tr>
<tr><td>总　分</td><td colspan="3"></td><td></td><td></td><td></td></tr>
</table>

项目小结

本项目我们学习了如下内容。

❶常用铣床及其型号。

❷铣削常用刀具与工具。

❸铣床的操作。

❹铣刀的安装。

❺平面的铣削。

❻台阶、沟槽的铣削和切断。

❼用万能分度头分度。

项目四　磨削加工实训

【项目情境】

磨削是用磨具以较高的线速度对工件表面进行加工的方法，如图 4-1 所示。它的加工余量很小，生产率高。在大多数情况下，磨削通常作为金属切削的最后一道精加工工序。因此，磨削加工在金属加工中起着极为重要的作用。

图 4-1　磨削操作

【项目学习目标】

学习内容	学习方式	学　时	
知识目标	①了解常用磨床的种类及型号的含义，熟悉磨床的润滑和保养知识 ②了解砂轮的种类、结构，熟悉砂轮选择的原则 ③初步掌握磨外圆的基本知识 ④初步掌握磨平面的基本知识 ⑤初步学制磨内圆的基本知识	1. 实训（观摩）+理论 2. 教师讲授、启发、引导、互动式教学	10 课时
技能目标	①掌握磨床的调整操作方法 ②学会磨床的维护保养 ③掌握砂轮的选择和安装 ④掌握磨外圆、平面、内圆的操作方法	教师演示，学生实训，教师巡回指导	30 课时
情感目标	激发学生对磨工技术的兴趣，培养胆大心细的素养以及团队合作意识	小组讨论、取长补短、相互协作	

【项目基本功】

4.1 项目基础知识

知识点一 常用磨床

磨削的加工范围非常广泛，能磨削外圆、内圆、圆锥、平面、成形面等，如图 4-2 所示。它除了能磨削普通材料外，尤其适用于一般刀具难以切削的高硬度材料的加工，如淬硬钢、硬质合金等。

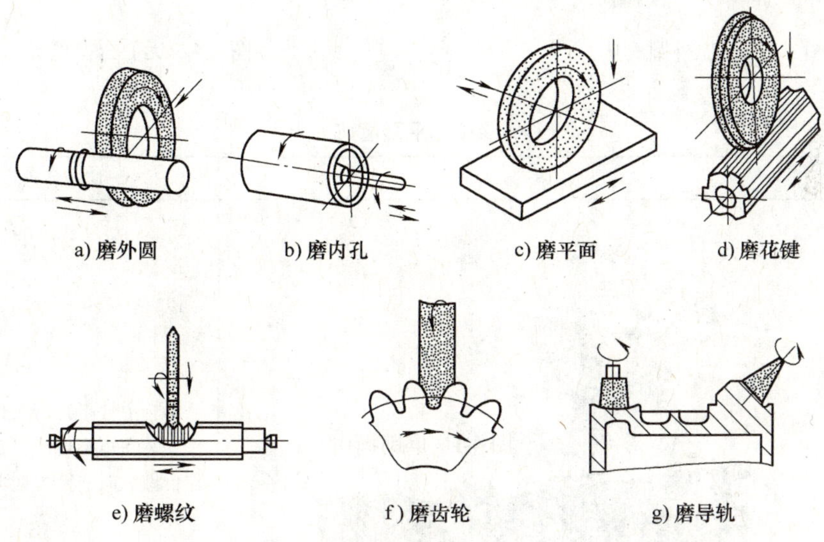

图 4-2 磨削加工的基本内容

1. 认识磨床

磨床的种类很多，常用的磨床有外圆磨床、内圆磨床和平面磨床等。

（1）万能外圆磨床。万能外圆磨床如图 4-3 所示，外圆磨床是使用最广泛的，能加工各种圆柱形和圆锥形外表面及轴肩端面。万能外圆磨床还带有内圆磨削附件，可磨削内孔和锥度较大的内、外锥面。不过外圆磨床的自动化程度较低，只适用于中小批单件生产和修配工作。

（2）无心外圆磨床。无心外圆磨床如图 4-4 所示，在无心外圆磨床上磨削外圆，工件不需钻中心孔，装卸简单、省时。磨削时，工作过程可连续进行，工件支承刚度好，可用较大切削量进行磨削，而磨削余量可较小，因而生产率高。

（3）平面磨床。平面磨床用于磨削各种零件的平面，根据磨削方法和机床的布局形式不同，平面磨床主要有卧轴矩台平面磨床、卧轴圆台平面磨床、立轴矩台平面磨床和立轴圆台平面磨床四种类型，见表 4-1。

图 4-3　万能外圆磨床

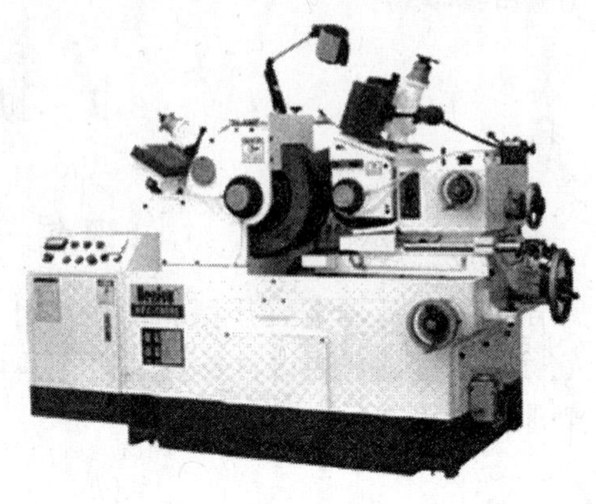

图 4-4　无心外圆磨床

表 4-1　平面磨床

类　型	图　　示	应用特点说明
卧轴矩台平面磨床	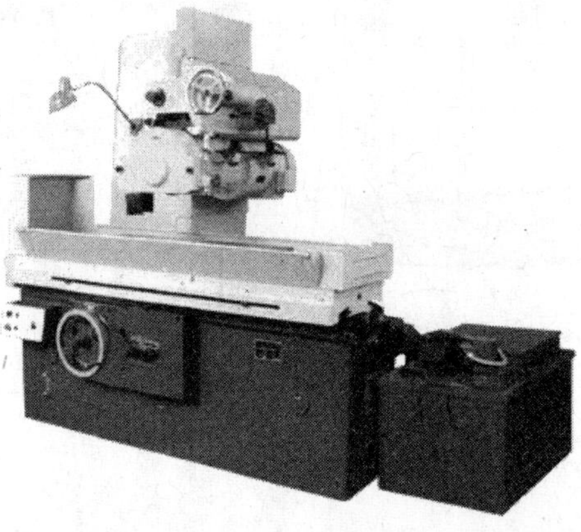	砂轮主轴平行于工作台台面，工件安装在矩形电磁吸盘上，并随工作台做纵向往复的直线运动
卧轴圆台平面磨床	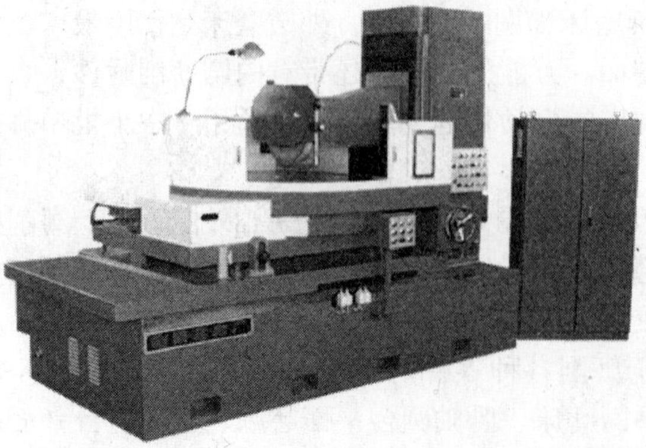	砂轮的主轴是卧式的，工作台是圆形电磁吸盘，用砂轮的圆周磨削平面。由于其工作台的运动是连续的，因此效率高，但不能磨削台阶等复杂平面

（续）

类　型	图　　示	应用特点说明
立轴矩台平面磨床		砂轮的主轴与工作台垂直，工作台是矩形电磁吸盘，用砂轮的端面磨削工件平面。这类磨床只能磨削简单的平面。由于砂轮的直径大于工作台宽度，砂轮不需要做横向进给，故生产率高
立轴圆台平面磨床		砂轮和主轴与工作台垂直，工作台是圆形电磁吸盘，用砂轮的端面磨削平面

（4）内圆磨床。内圆磨床如图 4-5 所示，砂轮主轴转速很高，可磨削圆柱、圆锥形内孔表面。普通内圆磨床仅适于单件、小批生产。自动和半自动内圆磨床除工作循环自动进行外，还可在加工中自动测量，大多用于大批量的生产中。

图 4-5　内圆磨床

2. 常用磨床的结构组成

（1）外圆磨床主要部件的名称和作用。外圆磨床（M1432B 型万能磨床）的主要结构部件如图 4-6 所示。它主要由床身、工作台、头架、尾座、砂轮架和液压传动、机械传动的操纵机构及电器操纵箱等组成。

1）床身。床身是一个箱形铸件，用于支承磨床的各个部件。床身上有纵向和横向两组导轨：纵向导轨上装工作台，横向导轨上

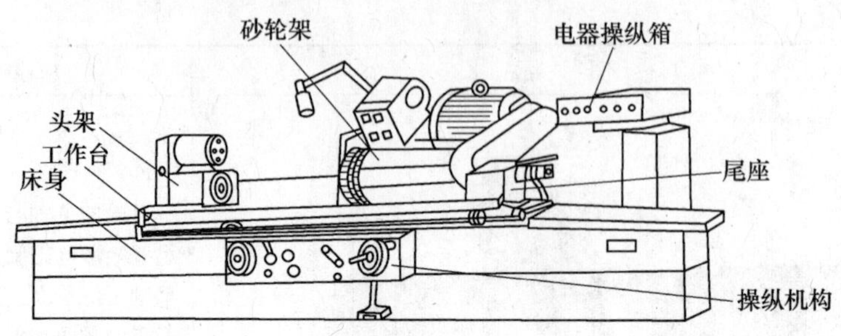

图 4-6　M1432B 型万能外圆磨床

装砂轮架。床身内有液压传动装置和机械传动机构等结构部件。

2）工作台。工作台由上工作台与下工作台两个部分组成。上工作台安装在下工作台之上，可相对下工作台进行回转，顺时针方向可转 3°，逆时针方向可转 6°。上工作的台面上有 T 形槽，通过螺栓用以安装及固定头架和尾座。

工作台底面导轨与床身纵向导轨配合，由液压传动装置或机械操纵机构带动做纵向运动。在下工作台前侧面的 T 形槽内，装有两块行程挡铁，调整挡铁位置，可控制工作台的行程和位置。

3）头架。头架由底座、壳体、主轴和传动变速装置等组成，如图 4-7 所示。头架壳体可绕定位柱在底座上面回转，按加工需要可在逆时针方向 0°～90°范围内做任意角度的调整。双速电动机装在壳体顶部。头架通过两个 L 形螺栓紧固在工作台上，松开螺栓，可在工作台面上移动。头架主轴上可安装顶尖或卡盘，用来装夹和带动工件旋转；主轴间隙的调整量为 0～0.01mm。

头架变速可通过推拉变速捏手及改变双速电动机转速来实现。

4）尾座。尾座由壳体、套筒和套筒往复机构等组成，如图 4-8 所示。尾座套筒内装有顶尖，用于装夹工件。装卸工件时，可转动手柄或踏尾座操纵板，实现套筒的往复移动。尾座通过 L 形螺栓紧固在工作台上，松开螺栓可在工作台上移动。

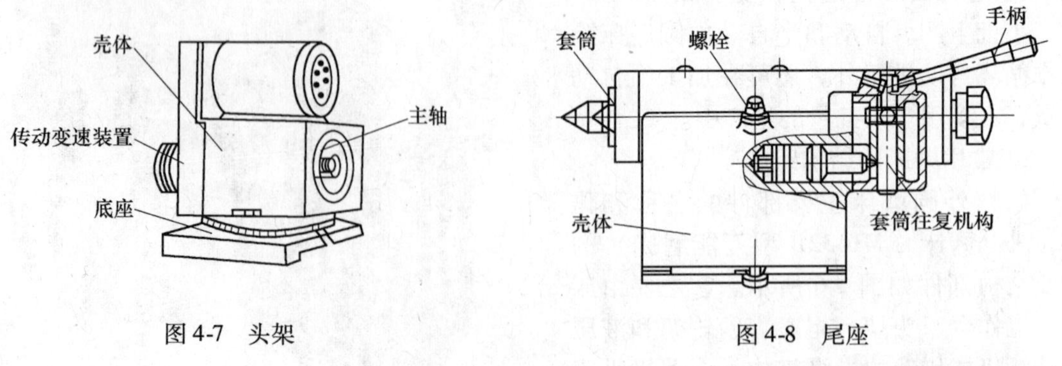

图 4-7　头架　　图 4-8　尾座

5）砂轮架。砂轮架由壳体、主轴、内圆磨具及滑鞍等组成。外圆砂轮安装在主轴上，由单独电动机经 V 带传动进行旋转。壳体可在滑鞍上做 ±30°回转。滑鞍安装在床身横导轨上，可做横向进给运动。内圆磨具支架的底座装在砂轮架壳体的盖板上，支架壳体可绕与底座固定的心轴回转，当需进行内圆磨削时，将支架壳体翻下，通过两个球头螺钉和两个具有球面的支块，支承在砂轮架壳体前侧搭子面上，并用螺钉紧固。在外圆磨削时，须将支架壳体翻上去，并用插销定位。

（2）内圆磨床主要部件的名称和用途。M2110A 型内圆磨床如图 4-9 所示，是一种常见的普通内圆磨床。它由床身、工作台、主轴箱、内圆磨具和砂轮修整器等部件组成。

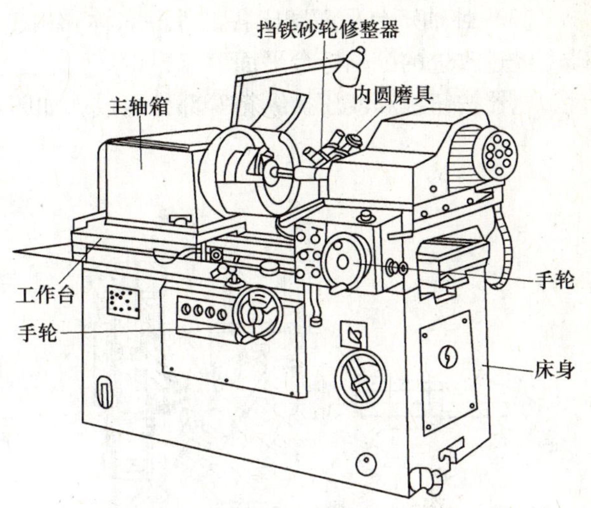

图 4-9　M2110A 型内圆磨床

1）工作台。工作台可沿着床身上的纵向导轨做直线往复运动，其运动可分液压传动和手轮传动。液压传动时，通过调整挡铁和压板位置，可以控制工作台快速趋近或退出、砂轮磨削或修整等。手轮主要用于手控调整机床及磨削工件端面。

2）主轴箱。主轴箱通过底座固定在工作台的左侧，主轴箱主轴的外圆锥面与带有内锥孔的法兰盘配合，在法兰盘上装有卡盘或其他夹具，以夹持并带动工件旋转。主轴箱可相对底座绕垂直轴线转动，回转角度为 20°，用于磨削内锥孔，并装有调整装置，可做微量的角度调整。

3）内圆磨具。内圆磨具安装在磨具座上，该机床备有一大一小两个内圆磨具，可根据磨削工件的孔径大小来选择使用。用小磨具时，要在磨具壳体外圆上装两个衬套后才能装进磨具座内，如图 4-10 所示。磨具座内分别装有夹紧螺钉和间隙调整螺钉，以夹紧磨具或松开磨具座盖，以便调换磨具，如图 4-11 所示。

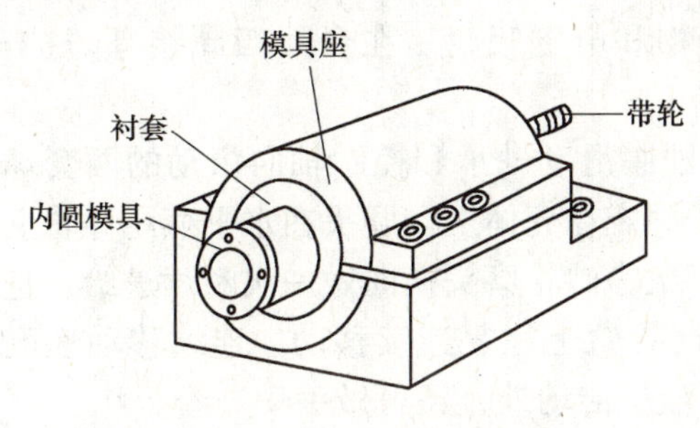

图 4-10　小磨具的安装

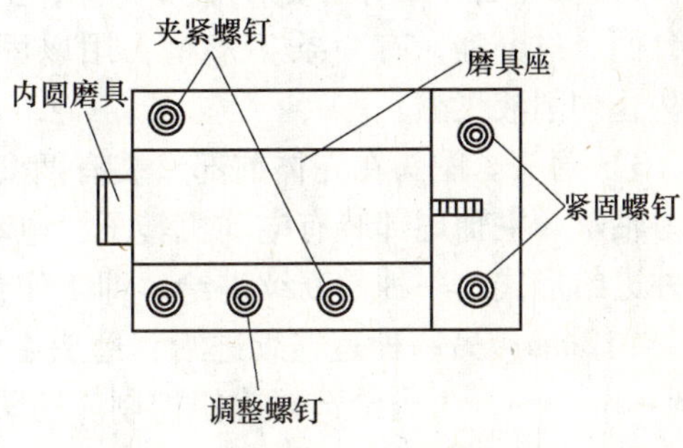

图 4-11　磨具的装卸

内圆磨具的主轴由电动机经平带直接传动旋转，调整带轮可变换内圆磨具的转速，以适应磨削不同直径的工件。磨具座及电动机均固定在横滑板上，横滑板可沿着固定在机床床身上的桥板上面的横向导轨移动，使砂轮实现横向进给运动。

4）砂轮修整器。砂轮修整器安装在工作台中部台面上，根据需要可在纵向和横向调整位置，修整器上的修整杆可随着修整器的回转头上下翻转。修整器的动作由液压控制，当修整砂轮时，动作选择旋钮转到“修整”位置，压力油使回转头放下，修整结束把动作选择旋钮转到“磨削”位置，油压消失，借弹簧拉力将回转头拉回原处。修整头可用前面带有刻度值的提手做微量进给，如图 4-12 所示。

（3）卧轴矩台平面磨床各部件的名称和用途。M7120D 型平面磨床是在 M7120A 型的基础上经过改进的卧轴矩台平面磨床，由床身、工作台、磨头、滑板、立柱、电器箱、电磁吸盘、电器按钮板和液压操纵箱等部件组成，如图 4-13 所示。

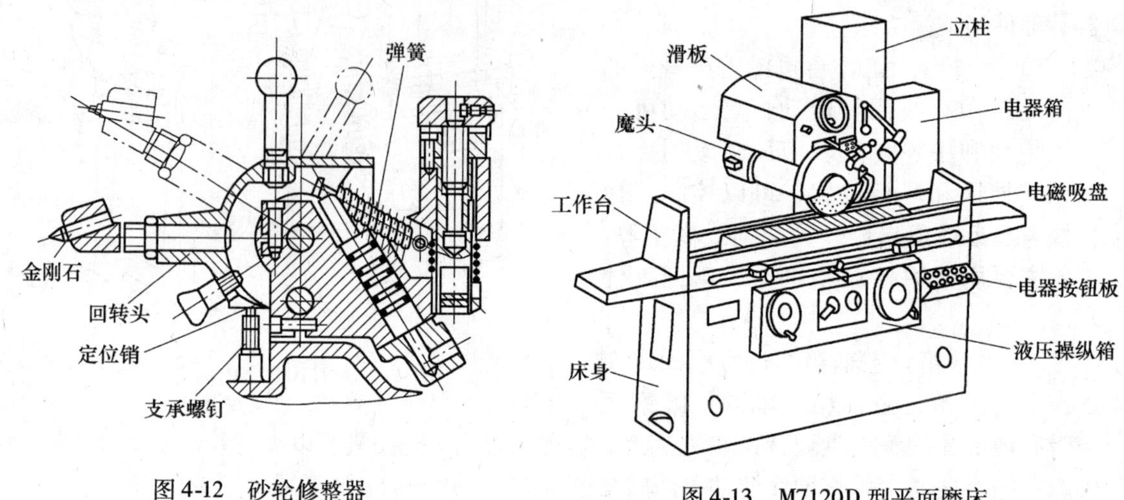

图 4-12 砂轮修整器

图 4-13 M7120D 型平面磨床

1）床身。床身为箱形铸件，上面有 V 形导轨及平导轨，工作台安装在导轨上。床身前侧的液压操纵箱上装有工作台手动机构、垂直进给机构和液压操纵板等，用以控制机床的机械和液压传动。电器按钮板上装有电器控制按钮。

2）工作台。工作台是一盆形铸件，上部有长方形台面，下部有凸出的导轨。工作台上部台面经过磨削，有一条 T 形槽，用以固定工作物和电磁吸盘。在台面四周装有防护罩，以防止切削液飞溅。

3）磨头。磨头在壳体前部，装有两套短三块油膜滑动轴承和控制轴向窜动的两套球面推力轴承，主轴尾部装有电动机转子，电动机定子固定在壳体上。磨头在水平燕尾导轨上有两种进给形式：一种是断续进给，即工作台换向一次，砂轮磨头横向做一次断续进给，进给量 1 ~ 12mm；另一种是连续进给，磨头在水平燕尾导轨上往复连续移动。连续移动速度为 0.3 ~ 3m/min，由进给选择旋钮控制。磨头除了可液压传动外，还可做手动进给。

4）滑板。滑板有两组相互垂直的导轨，一组为垂直矩形导轨，用以沿立柱做垂直移动；另一组为水平燕尾导轨，用以做磨头横向移动。

5）立柱。立柱为一箱形体，前部有两条矩形导轨，丝杠安装于中间，通过螺母，使滑板沿矩形导轨做垂直移动。

6）电器箱。M7120D 型平面磨床在电器安装上进行了改进，将原来装在床身上的电器元件等装到电器箱内，这样有利于维修和保养。

7）电磁吸盘。电磁吸盘主要用于装夹工件。

8）电器按钮板。电器按钮板主要用于安装各种电器按钮，通过操作按钮，来控制机床的各项进给运动。

9）液压操纵箱。液压操纵箱主要用于控制机床的液压传动。

3. 磨床的型号

磨床品种共分三大类，一般磨床为第一类，用字母 M 表示；超精加工机床、抛光机床、砂带抛光机为第二类，用 2M 表示；轴承套圈、滚球、叶片磨床为第三类，用 3M 表示。齿轮磨床和螺纹磨床分别用 Y 和 S 表示。第一类磨床按加工不同分以下几组：

0——仪表磨床；

1——外圆磨床（如 M1332A、MBS1332A、MM1420 等）；

2——内圆磨床（如 M2110A、MGD2110 等）；

3——砂轮机；

4——坐标磨床；

5——导轨磨床；

6——刀具刃磨床（如 M6025A、M6110 等）；

7——平面及端面磨床（如 M7120A、MG7130 等）；

8——曲轴、凸轮轴、花键轴及轧辊磨床（如 M8240A、M8312、M8612A、MG8425 等）；

9——工具磨床（如 MK9017、MG9019 等）。

型号还指明机床主要规格参数。一般以机床上加工的最大工件尺寸或工作台面宽度（或直径）的 1/10 表示；曲轴磨床则表示最大回转直径的 1/10；无心磨床则表示基本参数本身（如 M1080 表示最大磨削直径为 ϕ80mm）。

目前我国工厂中使用的一部分老型号是用三位数表示，例如 M131W 表示最大磨削直径为 ϕ315mm 的万能外圆磨床，M120W 表示最大磨削直径为 ϕ200mm 的万能外圆磨床。

下面以平面磨床为例说明磨床型号的表示方法：

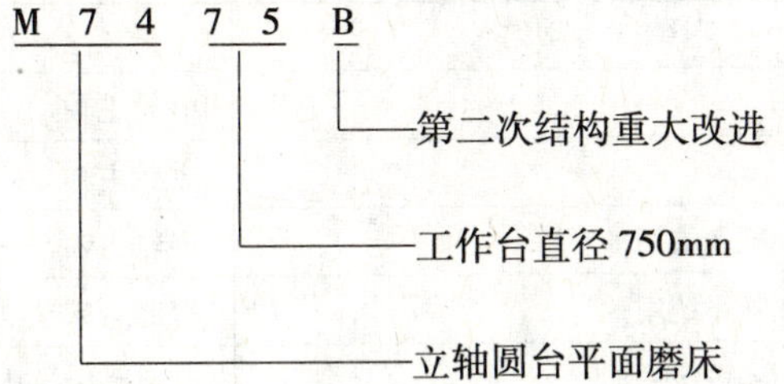

知识点二 磨床的润滑保养

保持磨床的精度和可靠性，延长磨床的使用寿命，得益于良好的保养和润滑。

1. 磨床的润滑

磨床润滑的目的是减少磨床摩擦面和机构传动副的磨损，使传动平稳，并提高机构工作的灵敏度和可靠度。

（1）润滑的基本要求。润滑的基本要求是“五定”，即定点、定质、定量、定期和定人。

1）定点。确定机床的润滑部位、润滑点（用图形表示），明确规定的加油方法。操作人员应熟悉各个供油部位。

2）定质。正确确定各润滑部位、润滑点加什么牌号的润滑剂，应按规定加注。

3）定量。确定机床各润滑部位的加油数量，做到计划用油、合理用油和节约用油。

4）定期。确定各润滑部位的加油间隔期，同时应根据机床实际运行及油质情况，合理地调整加（换）油周期，以保持正常润滑。

5）定人。确定润滑责任人，一般润滑部位和润滑点由操作人员进行润滑，二级保养或大修机床，则由专人负责。

以万能外圆磨床为例，尾座套筒注油孔，每班注入一次机械油；内圆磨具滚动轴承，500h 更换一次锂基润滑脂；砂轮架油池，每 3 个月更换一次精密主轴油；床身油池则半年更换一次液压油。

（2）润滑剂。磨床上常用的润滑剂有润滑油和润滑脂两大类。

1）润滑油。一般用全损耗系统用油（机械油）。其主要特性指标是“运动黏度（简称“黏度”），表示油液在外力作用下流动时，在其内部产生的摩擦力的性质，单位为 m^2/s。黏度大，表示油的流动性差，油分子之间的摩擦阻力大；黏度小，则表示油的流动性好，油分子之间的摩擦阻力小。黏度随温度升高而变小，温度降低则变大。因此，使用时应注意季节的变化。

黏度小的润滑油适用于运动速度高、摩擦表面间隙小的配合面；而运动速度低、摩擦表面配合间隙大的地方，则应用黏度大的润滑油。

2）润滑脂。润滑脂是由基础油（矿物油或合成油）和稠化剂再加入改善性能的添加剂所制成的一种半固体润滑剂，通常呈油膏状。润滑脂的黏附力强，除能有效地润滑外，还能起密封、防锈作用，在磨床上常用于砂轮主轴和滚动轴承的润滑。

磨床常用的润滑剂见表 4-2。

表 4-2　磨床常用的润滑剂

种　类	牌　号	应　用
润滑油	N2 主轴油	砂轮主轴
	N5 主轴油	砂轮主轴
	L-AN10 全损耗系统用油	砂轮主轴、一般滑动摩擦面
	L-AN32 全损耗系统用油	普通磨床导轨、一般滑动摩擦面
	L-AN46 全损耗系统用油	普通磨床导轨、一般滑动摩擦面
	L-AN68 全损耗系统用油	精密磨床导轨
润滑脂	3 号锂基润滑脂	内圆磨具主轴
	3 号钙基润滑脂	高精度滚动轴承

（3）润滑方式。常用的润滑方式有以下几种。

1）滴油润滑包括手工润滑和油杯润滑两种。手工润滑是用油壶或油枪向油孔、油嘴加油；油杯润滑是依靠油杯里油的自重向润滑部位滴油。滴油润滑主要用于低速、轻负荷的摩擦表面。

2）油毡（垫）、油绳润滑是将油毡、垫或泡沫塑料、油绳等浸油，利用毛细管的虹吸作用进行供油。其本身可起过滤作用，故能使油保持清洁，且供油连续均匀，主要用于低、中速的摩擦部位。

3）油池润滑是依靠淹没在油池中的旋转零件，将油带到需要润滑的部位进行润滑。这种润滑方法适用于在封闭箱内（如磨床的头架变速箱）转速较低的摩擦副中等部位。

4）飞溅润滑是利用高速旋转零件或附加的甩油盘、甩油片，将油池中的油溅散成飞沫向摩擦副供油，主要用于闭式齿轮副及轴承等处。

2. 磨床的保养

磨床的保养内容如下。

（1）合理操作磨床，保证磨床部件、机械结构的完好。

（2）工作前（后）应清理机床，检查磨床部件、机械结构、液压系统、冷却系统是否正常，发现问题要及时排除故障。

（3）在工作台上调整头架、尾座位置时，为保护工作台、头架、尾座连接间的机床精度，应擦净其连接面，并涂润滑油后再移动头架或尾座。

（4）各润滑部位应按规定的油类定期加注，同时应保证一定的油面高度和油质。

（5）定期冲洗冷却系统，及时更换冷却液。

（6）及时认真地对磨床进行一级保养（一般情况下磨床运行500h后就应进行一级保养）。一级保养的内容和要求见表4-3。

表4-3　磨床一级保养的内容和要求

项目内容	操作要求
外部保养	1. 清洗磨床外表，保持其清洁、无锈蚀、无油痕 2. 拆卸清洗有关防护盖板、挡板，使各部位清洁，并牢固安装 3. 检查并配齐手柄、螺钉、螺母
砂轮架及头架、尾座的保养	1. 拆洗砂轮皮带罩壳 2. 检查电动机及紧固螺钉、螺母是否松动 3. 检查砂轮架传动带松紧程度是否适当 4. 清洗头架和尾座套筒，保持内外清洁
液压、润滑系统的保养	1. 检查砂轮架主轴润滑油的油质及油量 2. 清洗导轨，检查润滑油的油质及油量，保持油孔、油路的畅通；检查油管安装是否牢固，是否有断裂泄漏现象 3. 清洗液压泵过滤器 4. 检查液压系统压力情况，保持液压部件运行正常 5. 清洗油窗，使油窗清洁明亮
冷却系统的保养	1. 清洗切削液箱，调换切削液 2. 检查冷却泵，清除杂质，保持电动机运转正常 3. 清洗过滤器，拆洗切削液管，使管路畅通，构件安装牢固整齐
电气系统的保养	1. 清扫电器箱，保持箱内清洁、干燥 2. 清理电线及蛇皮管，对裸露的电线与破损的蛇皮管进行修复 3. 检查各电器装置，做到固定整齐、工作正常 4. 检查各发光装置，做到工作正常

（续）

项目内容	操作要求
机床附件的保养	1. 切断电源，摇动手轮使砂轮架退至较后的位置，推动头架、尾座至工作台两端 2. 清扫机床铁屑较多的部位，如水槽、切削液箱、防护罩壳等 3. 用柴油清洗头架主轴、尾座套筒、液压泵过滤器等 4. 在维修人员指导配合下，检查砂轮架及床身油池内的油质、油路工作情况等，并根据实际情况调换或补充润滑油和液压油 5. 在维修电工指导配合下，进行电气检查和保养 6. 进行机床油漆表面的保养，按从上到下、从后向前、从左到右的顺序进行。如有油痕，可用去污粉或碱水清洗 7. 进行附件的清洁保养，并补齐残缺部件 8. 调整好磨床各机构间隙，装好各防护罩、盖板等

知识点三　认识砂轮

1. 砂轮的结构

砂轮是一种特殊的刀具，又称为磨具，它是由磨料和结合剂以适当的比例混合后，经压制、干燥、烧结、整型、静平衡、硬度测试等一系列工序而制成的。因此，砂轮由磨料、结合剂和气孔这三要素组成，如图4-14所示。

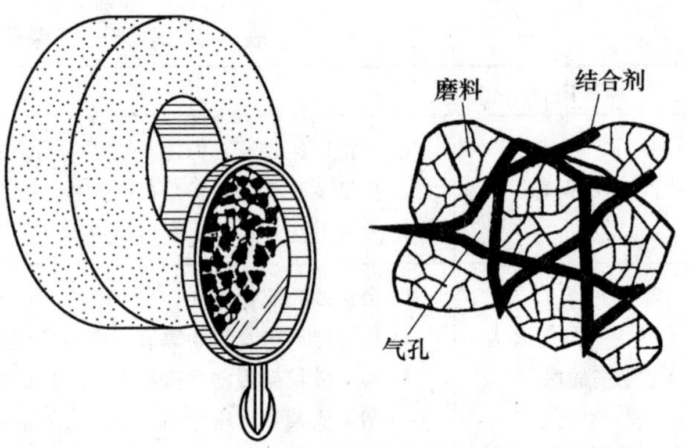

图4-14　砂轮的组成

2. 砂轮的特性要素

（1）磨料。砂轮中磨粒的材料称为磨料，它是砂轮的主要成分。磨料经压碎后，成为各种粗细不同的具有锐利锋口的磨粒。

制造砂轮的磨料主要是人工磨料，按成分一般分为刚玉类（氧化物）、碳化硅类和超硬类材料三类。常用磨料的特点与适用范围见表4-4。

表4-4　常用磨料的特点与适用范围

种类名称		代号	颜色	特　点	适用范围
刚玉类	棕刚玉	A	棕褐色	有足够的硬度，韧性较大，价格便宜	磨削碳素钢等，特别适于磨未淬硬钢、调质钢以及粗磨工序
	白刚玉	WA	白色	比棕刚玉硬而脆，自锐性好，磨削力和磨削热量较小，价格比棕刚玉高	磨淬硬钢、高速钢、高碳钢、螺纹、齿轮、薄壁薄片零件以及刃磨刀具等
	铬刚玉	PA	粉红色	硬度和白刚玉相近而韧性较好	可磨削合金钢、高速钢、锰钢等高强度材料以及粗糙度要求较低的工序，也适于成形磨削和刀具刃磨等

（续）

种类名称		代号	颜色	特点	适用范围
刚玉类	单晶刚玉	SA	浅灰色 淡黄色	硬度和韧性都比白刚玉高	磨削不锈钢和高钒高速度钢等韧性特别大、硬度高的材料
	微晶刚玉	MA	棕黑色	强度高、韧性和自锐性好	磨削不锈钢、轴承钢和特种球墨铸铁等
碳化硅类	黑碳化硅	C	黑色 深蓝色	硬度比白刚玉高，但脆性大	磨削铸铁、黄铜、软青铜以及橡胶、塑料等非金属材料
	绿碳化硅	GC	绿色	硬度与黑碳化硅相近，但脆性更大	磨削硬质合金、光学玻璃等
超硬类	人造金刚石	SD	无色透明、淡黄、淡绿	硬度极高，磨削性能好，价格昂贵	磨削硬质合金、光学玻璃等
	立方氮化硼	CBN	棕黑色	性能与金刚石相近，磨削难磨钢材	磨钛合金、高速钢等高硬度材料

（2）粒度。粒度是表示磨粒尺寸大小的度量，国家磨料标准规定用37个粒度代号表示，见表4-5。粒度代号有两种测定法，即筛网法和沉降法。砂轮的粒度对工件表面粗糙度和磨削效率有很大的影响，磨削时应合理选择砂轮的粒度。

表4-5 磨料的粒度

代号	最粗粒			粗粒			基本粒		
	筛孔尺寸		筛上物质量比（%）	筛孔尺寸		筛上物质量比（%）	筛孔尺寸		筛上物质量比（%）
	mm	μm		mm	μm		mm	μm	
F4	8		0	5.60		20	4.75		40
F5	6.70		0	4.75		20	4		40
F6	5.60		0	4		20	3.35		40
F7	4.75		0	3.35		20	2.80		40
F8	4		0	2.80		20	2.36		45
F10	3.35		0	2.36		20	2		45
F12	2.80		0	2		20	1.70		45
F14	2.36		0	1.70		20	1.40		45
F16	2		0	1.40		20	1.18		45
F20	1.70		0	1.18		20	1		45
F22	1.40		0	1		20		850	45
F24	1.18		0		850	25		710	45
F30	1		0		710	25		600	45
F36		850	0		600	25		500	45
F40		710	0		500	30		425	40
F46		600	0		425	30		355	40
F54		500	0		355	30		300	40
F60		425	0		300	30		250	40
F70		355	0		250	25		212	40

（续）

代号	最粗粒			粗　粒			基本粒		
	筛孔尺寸		筛上物质量比（%）	筛孔尺寸		筛上物质量比（%）	筛孔尺寸		筛上物质量比（%）
	mm	μm		mm	μm		mm	μm	
F80		300	0		212	25		180	40
F90		250	0		180	20		150	40
F100		212	0		150	20		125	40
F120		180	0		125	20		106	40
F150		150	0		106	15		75	40
F180		125	0		90	15		75. 63	40
F220		106	0		75	15		63. 53	40

代号	最大值/μm	中值/μm	最小值/μm
F230	82	53	34
F240	70	44. 5	28
F280	59	36. 5	22
F320	49	29. 2	16. 5
F360	40	22. 8	12
F400	32	17. 3	8
F500	25	12. 8	5
F600	19	9. 3	3
F800	14	6. 5	2
F1000	10	4. 5	1
F1200	7	3. 0	1

筛选法又叫英制法，它用于测定颗粒尺寸大于50μm的磨粒，粒度代号表示磨粒所能通过的筛在每英寸长度上所含有网眼数。这种方法表示的粒度号越大，磨粒就越细。对于呈微粉状的极小磨粒，需要用沉降法来测定。微粉用F230～F1200共11个代号表示。

（3）结合剂。结合剂是用来将分散的磨料颗粒黏结成具有一定形状和足够强度的磨具材料。结合剂的种类和性质将影响砂轮的硬度、强度、耐腐蚀性、耐热性和抗冲击性等。常用的结合剂及其代号见表4-6。

表4-6　常用的结合剂及其特点

结合剂名称	代号	主要成分	主要特点
陶瓷结合剂	V	以天然花岗石和黏土为原料配制而成	1. 力学和化学性能稳定，能耐热、耐腐，但冰冻会产生裂纹 2. 砂轮多孔性好，利于散热，不易堵塞。但其呈脆性，不能承受大的冲击力的侧面压力，因而不能制造薄片砂轮
树脂结合剂	B	由苯酚与甲醛合成	1. 强度高，可制成薄片砂轮和用作高于50m/s的高速磨削砂轮 2. 具有较好的自锐性，磨削效率高 3. 具有一定的弹性，可避免烧伤工件表面，同时还具有一定的抛光作用，但其耐热温度为200℃左右，因而磨削温度增高时，砂轮损耗较快，其外形经常会变形 4. 化学性能不稳定，易受碱、油、水的侵蚀，其存放期一般不超过一年，因为其在潮湿的环境中存放会降低砂轮的强度

（续）

结合剂名称	代号	主要成分	主要特点
橡胶结合剂	R	以天然或人造橡胶为主要原料制成	1. 耐热温度低于150℃，耐湿性也较差，易于老化，存放期一般为二年 2. 砂轮气孔小，且弹性较好，可制成薄片砂轮 3. 具有一定的抛光作用，不易烧伤工件

（4）硬度。砂轮的硬度是指结合剂黏接磨粒的牢固程度，也表示磨粒在磨削力的作用下从砂轮表面上脱落的难易程度。磨粒不易脱落的砂轮为硬砂轮，反之为软砂轮。值得注意的是：不能将砂轮的硬度与磨粒自身的硬度混同起来。砂轮的硬度影响砂轮的自锐性。GB/T 2484—2006 规定的磨具硬度及其代号见表 4-7。

表 4-7　砂轮的硬度等级

A	B	C	D	极软
E	F	G	—	很软
H	—	J	K	软
L	M	N	—	中级
P	Q	R	S	硬
T	—	—	—	很硬
—	Y	—	—	极硬

注：硬度等级用英文字母标记，“A”到“Y”由软至硬。

（5）组织。砂轮的组织是表示砂轮内部的松紧程度的参数，与磨料、结合剂、气孔三者的体积比例有关，如图 4-15 所示。磨具组织可用数字标记，通常为 0 ~ 14，数字越大，表示组织越疏松。一般外圆、内圆、平面、无心磨削及刃磨刀具都采用中等组织的砂轮。

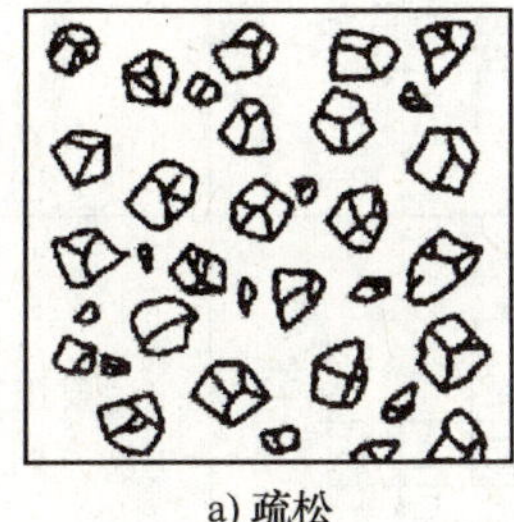

a) 疏松

b) 中等

c) 紧密

图 4-15　砂轮的组织

（6）形状和尺寸。根据磨床结构与磨削的加工需要，砂轮有各种形状和不同尺寸的规格。表 4-8 所列为常用的几种通用砂轮的名称、代号、几何形状与用途。

表 4-8　常用砂轮的名称、代号、几何形状与用途

名称	代号	图　示	断面尺寸	基本用途
平行砂轮	1			用于外圆、内圆、平面、无心磨及刃磨刀具、螺纹磨削

（续）

名称	代号	图　示	断面尺寸	基本用途
筒形砂轮	2		($W \leqslant 0.17D$) 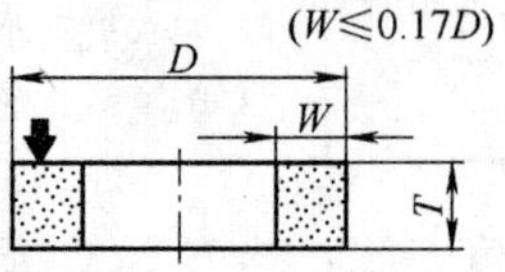 D W T	用于立式平面磨床
单斜边砂轮	3		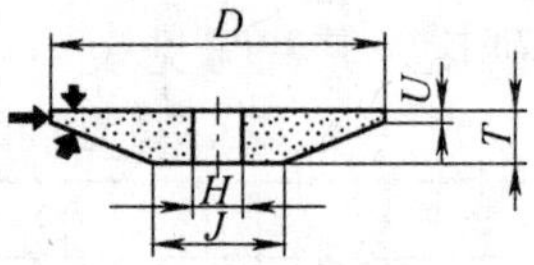 D U T H J	45°角单斜边砂轮多用于磨削各种锯齿
双斜边砂轮	4	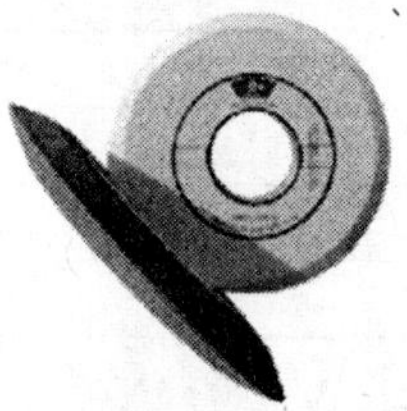	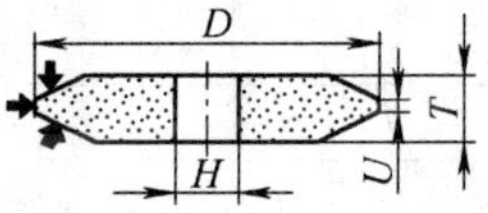 D T U H	用于磨齿轮齿面和磨单线螺纹
杯形砂轮	6		D $E \geqslant W$ W T E 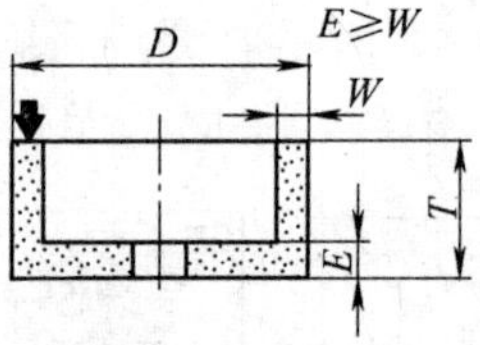	刃磨铣刀、铰刀、拉刀
双边凹一号砂轮	7	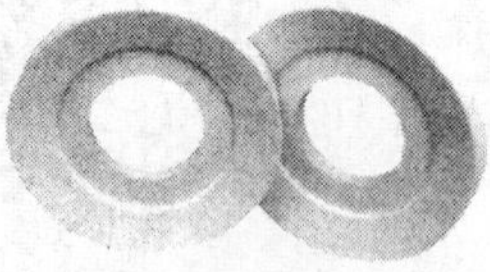	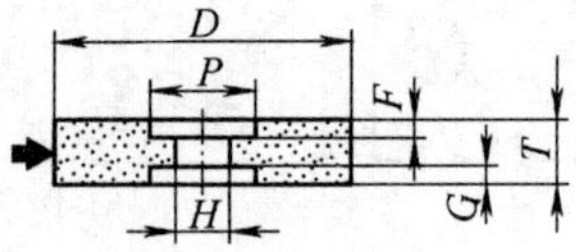 D P F T G H	主要用于外圆磨削和刃磨刀具
碗形砂轮	11		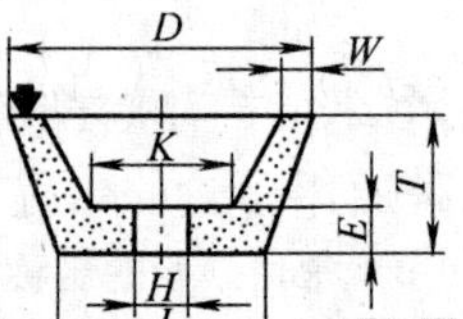 D W K T E H J $E \geqslant W$	刃磨铣刀、铰刀、拉刀、盘形车刀等
碟形一号砂轮	12a		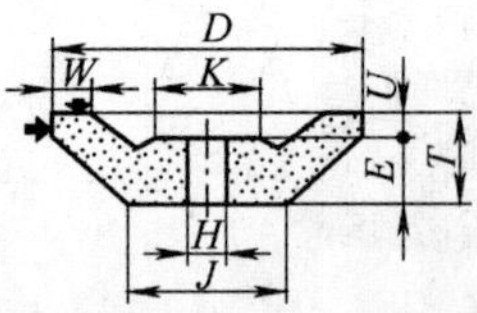 D W K U E T H J	适用于刃磨铣刀、铰刀、拉刀的其他刀具，大尺寸一般用于磨齿轮齿面

（续）

名称	代号	图　示	断面尺寸	基本用途
薄片砂轮	41		D T H	用于切断和开槽

3. 砂轮的标记

砂轮的标记由磨具的名称、形状代号、尺寸标记、磨料代号、粒度代号、磨具硬度代号、磨具组织、磨具结合剂代号和磨具最高工作速度组成。

例如，外径250mm、厚度40mm、孔径70mm、棕刚玉、粒度F60、硬度为L、5号组织、陶瓷结合剂、最高工作速度为35m/s的平行砂轮，其标记为：

砂轮 1-250×40×70-A/F60L5V-35m/s

知识点四　了解磨削用量

1. 磨削用量

如图4-16所示，磨削用量即磨削时的切削用量，是指砂轮的圆周速度 v_s、工件的圆周速度 v_w、纵向进给量 f、背吃刀量 a_p。

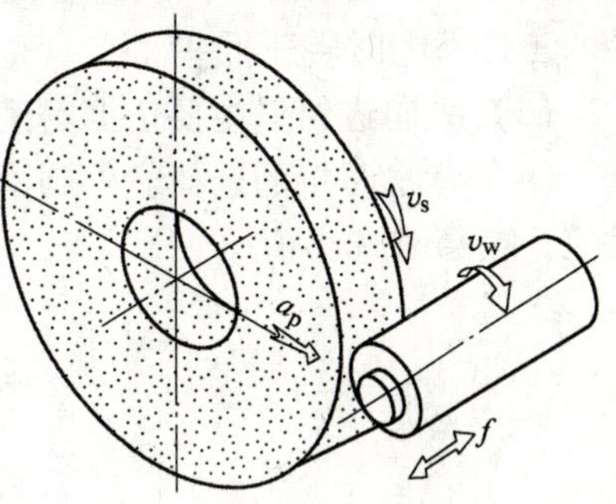

图4-16　磨削用量

（1）砂轮圆周速度 v_s 是砂轮外圆表面上任意一磨粒相对于待加工表面在主运动方向的瞬时速度，单位m/s，计算公式为：

$$v_s = \frac{\pi D n}{1000 \times 60}$$

式中　D——砂轮直径（mm）；

n——砂轮转速（r/min）。

（2）工件圆周速度 v_w 是工件被磨削圆周表面上任意一点单位时间内在进给运动方向上的位移，计算公式为：

$$v_w = \frac{\pi d_w n_w}{1000}$$

式中　d_w——工件外圆直径（mm）；

n_w——工件转速（r/min）。

（3）工件每转一圈相当于砂轮在纵向的位移就是纵向进给量，如图4-17所示。计算公式为：

$$f = (0.2 \sim 0.8)B$$

式中　B——砂轮的宽度（mm）。

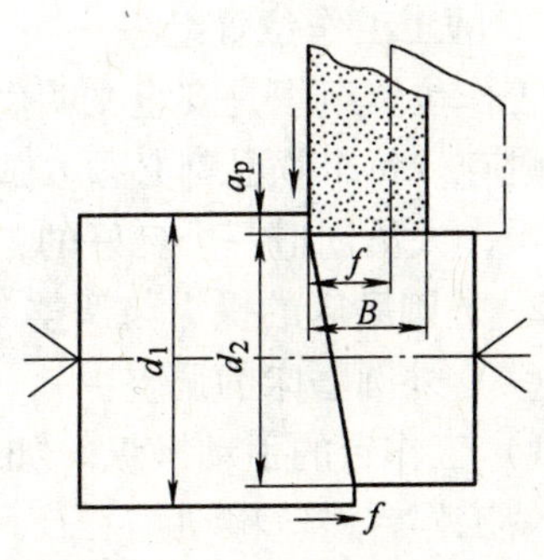

图4-17　纵向进给量和背吃刀量

纵向进给量与磨床的工作台纵向速度有以下关系：

$$v = \frac{fn_w}{1000}$$

式中 v——工件台纵向速度（m/min）。

（4）背吃刀量 a_p 就是磨削深度，即砂轮在横向进给运动方向上切入工件的深度。计算公式为：

$$a_p = \frac{D - d}{2}$$

式中 D——进给前工件的直径（mm）；

d——进给后工件的直径（mm）。

2. 磨削用量的选择

磨削用量选择是否合适，对工件的加工精度、表面粗糙度和生产率有着直接的影响，其选择原则是：保证加工质量的前提下，以获得最高的生产率和最低的生产成本。

（1）砂轮圆周速度的选择主要依据工件的材料、磨削的方式和砂轮的特性来确定。在砂轮强度和磨床工艺刚度、功率及冷却条件允许的情况下，尽可能提高砂轮的圆周速度。通常情况下 $v_s = 30 \sim 35$m/s。

（2）工件圆周速度的选择主要依据工件的直径、横向进给量、工件的材料等来确定。在保证工件表面粗糙度符合加工要求的前提下，应使砂轮在单位时间内切除最多的金属且砂轮消耗最少。通常工件圆周速度是按工件直径选取的，小直径的工件磨削时转速高些，大直径的工件磨削时转速低些。

（3）纵向进给量主要依据磨削的方式、工件的材料和磨削和性质等来确定。

（4）背吃刀量的选择。外圆磨床的背吃刀量很小，一般取 0.005 ~ 0.04mm，粗磨时选大值，精磨时选小值。

4.2 项目基本技能

任务一 磨床的操纵与调整

1. 磨工工作位置组织

工作位置组织是安全文明生产的重要组成部分，它包括工件、量具、砂轮、工具等的安置和贮存。每个物品都必须安放在指定的位置区域，如图 4-18 所示。合理地组织工作位置能为操作人员创造一个良好的工作环境。

2. 外圆磨床的操纵与调整

（1）外圆磨床的调整。

1）工作台的手动操纵。如图 4-19 所示，用左手握住手柄转动手轮，操纵时用力要均匀，使工作台慢速移动。

2）工作台液压传动操纵。图 4-20 所示为磨床液压传动操纵箱。

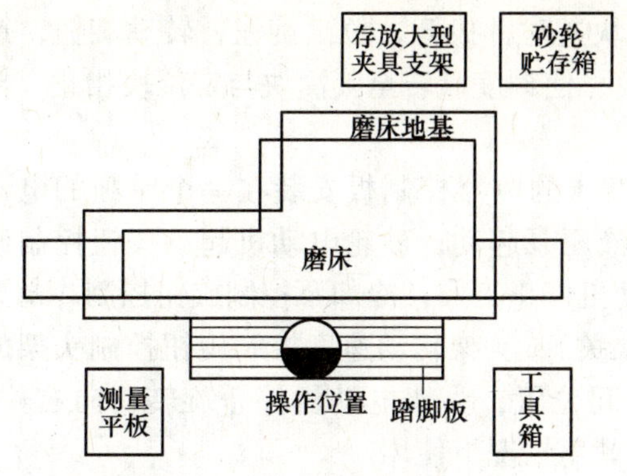

图 4-18　磨工工作位置组织示意

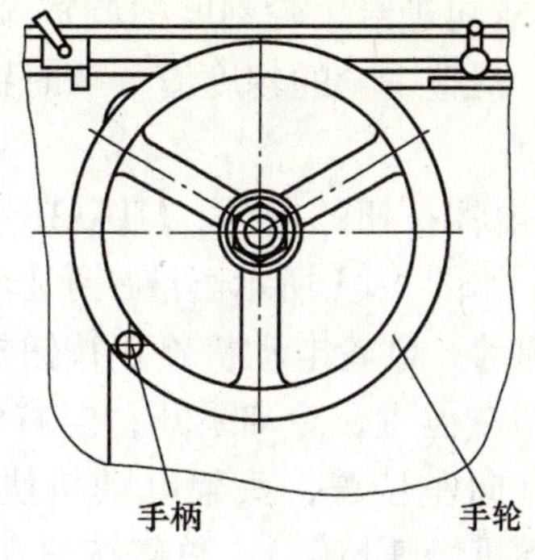

图 4-19　工作台的手动操纵

工作台液压传动操作步骤如下。

①调整工作台行程挡铁的位置，控制工作台的纵向行程和运动位置。

②按液压泵起动按钮（图 4-23），使液压泵运转。

③顺时针方向转动开停阀手柄至起动位置。

④顺时针方向转动调速阀旋钮使工作台至最高速度。

⑤转动工作台液压缸放气旋钮至“开”位置（图 4-21），液压缸开始放气，排除工作缸内的空气，当工作台纵向往复 2 ~3 次后，将旋钮关闭。

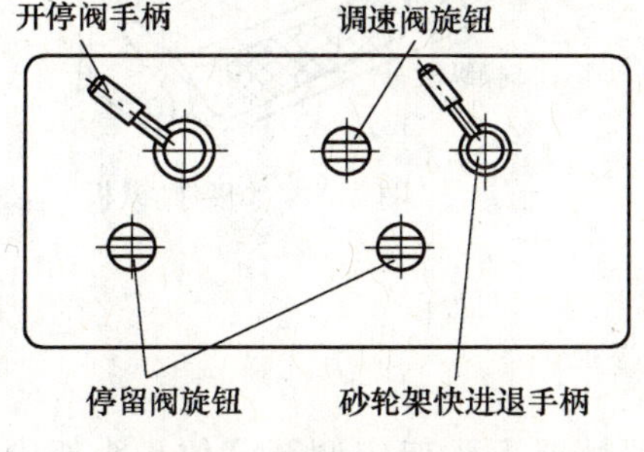

图 4-20　液压传动操纵箱

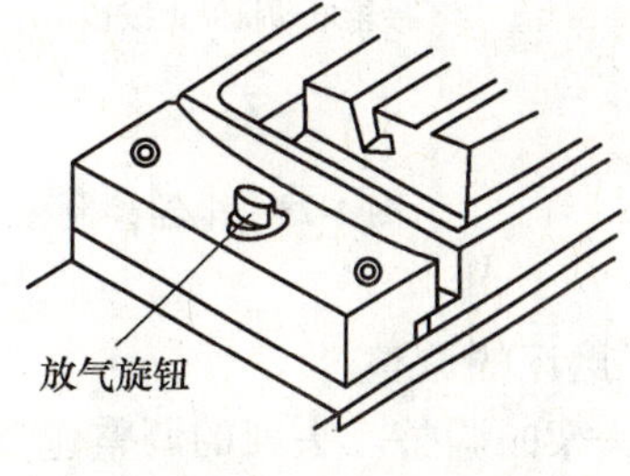

图 4-21　放气阀

⑥重新调节调速阀旋钮，使工作台至所需速度。

⑦微调挡铁。

⑧调节停留阀旋钮，使工作台左停或右停。

⑨逆时针方向转动开停阀手柄至停止位置，使工作台停止运动。

3）砂轮架横向进给。如图 4-22 所示，拉出捏手即可横向细进给。用双手顺时针方向转动手轮，砂轮则向工件切入；单手逆时针转动手轮一周，砂轮向后退刀。

4）砂轮横向位置的调整。推进捏手，为砂轮的横向粗进给。按工件直径的大小转动手轮，调整砂轮的横向位置。

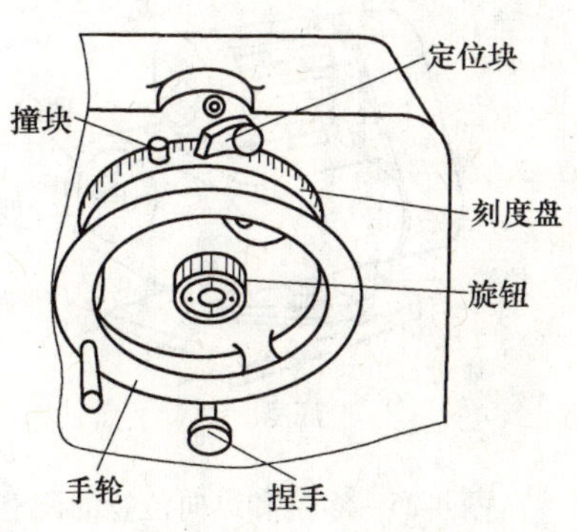

图 4-22　横向进给手轮

5）横向进给手轮刻度的调整操纵。将定位块逆时针拔开，拉出旋钮，转动旋钮，逆时针转动，调整手轮的刻度值，顺时针放下定位块，使刻度盘转至其撞块与定位块相碰，控制工件直径。

6）电器按钮的操纵。M1432B 型万能外圆磨床的电器控制板安装在一个单独的电器操纵箱上，如图 4-23 所示。液压泵起动按钮控制液压泵起动；砂轮电动机起动按钮控制砂轮电动机起动；砂轮电动机停止按钮控制砂轮电动机停止工作；冷却泵控制旋钮控制冷却泵的开关（向左位置，冷却泵开；向右位置，冷却泵关）；头架转动速度控制旋钮控制头架的转动速度（向左位置，头架电动机快速旋转；中间位置，头架电动机停止旋转；向右位置，头架电动机慢速旋转）；总停按钮在工作结束或紧急情况下使用。

7）液压尾座的操纵。起动液压泵后，脚踏操纵板，使尾座套筒退回；脚离开操纵板，尾座套筒伸出，顶尖顶住工件，如图 4-24 所示。

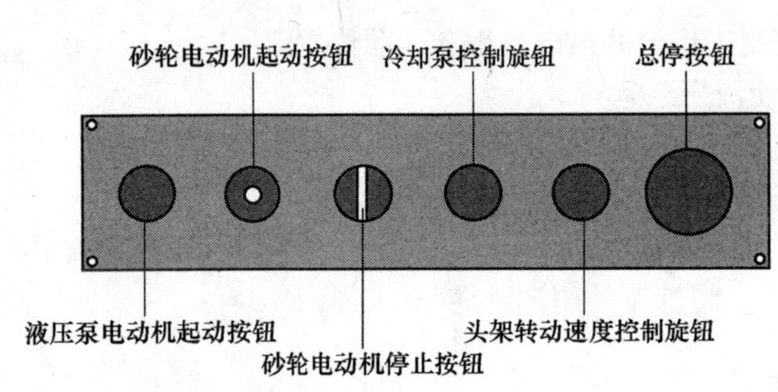

图 4-23　电器控制板

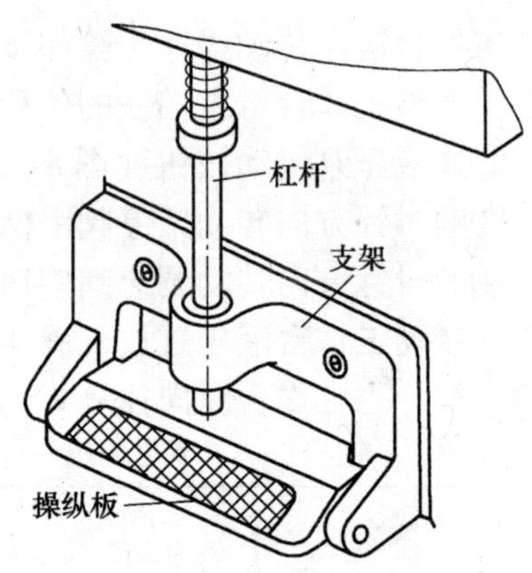

图 4-24　脚踏操纵板

（2）磨床的调整。

1）头架的调整。头架的调整包含三项主要内容。

①零位和纵向位置的调整。如图 4-25 所示，一般情况下头架应调至零位，头架内通过两条 L 形螺栓紧固在工作台上，松开螺栓，可调整头架相对于尾座的纵向位置。

②转速的调整。如图 4-26 所示，拆卸罩壳后，更换传动带在三级塔形带轮中的位置，即可获得三级转速。拧紧螺钉，主轴固定不动；松开螺钉，主轴即可移动。

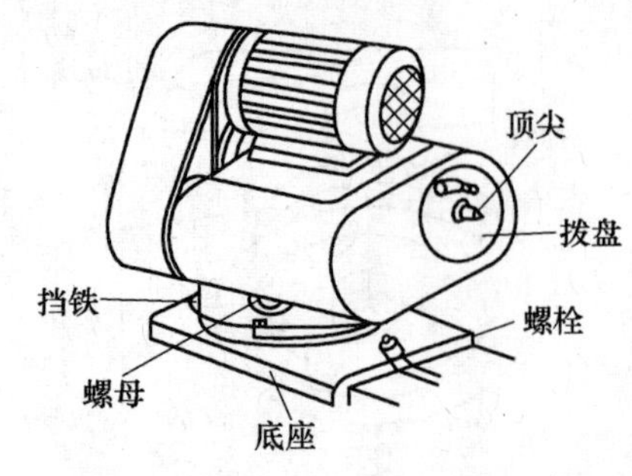

图 4-25　零位和纵向位置的调整

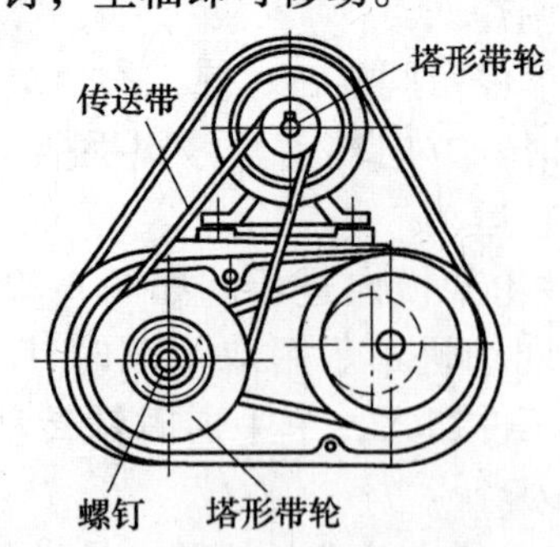

图 4-26　转速的调整

③拨盘的调整。如图 4-27 所示，松开螺钉，可调整拨杆的圆周位置，调整完成后应锁紧螺钉。

2）工作台的调整。磨床上工作台可相对于下工作台回转，松开螺杆，即可调整磨床工作台零位位置，调整后应紧固螺钉，如图 4-28 所示。

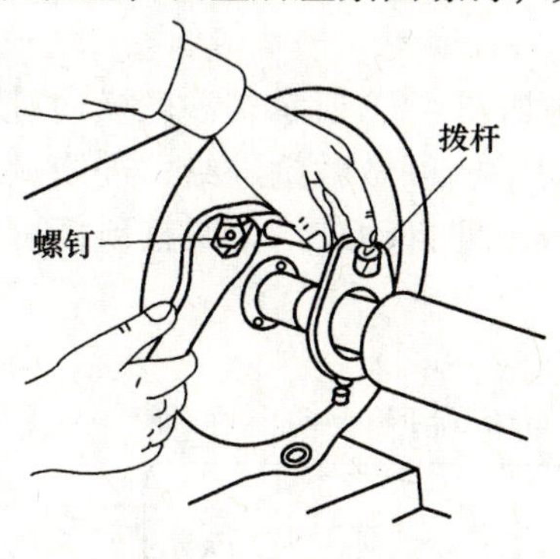

图 4-27 拨盘的调整

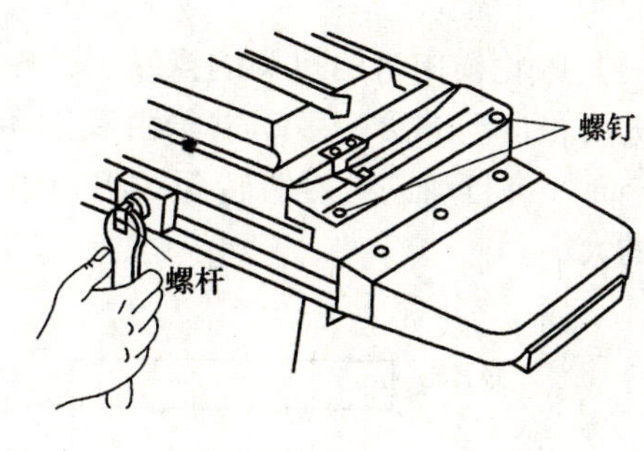

图 4-28 工作台的调整

3）挡铁的调整。如图 4-29 所示，在下工作台前侧的 T 形槽内装有两块行程挡铁，松开紧固手柄，调整行程位置便能控制工作台的行程。螺钉可微调工作台行程，调整后锁紧螺母。

3. 内圆磨床的操纵与调整

(1）工作台的操纵和调整。工作台的操纵包括工作台的起动、挡铁位置的调整和工作台快进位置的调整。

1）工作台的起动。其操作方法如下。

①按动磨床电器控制板的液压泵起动按钮。

②将工作台开停旋钮旋至“开”的位置。

③将工作台换向手柄向上抬起。手放松时，起动阀借弹簧力作用而弹起。

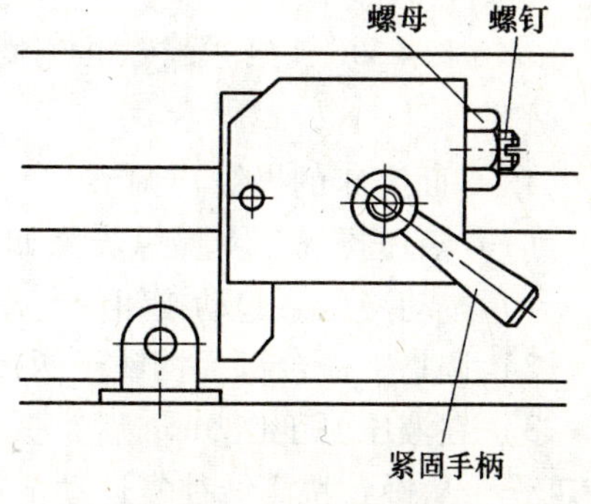

图 4-29 挡铁的调整

2）挡铁位置的调整。其操作方法如下。

①按动液压泵起动按钮。

②将工作台液压开停旋钮置于“开”的位置。

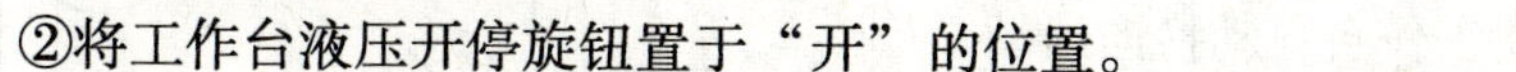

③调整工作台往复挡铁的位置，使工作台进入工作行程前由行程压板将行程阀压下。

3）工作台快进位置的调整。工作台在磨削结束后可快速退出，以减少空行程时间。操作时，只需将工作台换向手柄向上抬起，使换向挡铁越过手柄，行程压板离开行程阀，行程阀弹起，工作台就快速退出。当中停压板移动到行程阀位置时，行程阀被压下，工作台停止运动。

(2）头架的调整。在磨削圆柱孔时，头架应调整至零位。头架可回转角度，以便于磨削内圆锥孔。头架的回转角度由刻度板读出。

头架主轴由双速电动机经带轮传动。调速时首先转动工件转速选择开关，即可使头架电动机在高速或低速状态下工作；然后再变换传动带在塔形带轮上的位置，即可使主轴获得四级转速（200r/min、300r/min、400r/min、600r/min）。调整后用张紧轮将传动带张紧，如图

4-30 所示。

（3）砂轮修整器的调整。如图 4-12 所示，起动液压泵并将动作选择旋钮转至修整位置，此时砂轮修整器自动倒下，定位销与支承螺钉接触，金刚石进入修整位置状态。修整时要调整好工作台修整挡铁的位置和修整速度旋钮；修整结束后可转动动作选择旋钮，使回转头在弹簧的作用下复原位。

（4）砂轮横向进给机构的操纵。砂轮横向进给机构如图 4-31 所示，砂轮横向进给分为手动进给和自动进给。手动进给由手摇手轮实现，按动手柄可做微量进给，进给量为每格 0.005mm。将自动进给旋钮转至“开”位置时，砂轮做周期自动进给，调整顶杆可控制进给量的大小。

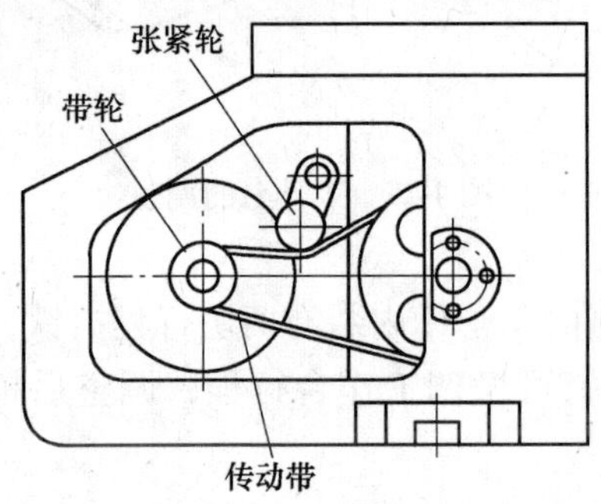

图 4-30　头架主轴转速的调整

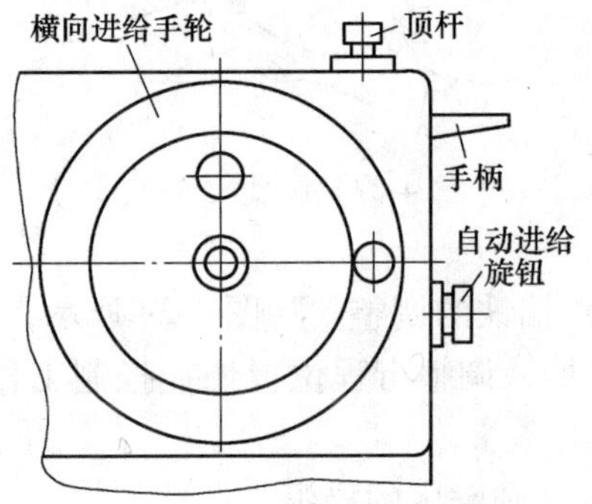

图 4-31　横向进给机构

4. 平面磨床的操纵与调整

（1）液压操纵。其操纵步骤如下。

1）按动液压泵起动按钮，起动液压泵。

2）调整工作台行程挡铁于两极限位置。

3）在液压泵工作 3min 后，扳动工作台起动调速手柄（图 4-32），向顺时针方向转动，使工作台从慢到快直线往复运动。

4）用手扳动工作台换向手柄，使工作台往复换向 2 ~ 3 次，检查动作是否正常，使工作台自动换向运动。

（2）手动操纵。手动操纵的步骤如下。

1）扳动工作台起动调速手柄向逆时针方向转动，使工作台从快到慢直至停止运动。

2）顺时针摇动工作台手动进给手轮，工作台向右移动；逆时针摇动工作台手动进给手轮，工作台向左移动。

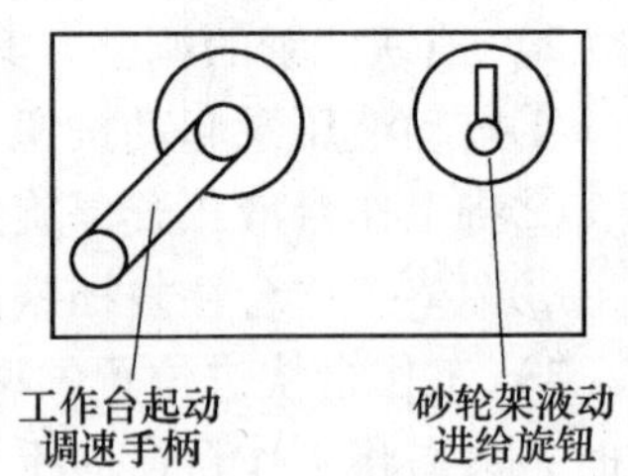

图 4-32　工作台调速手柄位置的调整

（3）砂轮架的操纵和调整。砂轮架如图 4-33 所示，进给控制由电器开关各按钮操纵调整，如图 4-34 所示，其操作内容有以下四项。

1）砂轮架的横向液动进给。其操纵步骤如下。

①向左转动砂轮架液动进给旋钮，使砂轮架从慢到快做连续进给；调节砂轮架左侧内挡铁的位置，使砂轮架在电磁吸盘台面横向全程范围内往复运动。

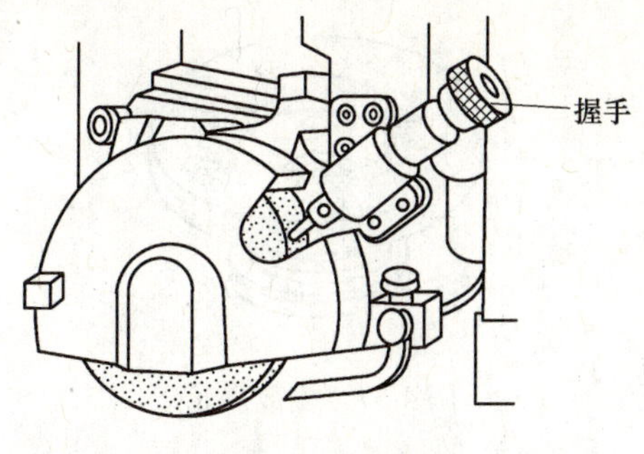

图 4-33　砂轮架

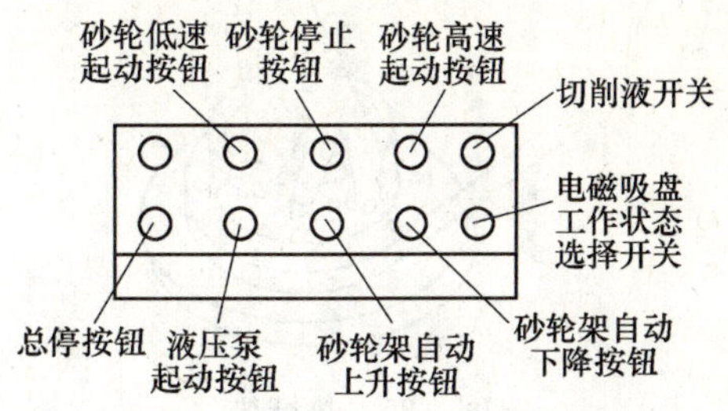

图 4-34　平面磨床电器开关

②向右转动砂轮架液动进给旋钮，使砂轮在工作台纵向运动换向时做横向断续进给，进给距离可从小至大调节。砂轮架断续或连续进给需要换向时，可调节换向手柄。

2）砂轮架的横向手动进给。当砂轮架端面进行横向进给磨削时，砂轮架需停止横向液动连续进给。操作时，应将砂轮架液动进给旋钮转至中间停止位置，然后手摇砂轮架横向进给手轮，使砂轮架做横向进给。砂轮架手轮每格进给量为 0.01mm。

3）砂轮架的垂直自动进给。砂轮架垂直自动进给是由电气控制的。操纵时先把垂直进给手轮向外拉出，使操纵箱内的齿轮脱开，然后再按动砂轮架自动上升按钮，砂轮架就向上垂直进给；按动砂轮架自动下降按钮，砂轮架就向下垂直进给；松开按钮，砂轮架就停止升降进给。

4）砂轮架的垂直手动进给。砂轮架的垂直手动进给是通过摇动垂直进给手轮来完成的。操纵时把垂直进给手轮向里推紧，使操纵箱内部齿轮啮合，摇动垂直进给手轮，砂轮架垂直上下移动。手轮顺时针方向摇动一圈，砂轮架下降 1mm；每格进给量为 0.005mm。

任务二　砂轮的安装

1. 砂轮的检查

砂轮在安装前必须认真仔细地检查。其检查步骤如下。

（1）检查砂轮的牌号是否正确，是否符合所选用砂轮的性能、形状和尺寸要求。

（2）检查砂轮是否完整或局部受潮。检查时用手提着砂轮，用木槌轻敲听其声音，如图 4-35 所示。没有裂纹的砂轮声音清脆，有裂纹的砂轮声音嘶哑，不能使用。

（3）对于橡胶或树脂结合剂砂轮，应检查存放期，若存放期过长，应进行回转试验。

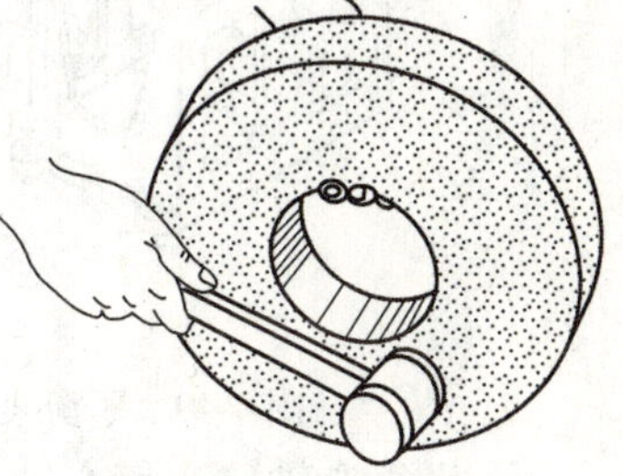

图 4-35　砂轮的检查

2. 砂轮在法兰盘上的安装

砂轮的安装方法如下。

（1）认真检查砂轮。

（2）用棉纱擦净法兰盘和砂轮内孔面，并垫上纸垫，如图 4-36 所示。

（3）双手拿住砂轮，将砂轮安放在法兰盘底座上，并适当调整砂轮孔径与法兰盘底座外径的间隙，如图 4-37 所示。

（4）再在砂轮端面上垫上纸垫，并安放法兰盖，如图 4-38 所示。

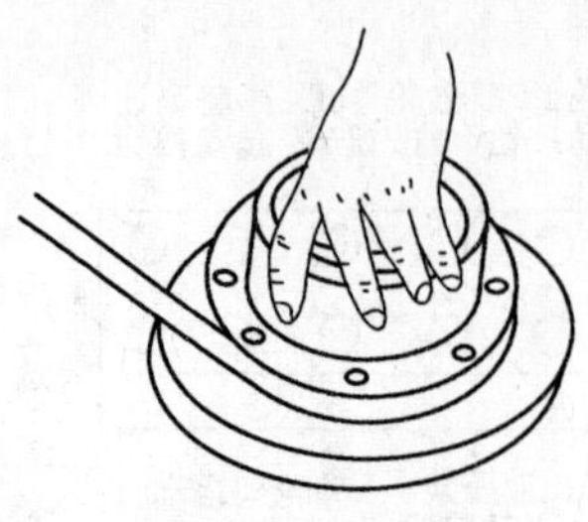
图 4-36　垫纸垫

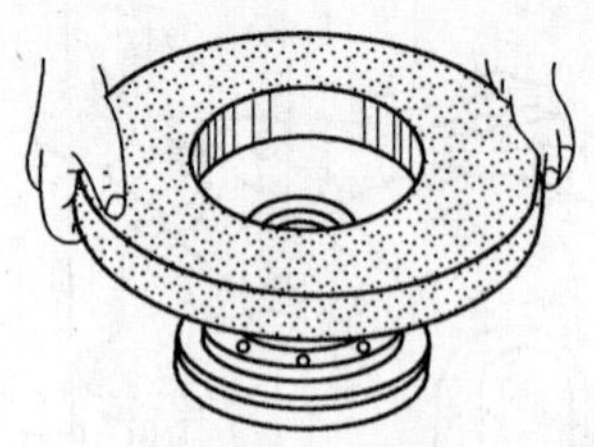
图 4-37　安放砂轮

（5）按对角顺序，逐步拧紧压紧螺钉，如图 4-39 所示，但用力不能过猛。

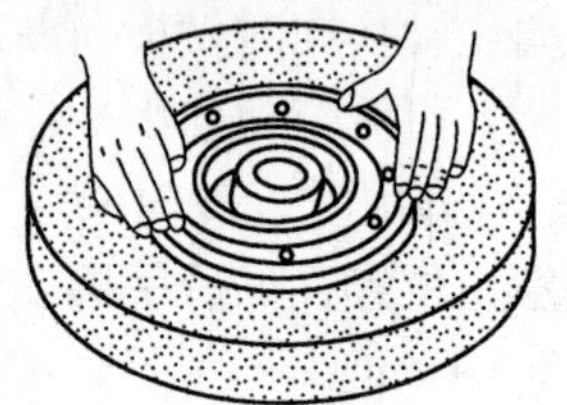
图 4-38　安放纸垫和法兰盖

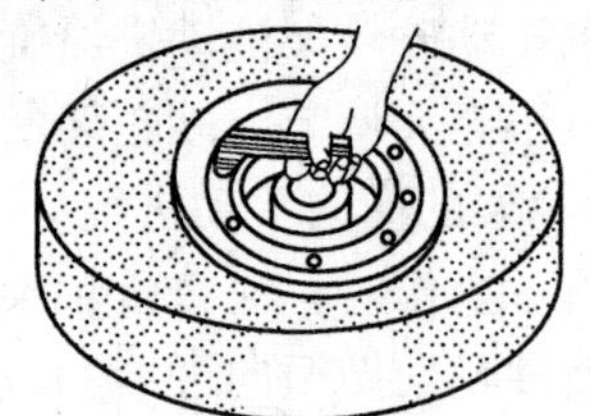
图 4-39　拧紧螺钉

3. 砂轮的静平衡

（1）平衡工具如下。

1）圆棒导柱式平衡架。圆棒导柱式平衡架主要由支架和圆柱轴组成，如图 4-40 所示。

2）平衡块。平衡块如图 4-41 所示，它安装在砂轮法兰盘的环形槽内，其作用是改变砂轮不平衡的状况。按平衡需要可安装若干块平衡块，在环形槽内进行位置调整，以使砂轮的重心与其轴线重合，并将螺钉拧紧。

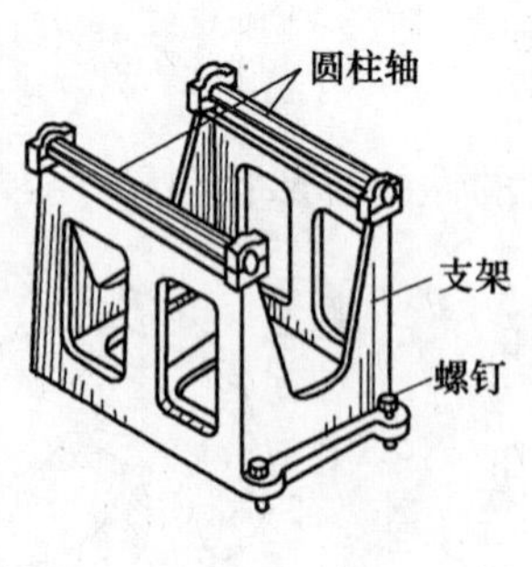

图 4-40　平衡架

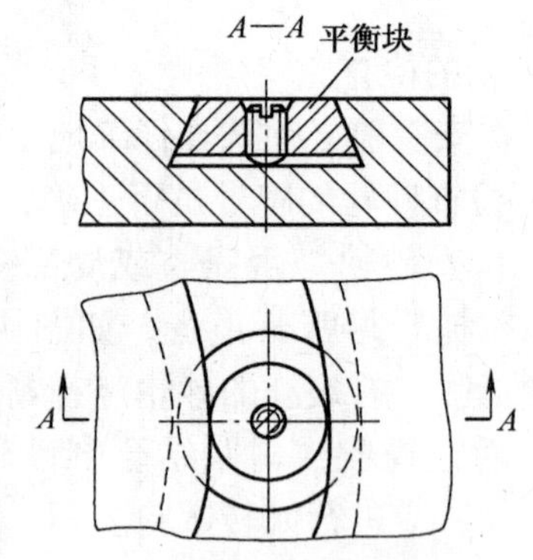

图 4-41　平衡块

3）平衡心轴。平衡心轴如图 4-42 所示，它由心轴、螺母和垫圈组成。心轴要求两端圆柱部分等直径，并且与外锥面同轴，外锥面与法兰盘座内锥面配合要求良好。

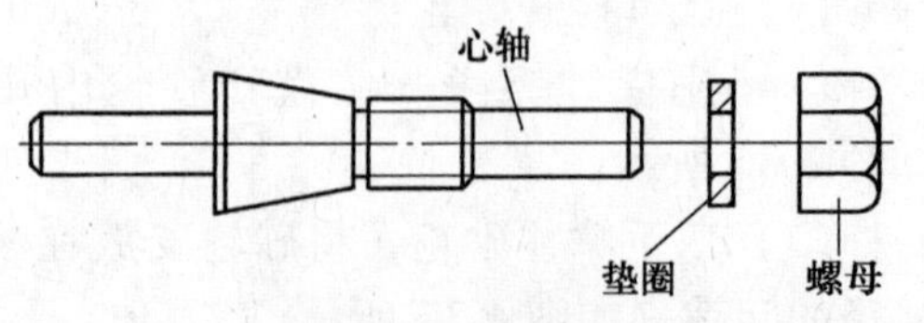

图 4-42　平衡心轴

4）水平仪。水平仪由框架和水准器组成。水准器的外表用硬玻璃制成，在其内部盛有液体，并留有一个气泡。当测量面处于水平时，水准器内的气泡就处于玻璃管的正中央；当测量面倾斜一个角度时，气泡就会偏高一侧。常用的水平仪有框式和条式两种，如图 4-43 所示。

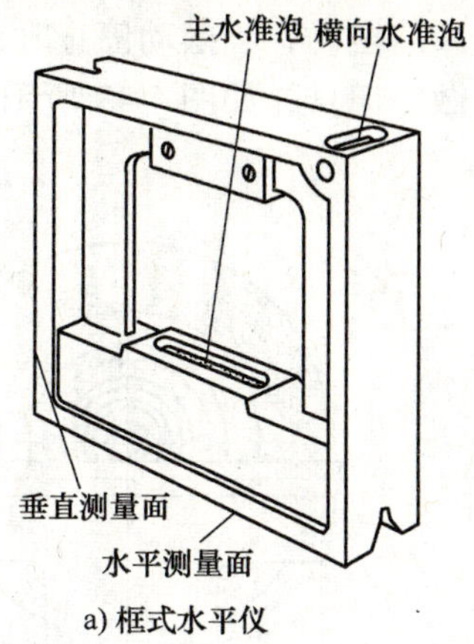

a) 框式水平仪

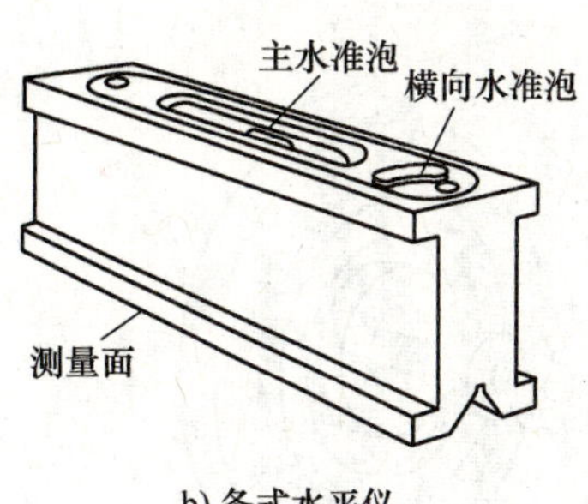

b) 条式水平仪

图 4-43　水平仪

（2）平衡架水平位置的调整。调整步骤如下。

1）如图 4-44 所示，在平衡架圆柱导轨上安放两块厚度相同的平行垫铁。

2）将水平仪垂直安放在圆柱导轨的平板上，如图 4-45 所示，检查水准器内水泡所处位置，调整平衡架螺钉，使水泡处于中间位置。

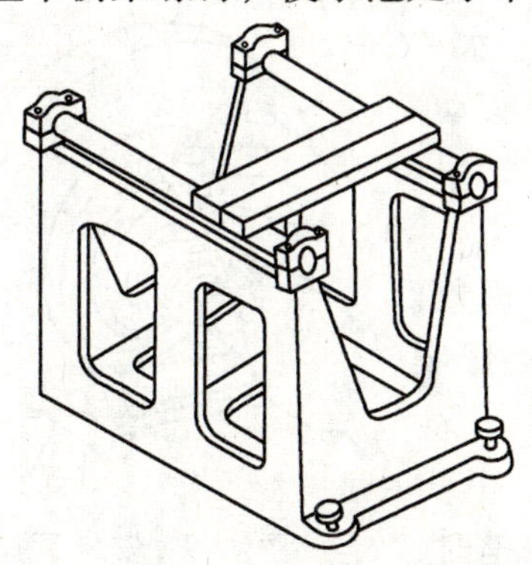

图 4-44　安放垫铁

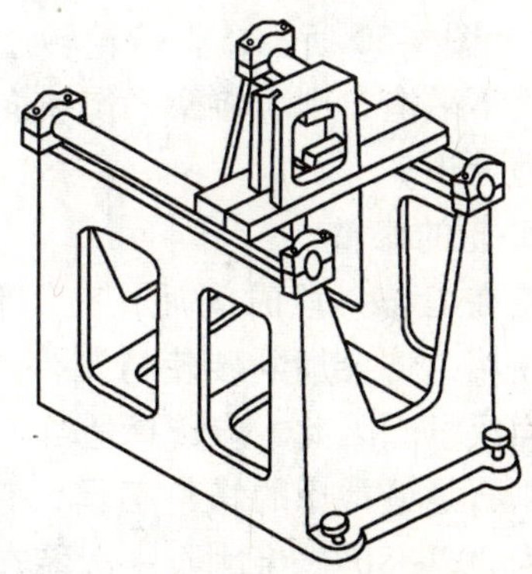

图 4-45　垂直放置水平仪

3）再将水平仪平行安放在圆柱导轨的平板上，如图 4-46 所示，检查水准器内水泡所处位置，调整平衡架螺钉，使水泡处于中间位置。

4）用上述方法反复检查并调整，直至圆柱导轨在纵向和横向基本处于水平位置，一般允许误差每 1000mm 在 0. 02mm 以内。

（3）砂轮静平衡的方法。砂轮的不平衡是指砂轮的重心与轴线不重合，这样在高速旋转时砂轮会产生一个偏离轴心的离心力，引起磨床振动，产生磨削质量下降和机床磨损等问题。砂轮的平衡有静平衡和动平衡，生产中绝大多数采用静平衡。砂轮静平衡的方法如下。

1）如图 4-47 所示，将平衡心轴安放在砂轮法兰盘锥孔

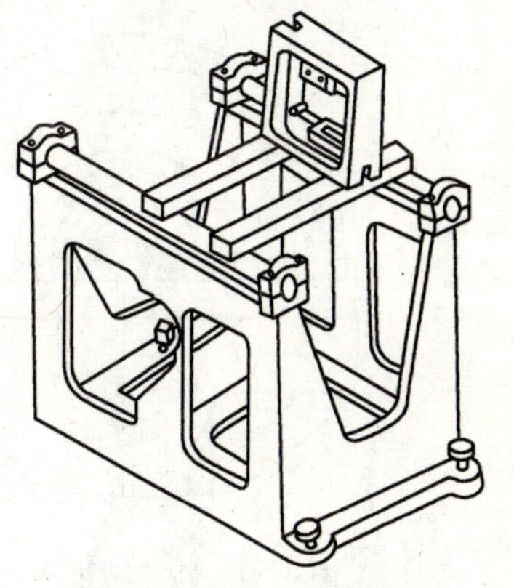

图 4-46　水平放置水平仪

中。

2）将砂轮放置于平衡架圆柱导轨上，并用手轻轻推动砂轮，让砂轮在导轨上缓慢滚动。砂轮不平衡，会在轻、重连线的垂直方向做来回的摆动，当摆动停止时，砂轮较重的部分必然会在砂轮的下方。此时，在砂轮上方用粉笔做一记号，如图 4-48 所示。

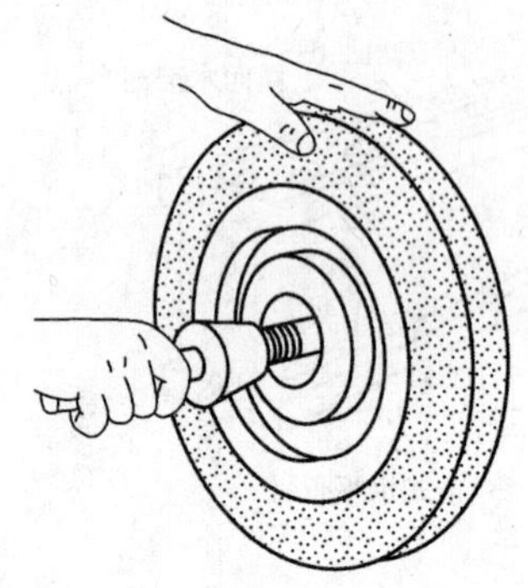

图 4-47 安放平衡心轴

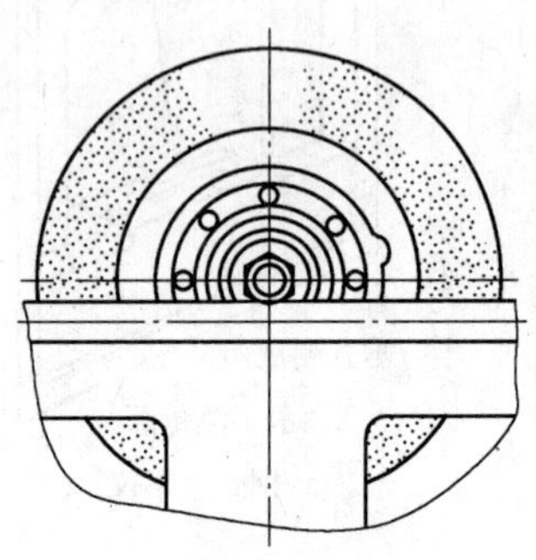

图 4-48 做记号

3）在砂轮较轻的一边（记号处）装上第一块平衡块，并在其两侧对称地各装一个平衡块，如图 4-49 所示。

4）如图 4-50 所示，将砂轮转过 90°，使记号处处于水平位置，若不平衡，则应将两平衡块向砂轮轻的一边同时移动，直至平衡为止。

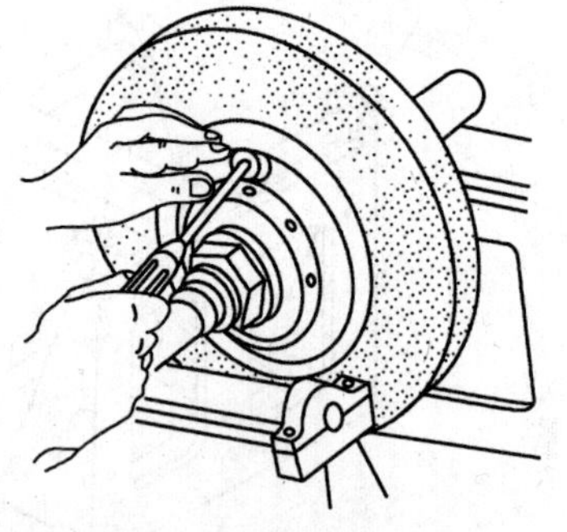

图 4-49 安装平衡块

4. 砂轮的修整

砂轮在工作一段时间后，其工作表面会出现钝化现象，若继续使用，将会加剧砂轮与工件表面间的摩擦，从而影响工件表面质量。因此，应选择适当的时间及时修整砂轮。

金刚石是最常用的修整工具，它具有极高的硬度，其尖端角度为 70°～80°。金刚石一般装在修整器上使用。修整时，使金刚石棱角对准砂轮，如图 4-51 所示，移动支架，使金刚石靠近砂轮进行修整。

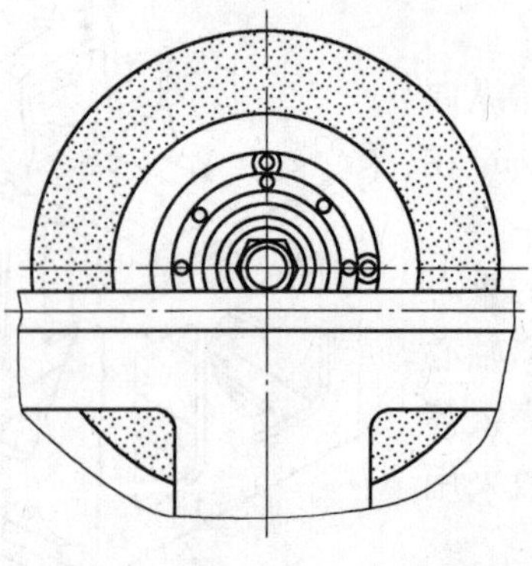

图 4-50 砂轮转过 90°找平衡

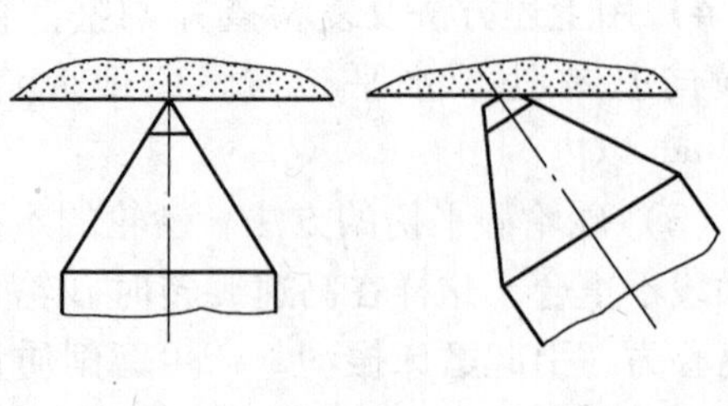

图 4-51 金刚石棱角对准砂轮

任务三 外圆磨削

1. 磨削前磨床工作台的调整

在外圆柱面磨削时，为了保证零件在磨削时不产生圆柱度误差，首先需要找正磨床工作台的正确位置。在加工中调整上工作台，保证被磨削工件的旋转轴线与工作台纵向运动方向平行。因为圆柱体的素线与轴线是相互平行的，如图4-52所示，所以在磨削外圆柱面时，必须使工件的旋转轴线 $x—x$ 与磨床工作台纵向运动方向 $F—F$ 平行，才能保证工件的圆柱度公差。磨削时，若工件的旋转轴线与工作台纵向运动方向不平行，则会产生圆柱度误差，如图4-53所示。

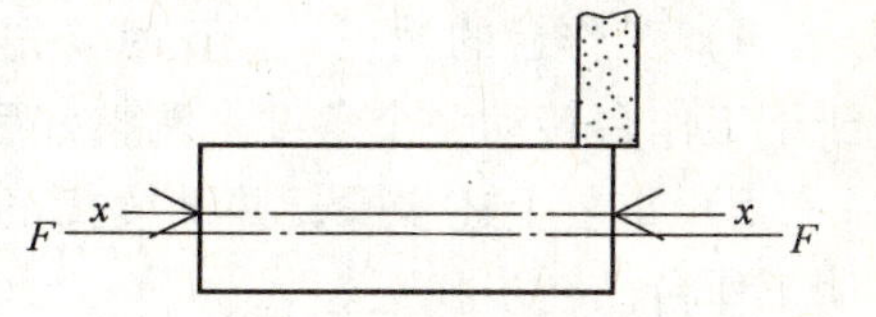

图4-52 工件轴线与工作台纵向运动方向平行

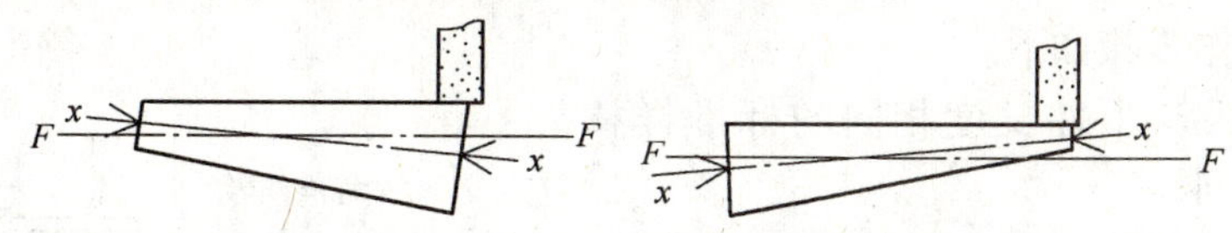

图4-53 工件轴线与工作台纵向运动方向不平行

常用的调整方法有目测法、对刀法和用标准样棒法。

（1）目测法找正。目测找正的方法简单，调整速度快，应用较广泛。其操作步骤如下。

1）工件安装好后，移动工作台，使砂轮停留在工件中间位置。

2）砂轮架做缓慢横向进给，当砂轮接触工件产生火花的瞬间，停止横向进给，同时观察火花在砂轮宽度内的疏密程度。

3）根据火花疏密的情况，确定调整方向。以M1432B磨床为例，如果砂轮右端（即靠近尾座端）火花大，调整螺钉应顺时针旋转；反之，应逆时针旋转。

4）调整时，砂轮退离工件，松开压板螺钉，用扳手转动调整螺杆，使上工作台相对下工作台进行转动，调整好后，拧紧螺钉。

5）起动头架，让工件旋转。将已磨好的那段外圆摇离砂轮，接着磨削另一段外圆，观察情况，并以同样的方法、同样的要求进行调整。

6）纵向移动工作台，使工件由中间向左右展开磨削，在磨削的同时，观察工件左右两端火花增减情况，继续进行调整，直到工件全长上火花基本均匀为止。

7）当工件外圆基本磨出时，可用千分尺检测工件的锥度，如图4-54所示。如靠近头架端尺寸大于尾座端为顺锥，应顺时针旋转调整螺钉；反之为倒锥，应逆时针调整螺钉。用此方法调整，直至工件锥度找正为止。

（2）对刀法找正。对刀找正的方法常用于磨削长度较长的工件。其操作步骤如下。

1）在工件需要磨削的外圆两端使砂轮横向进给将工件各磨削一刀，至外圆基本磨圆为止。

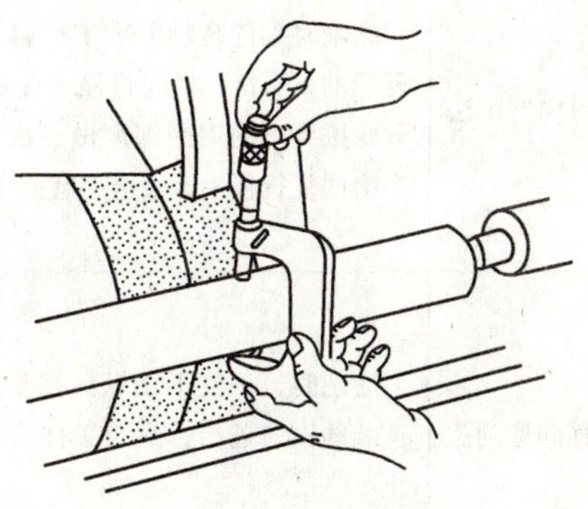
图4-54 用千分尺检测工件的锥度

2）根据磨出两端外圆时横向进给手轮刻度盘的读

数差值以及工件两端直径的差值来判断工件产生锥度的情况，并进行相应的调整。

3）按照横向进给手轮刻度值和工件两端直径的差值，判断工作台应调整的方向。如果手轮刻度值是相同的，但工件靠尾座端的直径较小，则说明工件轴线向砂轮架方向偏斜，此时工作台应按顺时针方向进行调整；反之，工作台则应按逆时针方向进行调整。

4）工作台的找正。找正时，先拧松螺钉，然后用扳手转动调整螺杆，使上工作台相对于下工作台转动一个角度。调整好后，拧紧螺钉。

5）重复上述步骤，并继续找正。当对刀刻度读数相同且工件两端的直径也相同时，说明工作台已初步找正。

6）试磨工件。待工件全长基本磨圆后，测量工件两端直径，并根据工件两端直径差值用百分表再精细调整工作台。一般应在 0.1 ~ 0.15 mm 试磨余量内将工作台找正。

（3）用标准样棒法找正。标准样棒调整方法主要用于磨削余量极小的工件和超精磨的工件加工。其操作步骤如下。

1）选择一根与工件长度相同的标准样棒，安装在两顶尖之间。

2）将磁性表座吸附在砂轮架上，百分表测量头与顶尖等高，接触于工件的素线，如图 4-55 所示。

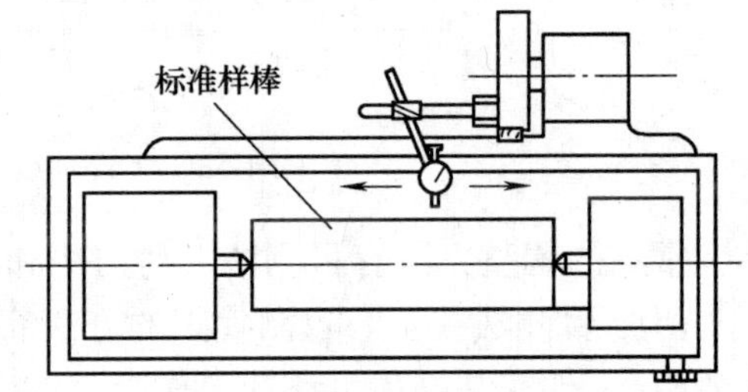

图 4-55　利用标准样棒找正工作台

3）摇动横向进给手轮，使百分表测量头压缩 0.2 ~ 0.3 mm。

4）工作台做缓慢的纵向移动，并观察百分表在样棒全长上移动时的读数差。

5）判断是顺锥还是倒锥，采用上述方法反复调整上工作台的位置，直至百分表在样棒全长上的读数相同为止。

2. 外圆磨削的基本方法

外圆磨削一般是根据工件的形状大小、加工精度要求、磨削余量的多少和工件的刚性等来选择磨削方法的。外圆磨削的基本方法见表 4-9。

表 4-9　外圆磨削的基本方法

磨削的方法	操作特点说明	图　示	适应场合
纵向磨削法	磨削时工件转动并和工作台一起做直线往复运动，当每一纵向行程或往复行程终了时，砂轮按要求的磨削深度做一次横向进给，在多次往复行程中磨去全部磨削余量		适合于细长轴的磨削
横向磨削法	磨削时，工件不做纵向往复运动，砂轮做连续的横向进给，直至工件余量全部切除为止		适合于一般轴或短轴的磨削

（续）

磨削的方法	操作特点说明	图　示	适应场合
阶段磨削法	磨削时，将工件分成若干小段，采用横向磨削法逐段进行粗磨，留 0.03 ~ 0.05mm 的精磨余量，最后采用纵向磨削法精磨至图样要求。但要注意分段粗磨时，相邻两段之间要有 1 ~ 5mm 的重叠位置，以保证各段外圆很好地衔接		适合于磨削余量大、刚性好的轴类工件
深度磨削法	采用较大的磨削深度，用较小的纵向进给量，在一次纵向进给中磨去工件大部分或全部的磨削余量		适合于磨削余量大、刚性好、精度要求较低的轴类工件
阶梯磨削法	为改善砂轮前侧受力状况，使砂轮磨损均匀，可将砂轮修整成阶梯形或较小的斜度。阶梯砂轮左侧一个或几个台阶起粗磨作用，最后一个台阶起精磨作用（其台阶的数目与磨削深度由工件的长度和磨削余量来确定，但最后精磨台阶的长度应大于砂轮宽度的一半）		适合于磨削刚性好、余量大的轴类工件

3. 接刀轴与台阶轴的磨削

（1）接刀轴的磨削。接刀轴实际上就是一根无任何台阶的直轴，接刀轴的磨削须经两次以上装夹才能完成。在磨削过程中，为了保证接刀轴无明显的接刀痕迹，对工件的中心孔要求较高，最好能进行研磨后使用。另外，在找正工件圆柱度时，只允许是顺锥（不可为倒锥，否则无法接平）。一般情况下圆柱度的误差值应在 0.005mm 以内。

1）中心孔的研磨。

①用油石或橡胶砂轮修磨。如图 4-56 所示，先将圆柱形油石或橡胶砂轮安装在车床卡盘上，用装在刀架上的金刚石将其前端修成 60° 的尖角。修磨时加注少量润滑油，以提高研磨质量。

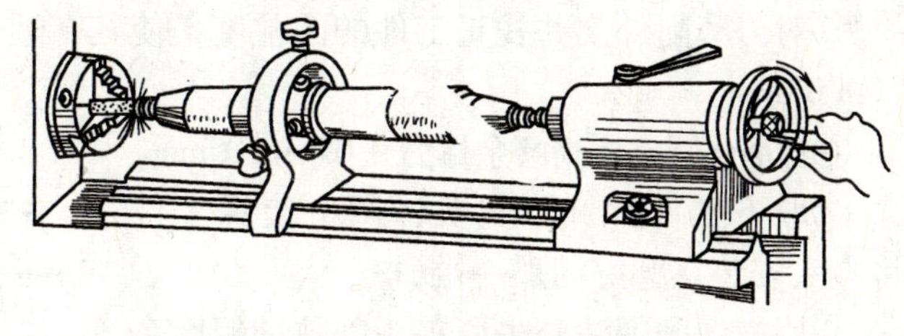

图 4-56　修磨中心孔

②用中心孔磨床磨削。中心孔磨床如图 4-57 所示，磨削时砂轮做行星磨削运动，并沿 30° 角方向做进给运动，如图 4-58 所示。中心孔磨床适用于磨削淬硬精密工件的中心孔，磨削后中心孔圆度误差可达 0.0008mm。

③其他方式研磨。中心孔的研磨还可用铸铁顶尖研磨、成形内圆砂轮修磨和用四棱硬质

合金顶尖挤压。

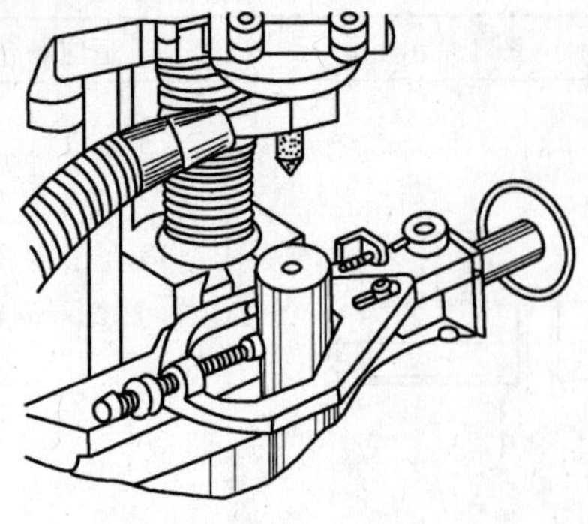

图 4-57　中心孔磨床

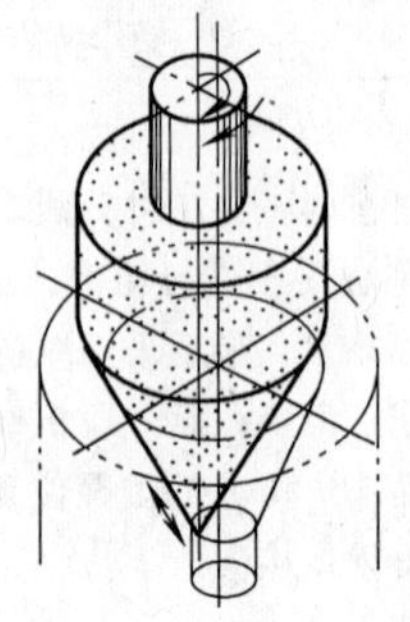

图 4-58　中心孔的磨削

2）接刀轴的磨削方法。接刀轴的磨削步骤与操作方法如下。

①在接刀轴任意一端外圆上装上合适的夹头。

②如图 4-59 所示，安装工件，并根据接刀轴的长度调整头架与尾座的间距。

③调整磨床工作台纵向行程挡铁的位置，使其在离接刀轴端 30 ~ 50mm 处换向，如图 4-60 所示。

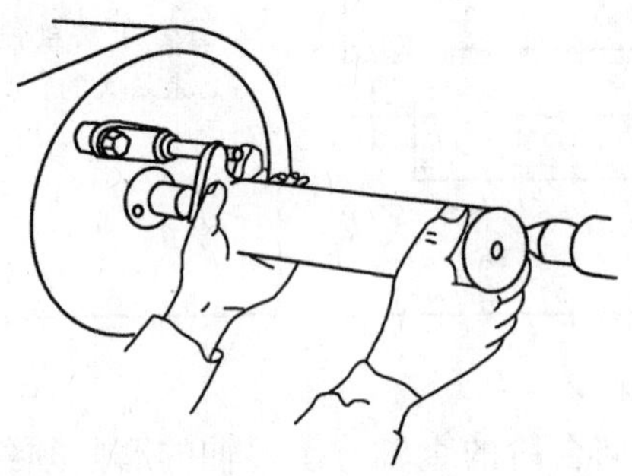

图 4-59　安装工件

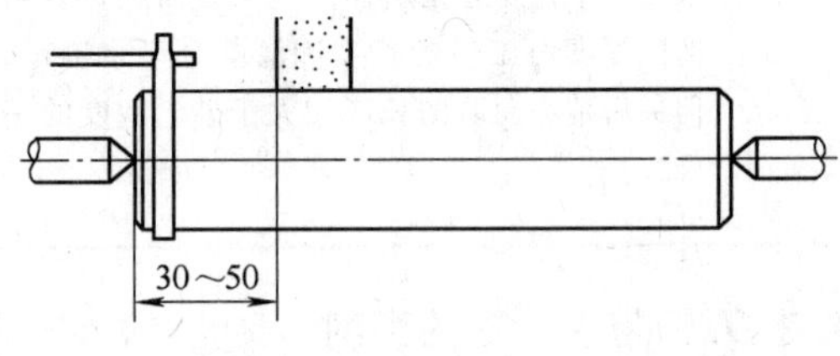

图 4-60　接刀轴磨削——左端挡铁的调整位置

④调整拨杆位置，使拨杆能带动工件旋转。

⑤对刀磨削外圆并找正工件的圆柱度，使其在近头架端外径尺寸比近尾座端外径尺寸约大 0.005mm。

⑥粗磨外圆，留精磨余量为 0.03 ~ 0.05mm。

⑦取下工件并卸下夹头，调头装夹工件（将夹头安装在磨好的那一端）。

⑧用横向磨削法磨去原夹头部位的粗磨余量，如图 4-61 所示。

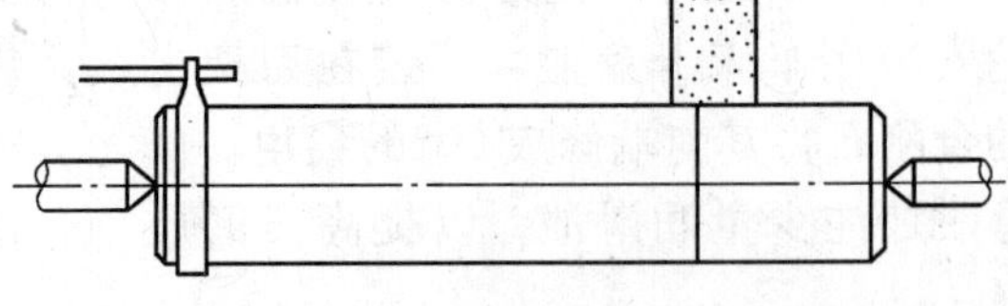

图 4-61　接刀轴磨削——磨去原夹头部位余量

⑨修整砂轮，精磨外圆至图样要求。

⑩调头用纵向磨削法磨削接刀处外圆，控制横向进给量在 0.005mm 之内。在磨削余量为 0.003 ~ 0.005mm 时，横向进给量减少，最后以无横向进给的光磨磨平外圆。

（2）台阶轴的磨削。台阶轴的磨削包括外圆磨削和台阶轴端面的磨削。

1）台阶轴外圆的磨削方法。台阶轴外圆的磨削有横向磨削法和纵向磨削法，见表4-10。

表4-10　台阶轴外圆的磨削方法

磨削方法		操作说明	图示
横向磨削法		当磨削长度小于砂轮的宽度时，采用横向磨削法。为了解决磨粒切痕单一的缺陷，精磨至最后应使工件做短距离纵向运动	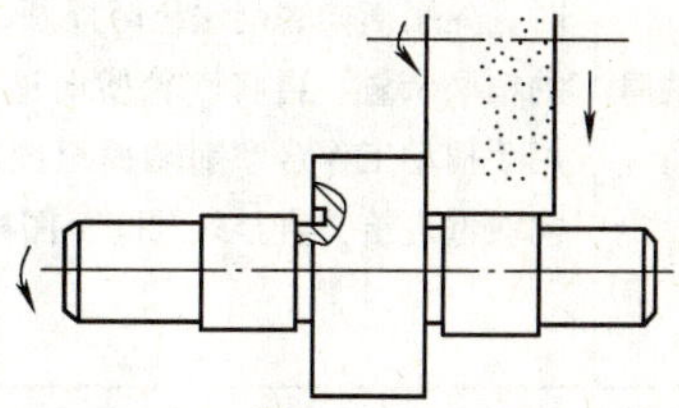
纵向磨削法	挡铁调整	调整挡铁行程位置，左端挡铁位置应使砂轮左端面正好在工件退刀槽内；如果没有退刀槽，则应先用手动在近工件左端面旁用切入法磨去大部分余量，留0.05mm左右的精磨余量，然后调整好挡铁	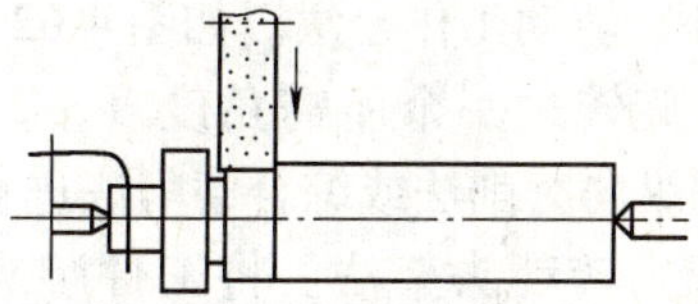
	粗磨	用纵向磨削法粗磨外圆，留0.05mm左右的精磨余量	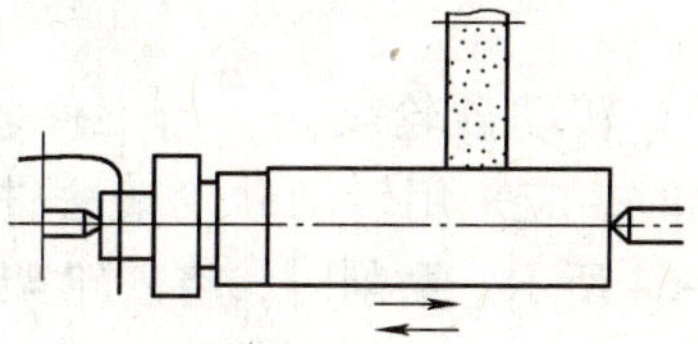
	精磨	调整工作台左面挡铁，在工件全长上精磨至各尺寸要求	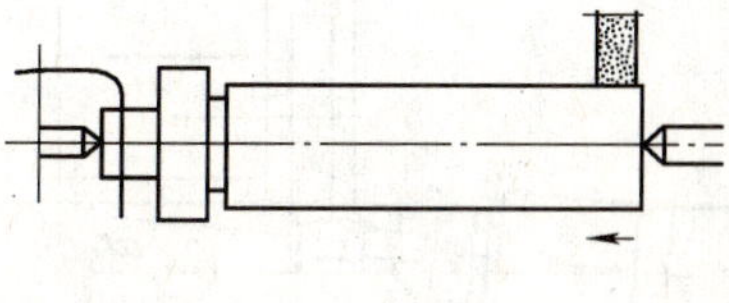

2）台阶轴端面的磨削方法。台阶轴端面一般与外圆一起磨出。由于台阶轴轴肩形式的不同，因此也采用不同的磨削方法，具体操作见表4-11。

表4-11　不同轴肩形式的磨削方法

轴肩形式	操作说明	图示
带退刀槽轴肩	在磨好外圆后，砂轮横向稍退出0.1mm左右，手摇工作台，使砂轮端面逐渐与工件端面接触，并做间断的纵向进给。待端面磨出后，在原位稍作停留后再退出，以保证端面的磨削质量	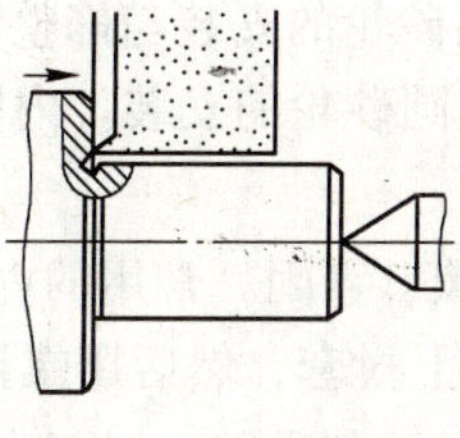

（续）

轴肩形式	操作说明	图示
带圆角轴肩	先将砂轮尖角修磨成所要求的圆弧形状。磨削时，先用横向磨削法粗磨外圆，留 0.03～0.05mm 的精磨余量，再将砂轮横向退出一段距离，然后用手摇动工作台磨削端面至图样要求，最后再横向缓慢进给，直至外圆磨至图样要求为止	

4. 外圆锥面的磨削

（1）转动工作台法。如图 4-62 所示，工件采用两顶尖装夹，将上工作台相对下工作台逆时针旋转过一个所需角度（$\alpha/2$）。磨削时采用纵向磨削法或综合磨削法进行。

（2）转动头架法。将工件装夹在头架的卡盘中，头架逆时针转动一个所需角度（$\alpha/2$），如图 4-63 所示。磨削的方法与上述相同。

（3）转动砂轮架法。当工件较长且锥度较大时，应采用转动砂轮架法进行磨削，如图 4-64 所示。磨削时，将砂轮架转过一个所需角度（$\alpha/2$），用砂轮的横向进给进行磨削。

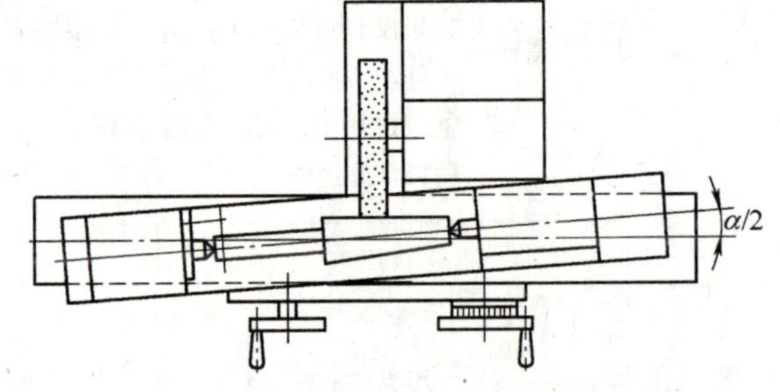

图 4-62　转动工作台法磨外锥

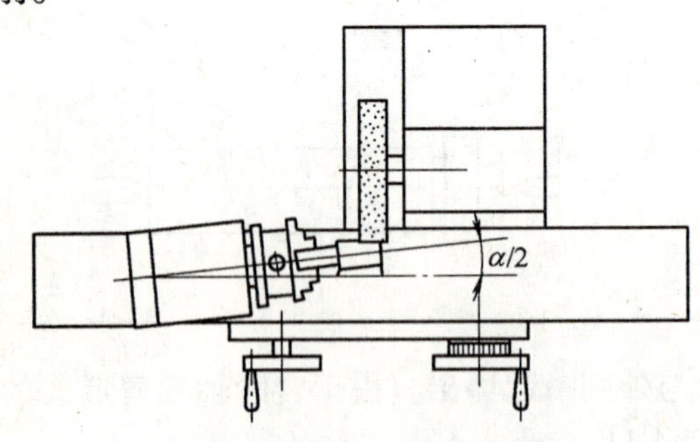

图 4-63　转动头架法磨外锥

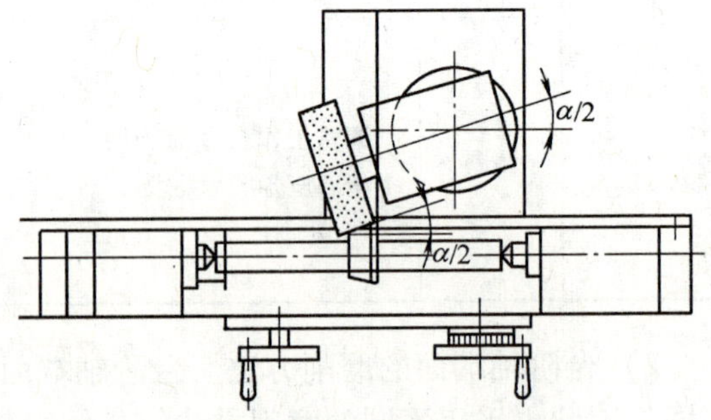

图 4-64　转动砂轮架法磨外锥

任务四　内圆磨削

1. 内圆砂轮的安装与修整

（1）内圆砂轮的安装。内圆砂轮的安装有两种方式：一是用螺钉紧固；一是用黏结剂黏固。

1）用螺钉紧固。常用的内圆砂轮有平形和单面凹两种形式，如图 4-65 所示。安装时在砂轮两端垫上衬套，然后用螺钉紧固，如图 4-66 所示。

2）用黏结剂黏固。对于小直径的内圆砂轮的安装，常常采用黏结剂直接黏固，如图 4-

67 所示，黏接时接长轴与砂轮内孔应有 0.2～0.3mm 的间隙，以便充入黏结剂。黏结后可等其自然干燥，或者烘干。

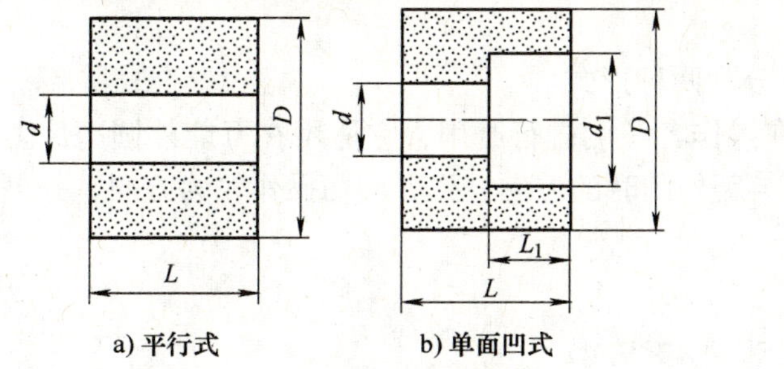

图 4-65　内圆砂轮的形式

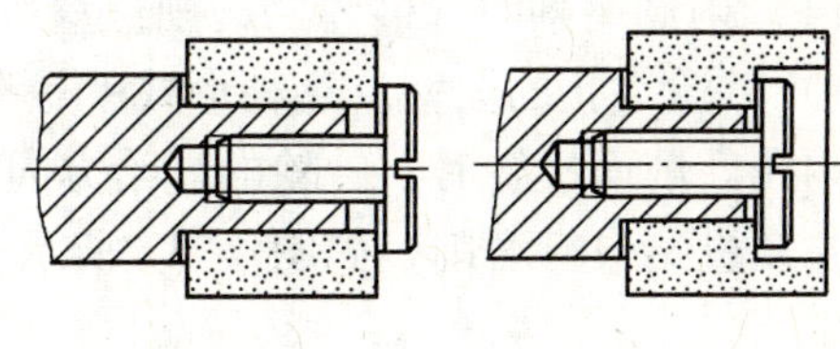

图 4-66　用螺钉紧固砂轮

（2）砂轮接长轴的安装。接长轴如图 4-68 所示。接长轴在内圆磨具上的安装步骤如下。

1）根据磨削工件的孔径大小选择合适的砂轮与接长轴。

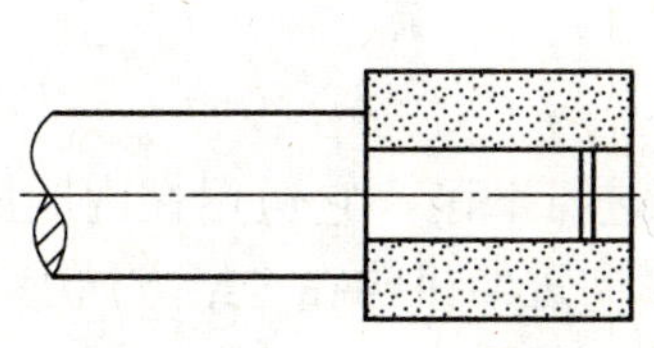

图 4-67　用黏结剂黏接砂轮

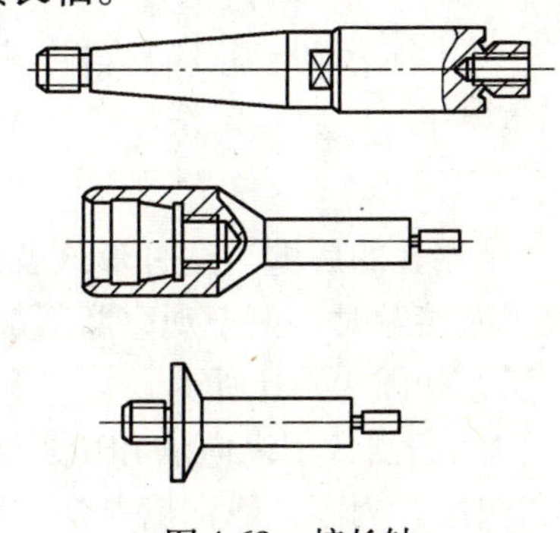

图 4-68　接长轴

2）擦干净内圆磨具主轴内锥孔。

3）擦干净接长轴连接表面。

4）将接长轴装入内圆磨具主轴锥孔中，并用扳手扳紧。

（3）内圆砂轮的修整。

1）粗修整。新安装的砂轮不宜直接用金刚石修整，通常用碳化硅砂轮块做粗修整。修整时手握砂轮块并轻轻压向砂轮，将砂轮初步修圆即可。修整时要注意用力得当，以防打滑伤手，同时也要注意修整量不宜过多。

2）精修整。M2110A 型内圆磨床砂轮修整器位于砂轮后方，金刚石低于砂轮中心约 1～1.5mm，如图 4-69 所示。M1432A 型万能外圆磨床砂轮修整器位于砂轮前方，金刚石安装位置应高于砂轮中心约 1～1.5mm，如图 4-70 所示。

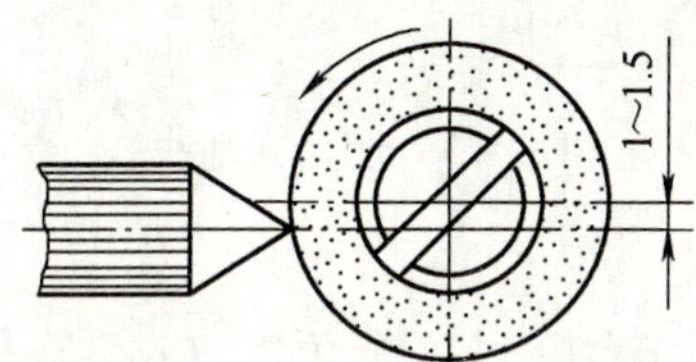

图 4-69　M2110A 型内圆磨床砂轮修整器

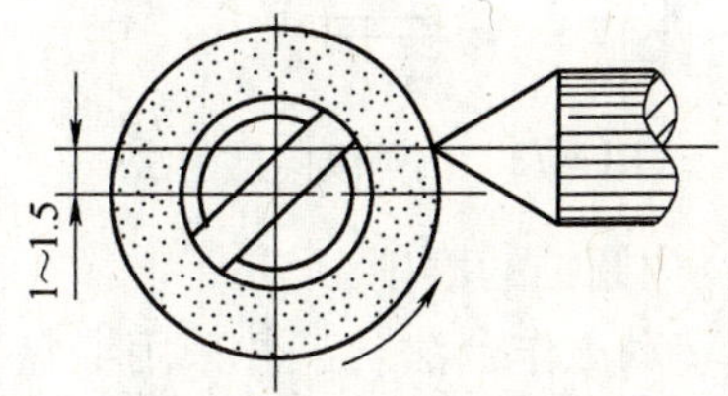

图 4-70　M1432A 型万能外圆磨床砂轮修整器

在修整时，其修整量为：粗修时横向进给量取 0.02～0.03mm；纵向进给速度取 0.3～0.5m/min；精修整时横向进给量取 0.01mm 左右，纵向进给速度取 0.2m/min。

2. 内圆磨削时砂轮磨削位置的选择

（1）内圆磨削时，砂轮的磨削位置可分为两种形式。

1）砂轮靠孔的前壁。这种形式就是在操作者一侧进行磨削，它适用在万能外圆磨床上磨削内孔。前面接触时，砂轮的进给方向与磨外圆时的方向一致，因而操作较为方便，并可使用自动进给进行磨削，如图 4-71a 所示。

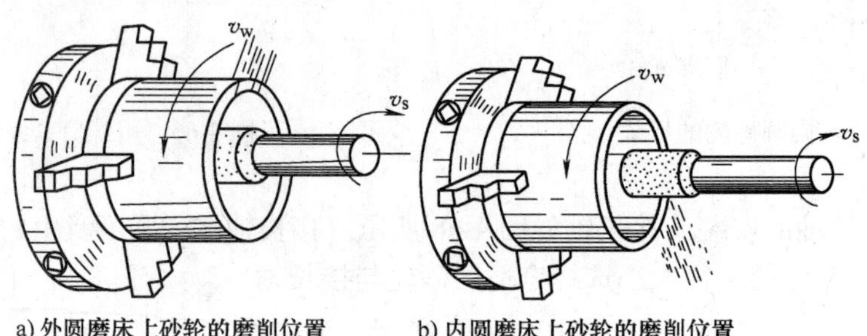

a) 外圆磨床上砂轮的磨削位置　　b) 内圆磨床上砂轮的磨削位置

图 4-71　砂轮位置

2）砂轮靠孔的后壁。这种形式就是在操作者的对面进行磨削，它适用在内圆磨床上磨削内孔。后面接触时，便于观察磨削加工表面，但砂轮横向进给机构在进给方向上与万能外圆磨床相反，如图 4-71b 所示。

（2）内圆磨削常用纵向法和切入法。

1）纵向法。内圆的纵向磨削法与外圆的纵向磨削法相同，如图 4-72 所示。砂轮的高速回转作主运动，工件以与砂轮回转方向相反的低速回转完成圆周进给运动，工作台沿被加工孔的轴线方向做往复移动，完成工件的纵向进给运动。在每一次往复行程终了时，砂轮沿工件径向做横向进给。

2）切入法。切入磨削法如图 4-73 所示。此方法与外圆横向磨削法相同，适用于磨削内孔长度较短的工件，这种方法生产率较高。采用切入磨削法时，接长轴的刚性要好，砂轮在连续的进给中容易堵塞、磨钝，因此要及时修整砂轮，精磨时应采用较低的切入速度。

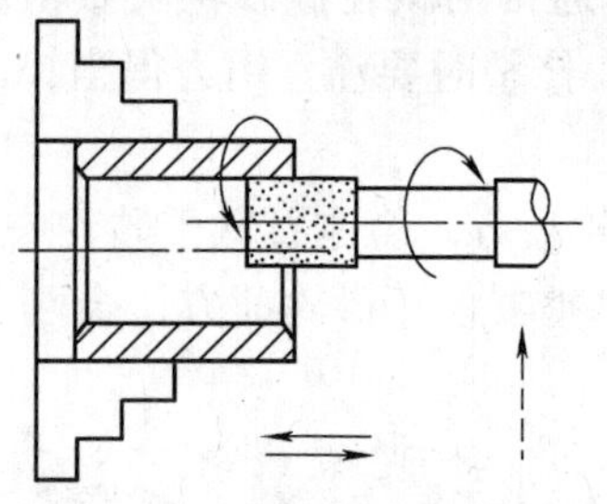

图 4-72　内圆纵向磨削法

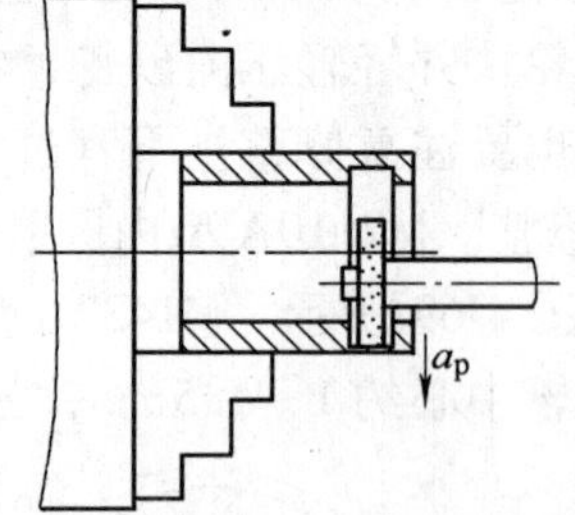

图 4-73　切入磨削法

（3）内圆锥的磨削。

1）转动工作台法。工件采用卡盘装夹，磨削时将工作台转过一个角度（$\alpha/2$），工作台带动工件做纵向往复运动，砂轮做横向进给，如图 4-74 所示。

2）转动头架法。如图4-75所示，将头架转过一个角度（$\alpha/2$），磨削时工做台做纵向往复运动，砂轮做横向进给。

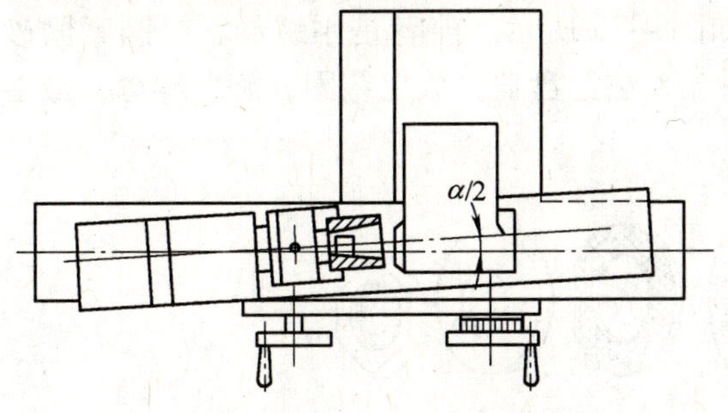

图4-74　转动工作台法磨内圆锥

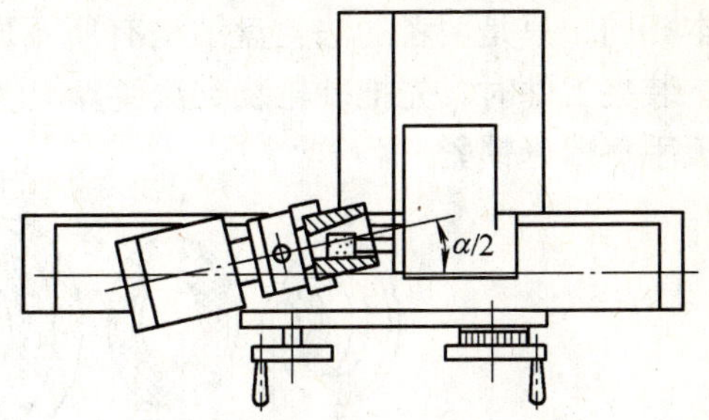

图4-75　转动头架法磨内圆锥

任务五　平面磨削

1. 平面的磨削方式

平面磨削的方式与应用特点见表4-12。

表4-12　平面磨削的方式与应用特点

磨削方式	说　明	图　示	应用特点
周边磨削	周边磨削是用砂轮圆周面进行磨削的		1. 冷却和排屑较好 2. 砂轮与工件接触面积小，磨削力和磨削热小 3. 适于精磨各种工件的平面 4. 磨削时是间断进给运动，生产率低
端面磨削	它是用砂轮的端面进行磨削		1. 砂轮主要承受轴向力，变形较小 2. 砂轮与工件接触面积大，生产率高，但磨削热较大 3. 冷却与排屑不方便 4. 适于磨削精度不高且形状简单的工件
周边一端磨削	它同时用砂轮的圆周和端面对工件进行磨削		1. 砂轮圆周与端面同时与工件表面接触，磨削条件差，磨削热较大 2. 砂轮磨削进给量不宜过大，生产率不高 3. 适于磨削台阶深度不大的工件

2. 砂轮的安装与修整

（1）砂轮的安装。在平面磨床主轴上装拆砂轮的方法与在外圆磨床上砂轮的装拆方法基本相同，只是两者的法兰盘结构有所不同，如图 4-76 所示。前者是用螺母、垫圈紧固砂轮，装夹工件时，先把砂轮装到法兰盘上，然后盖上法兰盘盖，放上垫圈，旋上螺母，最后用扳手将螺母锁紧。

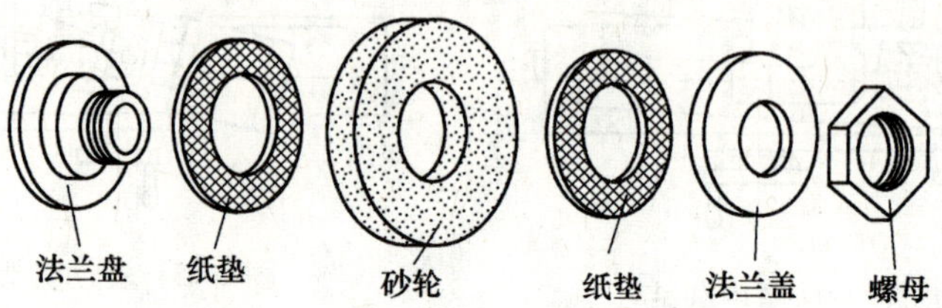

图 4-76　砂轮法兰盘的结构

（2）砂轮的修整。

1）在砂轮架上用砂轮修整器修整砂轮。其操作步骤如下。

①将金刚石安放在砂轮修整器上，并紧固。

②移动砂轮架，使金刚石处在砂轮宽度的范围内。

③起动砂轮，按顺时针方向旋转砂轮修整器捏手，使套筒在轴内滑动，金刚石向砂轮圆周面进给，如图 4-77 所示。

④当金刚石接触砂轮圆周后，停止修整器的进给。

⑤换向修整后退出砂轮架。

⑥逆时针旋转砂轮修整器捏手，使金刚石离开修整位置。

2）在磨床工件台台面上用砂轮修整器修整砂轮。其操作步骤如下。

①将金刚石安放在砂轮修整器上，并紧固。

②将砂轮修整器放在工作台台面合适的位置，用电磁吸盘紧固。

③移动工作台与砂轮架，使金刚石处于如图 4-78 所示的位置。

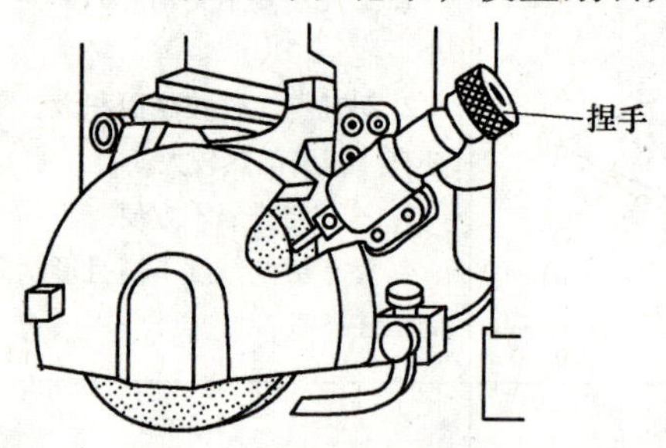

图 4-77　在砂轮架上用砂轮修整器修整砂轮

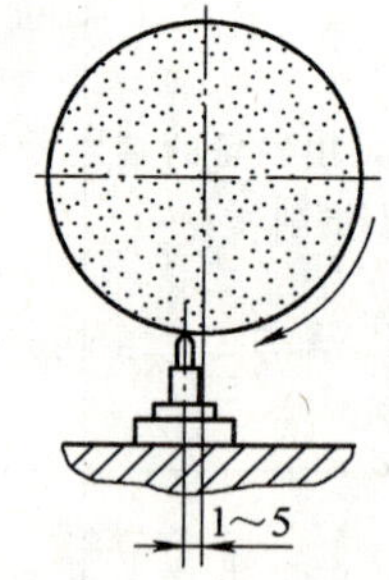

图 4-78　金刚石的修整位置

④起动砂轮，摇动垂直进给手轮，使砂轮圆周逐渐接触金刚石，当金刚石与砂轮接触后，停止垂直进给。

⑤如图 4-79 所示，换向修整，退出砂轮架，取下修整器。

3）砂轮端面的修整。其修整步骤如下。

①将金刚石装入砂轮修整器侧面孔内，并紧固。

②移动砂轮架与工作台，使金刚石处于如图 4-80 所示的位置。

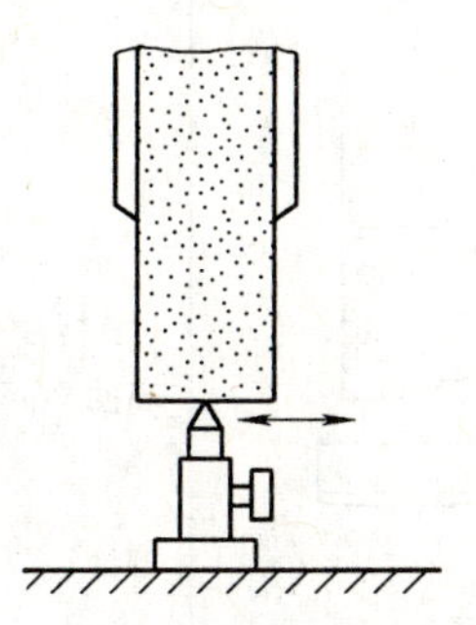

图 4-79 砂轮换向修整砂轮圆周面

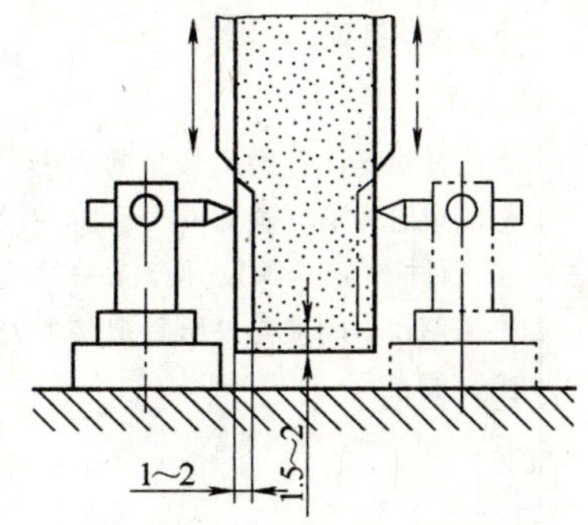

图 4-80 砂轮端面的修整

③起动砂轮，摇动砂轮架横向进给手轮，使砂轮端面接近金刚石，接触后停止横向进给。

④按顺时针方向连续摇动砂轮架垂直进给手轮，使砂轮架垂直连续下降，当金刚石修整至接近砂轮法兰盘时停止进给。

⑤砂轮架做横向进给（0.02 ~ 0.03mm），按逆时针方向摇动砂轮架垂直进给手轮，使砂轮垂直连续上升，当金刚石修整至离砂轮圆周面边缘 2 ~ 3mm 处时，停止进给。

⑥用同样的方法修整砂轮另一端面。

3. 平面的磨削

平面磨削的方法有三种，见表 4-13。

表 4-13 平面的磨削方法

磨削方法	操作说明	图示	适用范围
横向磨削法	磨削时，工作台纵向行程结束时，砂轮主轴或工作台做一次横向进给，待工件上第一层金属厚度磨去后，砂轮做垂向进给，磨头换向继续做横向进给，磨去工件第二层金属，如此反复，直至磨去全部余量		适于磨削长而宽的平面
深度磨削法	磨削时砂轮只做两次垂向进给。第一次垂向进给量等于粗磨的全部余量，当工作台纵向行程结束时，将砂轮或工作台沿砂轮轴线方向移动 3/4 ~ 4/5 的砂轮宽度，直至磨去工件全部粗磨余量；第二次垂向进给量等于精磨余量，其磨削过程与横向磨削法相同		适于磨削大面积的平面和批量生产

（续）

磨削方法	操作说明	图示	适用范围
台阶磨削法	它是根据工件磨削余量的大小，将砂轮修整成阶梯形（最后一个台阶的深度应等于工件的精磨余量），使其在一次垂向进给中采用较小的横向进给量把整个表面余量全部磨去	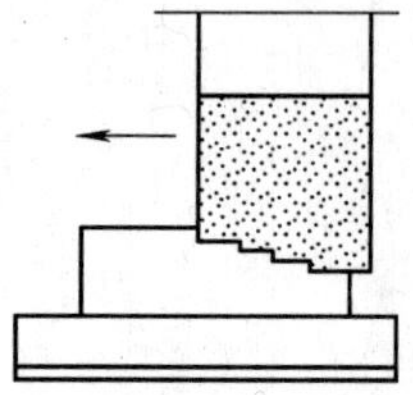	适于磨削位置精度（平行度误差）要求较高的平面

【项目评价】

一、思考题

1. 常用磨床有几种，各适用什么范围？
2. 万能外圆磨床由哪几个主要组成部分？各部分有什么作用？
3. 说明下列磨床型号的含义：

MG1432A　　M1080　　M2110A　　M7120D

4. 简述砂轮构成的三要素。
5. 什么叫砂轮的硬度？如何选择砂轮硬度？
6. 怎样校准砂轮静平衡？
7. 磨床的润滑方式有哪几种？
8. 磨床一级保养的要求和内容是什么？
9. 磨削用量包含哪几个要素，如何选择？
10. 外圆磨床的调整包含哪几项内容？
11. 外圆磨削有几种方法，各有何特点？
12. 如何研磨中心孔？
13. 如何调整工作台，使工件中心与工作台纵向运动平行？
14. 如何磨光轴和台阶轴？
15. 内圆磨削有哪几种形式，各有什么特点？
16. 内圆磨削的方法有哪几种，各适用于磨削哪类工件？
17. 简述磨削一般外锥的操作步骤。
18. 内圆锥磨削方法有哪几种，各有什么特点？
19. 如何安装和修整内圆砂轮？
20. 平面磨削有哪几种形式，各有什么特点？

二、技能训练

1. 训练图样

磨削如图 4-81 所示的组合件。

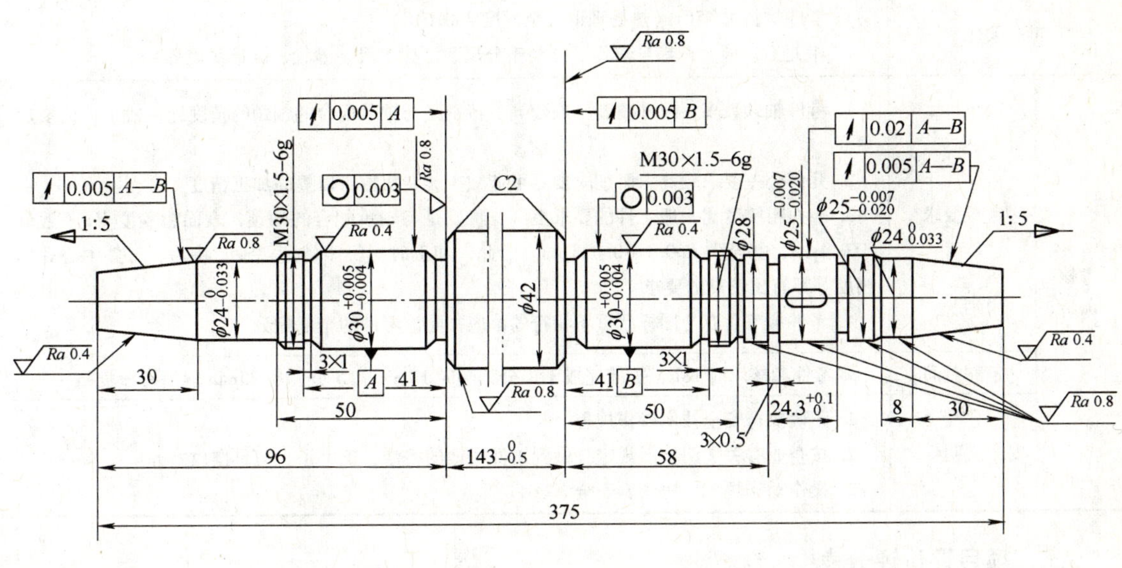

技术要求

1. 其余 *Ra*6.3μm。
2. 圆锥面用涂色法检查，接触面不少于 75%。
3. 锐边倒棱。

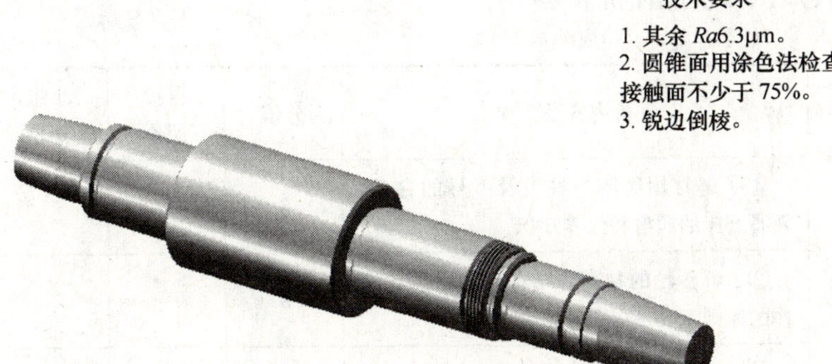

训练内容	材料	材料来源	转下次训练	件数
磨头主轴磨削	45Cr（热处理退火至硬度 250HRC）			1 件

图 4-81　磨削技能训练图样

2. 训练考核准备要求

训练考核准备要求见表4-14。

表4-14　磨削技能训练考核准备要求

<table>
<tr><th colspan="2">项目内容</th><th>说　明</th></tr>
<tr><td colspan="2">准备要求</td><td>1. 考件材料为45Cr（热处理退火至硬度250HRC）
2. 相关工、量、刃具与辅具（外径千分尺、游标卡尺、砂轮、圆锥量规等）</td></tr>
<tr><td rowspan="3">考核内容</td><td>考核要求</td><td>1. 考件轴颈数多，尺寸精度一般较高，特别是与轴承配合的轴颈的精度比一般工件的要求更高
2. 几何公差要求较高，磨削时要尽可能减少装夹次数，以提高加工精度
3. 表面粗糙度比一般工件的要求更细，特别是与轴承配合的轴颈，表面粗糙度 Ra 一般低于0.4μm，甚至到 Ra0.1～0.025μm。因此，加工时对机床精度、砂轮特性、工件中心孔的精度等都有比较高的要求
4. 考件加工后有与图样严重不相符的，应扣除该考件的全部配分</td></tr>
<tr><td>定额时间</td><td>本考件考核用时18h，提前完成不加分，超时10min扣5分，超25min取消考核资格</td></tr>
<tr><td>安全文明生产</td><td>1. 正确执行安全技术操作规程
2. 按企业有关文明生产规定，做到工件场地的整洁，工、量、刃具摆放整齐
3. 操作动作规范、协调、安全</td></tr>
</table>

三、项目评价评分表

1. 个人知识和技能评价表

班级：　　　　姓名：　　　　成绩：

<table>
<tr><th>评价方面</th><th>评价内容及要求</th><th>分值</th><th>自我评价</th><th>小组评价</th><th>教师评价</th><th>得分</th></tr>
<tr><td rowspan="5">项目知识内容</td><td>①了解常用磨床的种类及型号的含义，熟悉磨床的润滑和保养知识</td><td>8</td><td></td><td></td><td></td><td></td></tr>
<tr><td>②了解砂轮的种类、结构，熟悉砂轮选择的原则</td><td>8</td><td></td><td></td><td></td><td></td></tr>
<tr><td>③初步掌握磨外圆平面的基本知识</td><td>5</td><td></td><td></td><td></td><td></td></tr>
<tr><td>④初步掌握磨平面的基本知识</td><td>5</td><td></td><td></td><td></td><td></td></tr>
<tr><td>⑤初步掌握磨内圆的基本知识</td><td>5</td><td></td><td></td><td></td><td></td></tr>
<tr><td rowspan="4">项目技能内容</td><td>①掌握磨床的调整操作方法</td><td>10</td><td></td><td></td><td></td><td></td></tr>
<tr><td>②学会磨床的维护保养</td><td>10</td><td></td><td></td><td></td><td></td></tr>
<tr><td>③掌握砂轮的选择和安装</td><td>12</td><td></td><td></td><td></td><td></td></tr>
<tr><td>④掌握磨外圆、平面、内圆的操作方法</td><td>24</td><td></td><td></td><td></td><td></td></tr>
<tr><td rowspan="2">安全文明生产和职业素质培养</td><td>①安全、规范操作</td><td>8</td><td></td><td></td><td></td><td></td></tr>
<tr><td>②文明操作，不迟到早退，操作工位卫生良好，按时按要求完成实训任务</td><td>5</td><td></td><td></td><td></td><td></td></tr>
</table>

2. 小组学习活动评价表

班级： 小组编号： 成绩：

评价项目	评价内容及评价分值			自评	互评	教师评分
	优秀（12～15分）	良好（9～11分）	继续努力（9分以下）			
分工合作	小组成员分工明确，任务分配合理，有小组分工职责明细表	小组成员分工较明确，任务分配较合理，有小组分工职责明细表	小组成员分工不明确，任务分配不合理，无小组分工职责明细表			
获取与项目有关质量、市场、环保等内容的信息	优秀（12～15分）	良好（9～11分）	继续努力（9分以下）			
	能使用适当的搜索引擎从网络等多种渠道获取信息，并合理地选择信息、使用信息	能从网络获取信息，并较合理地选择信息、使用信息	能从网络或其他渠道获取信息，但信息选择不正确，信息使用不恰当			
实操技能操作	优秀（16～20分）	良好（12～15分）	继续努力(12分以下)			
	能按技能目标要求规范完成每项实操任务	能按技能目标要求规范基本完成每项实操任务	能按技能目标要求基本完成每项实操任务，但规范性不够			
基本知识分析讨论	优秀（16～20分）	良好（12～15分）	继续努力(12分以下)			
	讨论热烈、各抒己见，概念准确、理解透彻，逻辑性强，并有自己的见解	讨论没有间断、各抒己见，分析有理有据，思路基本清晰	讨论能够展开，分析有间断，思路不清晰，理解不透彻			
成果展示	优秀（24～30分）	良好（18～23分）	继续努力(18分以下)			
	能很好地理解项目的任务要求，熟练运用多媒体进行成果展示	能较好地理解项目的任务要求，较熟练运用多媒体进行成果展示	基本理解项目的任务要求，不能熟练运用多媒体进行成果展示			
总　分						

项目小结

本项目我们学习了如下内容。

❶常用磨床。

❷磨床的润滑保养。

❸砂轮与磨削用量。

❹磨床的操纵与调整。

❺砂轮的安装。

❻外、内、平面的磨削操作。

参 考 文 献

［1］ 王兵．金工实训［M］．北京：化学工业出版社，2010.

［2］ 陈海魁．机械制造工艺基础［M］．北京：中国劳动社会保障出版社，2006.

［3］ 王德洪．钳工技能实训［M］．北京：人民邮电出版社，2006.

［4］ 王兵．车工技能实训［M］．2 版．北京：人民邮电出版社，2011.

［5］ 王庆海．王兵铣工基本功［M］．北京：人民邮电出版社，2011.

［6］ 王兵．图解磨工技术快速入门［M］．上海：上海科学技术出版社，2010.